高校数学Ⅱ 専用 スタディノート　もくじ

Warm-up ［教科書 p. 4〜7］

p.5 **問 1**　次の計算をしなさい。

(1)　$\frac{x}{2} \times \frac{y}{4}$

(2)　$\frac{x}{3} \div \left(-\frac{1}{2}\right)$

(3)　$\left(-\frac{x}{6}\right) \times \frac{3y}{8}$

(4)　$\frac{a}{10} \div \frac{4b}{25}$

p.5 **問 2**　次の計算をしなさい。

(1)　$\frac{x}{7} + \frac{2x+1}{7}$

(2)　$\frac{2x+1}{9} + \frac{x+5}{9}$

(3)　$\frac{3x-4}{2} - \frac{2x-1}{2}$

(4)　$\frac{x-2}{5} + \frac{x+3}{2}$

(5)　$\frac{3x-5y}{3} - \frac{x-4y}{4}$

(6)　$\frac{x+3y}{2} - \frac{x+5y}{6}$

p.5 **問 3**　次の計算をしなさい。

(1)　$x^2 \times 4x^5$

(2)　$2x^2y \times (-7xy)$

(3)　$(-3a^2b)^3$

(4)　$(-3x)^2 \times (-2xy^2)$

p.7 **問 4**　次の 2 次方程式を解きなさい。

(1)　$3x^2+7x+1=0$

(2)　$2x^2+3x-1=0$

(3)　$4x^2-7x+2=0$

(4)　$x^2-6x-3=0$

(5)　$3x^2+5x-2=0$

(6)　$4x^2+4x+1=0$

p.7 **問 5**　次の値を求めなさい。

(1)　${}_6C_3$

(2)　${}_7C_2$

(3)　${}_5C_1$

(4)　${}_5C_4$

(5)　${}_3C_3$

(6)　${}_4C_0$

検

① 整式の乗法 [教科書 p. 10～11]

p.10 **問 1** 次の式を展開しなさい。

(1) $(x+3)(x-3)$　　(2) $(2x+1)(2x-1)$

(3) $(x+5)^2$　　(4) $(3x+2)^2$

(5) $(x-1)^2$　　(6) $(2x-3)^2$

(7) $(x+3)(x+5)$　　(8) $(x-7)(x+4)$

(9) $(2x-3)(3x-1)$　　(10) $(4x+3)(3x-2)$

p.11 **問 2** 次の式を展開しなさい。

(1) $(x+1)^3$

(2) $(x-2)^3$

(3) $(x+3)^3$

(4) $(2x-1)^3$

(5) $(3x+1)^3$

(6) $(3x-2)^3$

練習問題

① 次の式を展開しなさい。

(1) $(x+2)(x-2)$

(2) $(3x+1)(3x-1)$

(3) $(x+2)^2$

(4) $(2x-1)^2$

(5) $(x-3)^2$

(6) $(3x-2)^2$

(7) $(x+5)(x-2)$

(8) $(x-5)(x+2)$

(9) $(3x+2)(2x+1)$

(10) $(2x-1)(2x+3)$

② 次の式を展開しなさい。

(1) $(x-1)^3$

(2) $(x+4)^3$

(3) $(x-3)^3$

(4) $(4x-1)^3$

(5) $(3x+2)^3$

(6) $(2x-3)^3$

検

② 因数分解 [教科書 p. 12～13]

p.12 **問 3** 次の式を因数分解しなさい。

(1) $6x^2+4x$

(2) $3a^2b-9ab^2$

(3) x^2-16

(4) $25x^2-4$

(5) x^2+4x+4

(6) $16x^2-8x+1$

(7) x^2-4x+3

(8) x^2+x-12

(9) $2x^2+7x+3$

(10) $5x^2-3x-2$

p.13 **問 4** 次の式を因数分解しなさい。

(1) x^3+1

(2) x^3-8

(3) $8x^3+27$

(4) $27x^3-64$

高校数学Ⅱ専用スタディノート　解答　実教出版

Warm-up　p. 2

問 1　(1) $\dfrac{x}{2}\times\dfrac{y}{4}=\dfrac{x\times y}{2\times 4}=\boldsymbol{\dfrac{xy}{8}}$

(2) $\dfrac{x}{3}\div\left(-\dfrac{1}{2}\right)=\dfrac{x}{3}\times\left(-\dfrac{2}{1}\right)=\boldsymbol{-\dfrac{2x}{3}}$

(3) $\left(-\dfrac{x}{6}\right)\times\dfrac{3y}{8}=-\dfrac{x\times 3y}{6\times 8}=\boldsymbol{-\dfrac{xy}{16}}$

(4) $\dfrac{a}{10}\div\dfrac{4b}{25}=\dfrac{a}{10}\times\dfrac{25}{4b}=\boldsymbol{\dfrac{5a}{8b}}$

問 2　(1) $\dfrac{x}{7}+\dfrac{2x+1}{7}=\dfrac{x+(2x+1)}{7}$

$=\boldsymbol{\dfrac{3x+1}{7}}$

(2) $\dfrac{2x+1}{9}+\dfrac{x+5}{9}=\dfrac{(2x+1)+(x+5)}{9}$

$=\dfrac{3x+6}{9}$

$=\boldsymbol{\dfrac{x+2}{3}}$

(3) $\dfrac{3x-4}{2}-\dfrac{2x-1}{2}=\dfrac{3x-4-(2x-1)}{2}$

$=\dfrac{3x-4-2x+1}{2}$

$=\boldsymbol{\dfrac{x-3}{2}}$

(4) $\dfrac{x-2}{5}+\dfrac{x+3}{2}$

$=\dfrac{(x-2)\times 2}{5\times 2}+\dfrac{(x+3)\times 5}{2\times 5}$

$=\dfrac{2x-4}{10}+\dfrac{5x+15}{10}$

$=\boldsymbol{\dfrac{7x+11}{10}}$

(5) $\dfrac{3x-5y}{3}-\dfrac{x-4y}{4}$

$=\dfrac{(3x-5y)\times 4}{3\times 4}-\dfrac{(x-4y)\times 3}{4\times 3}$

$=\dfrac{12x-20y}{12}-\dfrac{3x-12y}{12}$

$=\dfrac{12x-20y-(3x-12y)}{12}$

$=\dfrac{12x-20y-3x+12y}{12}$

$=\boldsymbol{\dfrac{9x-8y}{12}}$

(6) $\dfrac{x+3y}{2}-\dfrac{x+5y}{6}$

$=\dfrac{(x+3y)\times 3}{2\times 3}-\dfrac{x+5y}{6}$

$=\dfrac{3x+9y}{6}-\dfrac{x+5y}{6}$

$=\dfrac{3x+9y-(x+5y)}{6}$

$=\dfrac{3x+9y-x-5y}{6}$

$=\dfrac{2x+4y}{6}$

$=\boldsymbol{\dfrac{x+2y}{3}}$

問 3　(1) $x^2\times 4x^5=4x^{2+5}=\boldsymbol{4x^7}$

(2) $2x^2y\times(-7xy)=2\times(-7)x^{2+1}y^{1+1}$

$=\boldsymbol{-14x^3y^2}$

(3) $(-3a^2b)^3=(-3)^3a^{2\times3}b^{1\times3}$

$=\boldsymbol{-27a^6b^3}$

(4) $(-3x)^2\times(-2xy^2)=(-3)^2x^2\times(-2xy^2)$

$=9x^2\times(-2xy^2)$

$=9\times(-2)x^{2+1}y^2$

$=\boldsymbol{-18x^3y^2}$

問 4　(1) $3x^2+7x+1=0$

解の公式に，$a=3$，$b=7$，$c=1$ を代入して

$x=\dfrac{-7\pm\sqrt{7^2-4\times3\times1}}{2\times3}$

$=\dfrac{-7\pm\sqrt{49-12}}{6}$

$=\boldsymbol{\dfrac{-7\pm\sqrt{37}}{6}}$

(2) $2x^2+3x-1=0$

解の公式に，$a=2$，$b=3$，$c=-1$ を代入して

$x=\dfrac{-3\pm\sqrt{3^2-4\times2\times(-1)}}{2\times2}$

$=\dfrac{-3\pm\sqrt{9+8}}{4}$

$=\boldsymbol{\dfrac{-3\pm\sqrt{17}}{4}}$

(3) $4x^2-7x+2=0$

解の公式に，$a=4$，$b=-7$，$c=2$ を代入して

$x=\dfrac{-(-7)\pm\sqrt{(-7)^2-4\times4\times2}}{2\times4}$

$=\dfrac{7\pm\sqrt{49-32}}{8}=\boldsymbol{\dfrac{7\pm\sqrt{17}}{8}}$

(4)　$x^2-6x-3=0$

解の公式に $a=1$, $b=-6$, $c=-3$ を代入して

$$x=\frac{-(-6)\pm\sqrt{(-6)^2-4\times1\times(-3)}}{2\times1}$$
$$=\frac{6\pm\sqrt{36+12}}{2}$$
$$=\frac{6\pm\sqrt{48}}{2}$$
$$=\frac{6\pm4\sqrt{3}}{2}$$
$$=\mathbf{3\pm2\sqrt{3}}$$

(5)　$3x^2+5x-2=0$

解の公式に，$a=3$，$b=5$，$c=-2$ を代入して

$$x=\frac{5\pm\sqrt{5^2-4\times3\times(-2)}}{2\times3}$$
$$=\frac{-5\pm\sqrt{25+24}}{6}$$
$$=\frac{-5\pm\sqrt{49}}{6}$$
$$=\frac{-5\pm7}{6}$$

よって

$$x=\frac{-5+7}{6}=\frac{2}{6}=\frac{1}{3}$$
$$x=\frac{-5-7}{6}=\frac{-12}{6}=-2$$

したがって　$\boldsymbol{x=\frac{1}{3},\ -2}$

(6)　$4x^2+4x+1=0$

解の公式に $a=4$，$b=4$，$c=1$ を代入して

$$x=\frac{-4\pm\sqrt{4^2-4\times4\times1}}{2\times4}$$
$$=\frac{-4\pm\sqrt{16-16}}{8}$$
$$=\frac{-4\pm\sqrt{0}}{8}$$
$$=-\frac{4}{8}$$
$$=\boldsymbol{-\frac{1}{2}}$$

問 5　(1)　${}_6C_3=\dfrac{6\times5\times4}{3\times2\times1}=\mathbf{20}$

(2)　${}_7C_2=\dfrac{7\times6}{2\times1}=\mathbf{21}$

(3)　${}_5C_1=\dfrac{5}{1}=\mathbf{5}$

(4)　${}_5C_4=\dfrac{5\times4\times3\times2}{4\times3\times2\times1}=\mathbf{5}$

(5)　${}_3C_3=\dfrac{3\times2\times1}{3\times2\times1}=\mathbf{1}$

(6)　${}_4C_0=\mathbf{1}$

①整式の乗法　p.4

問 1　(1)　$(x+3)(x-3)=\boldsymbol{x^2-9}$

(2)　$(2x+1)(2x-1)=\boldsymbol{4x^2-1}$

(3)　$(x+5)^2=\boldsymbol{x^2+10x+25}$

(4)　$(3x+2)^2=\boldsymbol{9x^2+12x+4}$

(5)　$(x-1)^2=\boldsymbol{x^2-2x+1}$

(6)　$(2x-3)^2=\boldsymbol{4x^2-12x+9}$

(7)　$(x+3)(x+5)=\boldsymbol{x^2+8x+15}$

(8)　$(x-7)(x+4)=\boldsymbol{x^2-3x-28}$

(9)　$(2x-3)(3x-1)=\boldsymbol{6x^2-11x+3}$

(10)　$(4x+3)(3x-2)=\boldsymbol{12x^2+x-6}$

問 2　(1)　$(x+1)^3=\boldsymbol{x^3+3x^2+3x+1}$

(2)　$(x-2)^3=\boldsymbol{x^3-6x^2+12x-8}$

(3)　$(x+3)^3=\boldsymbol{x^3+9x^2+27x+27}$

(4)　$(2x-1)^3=\boldsymbol{8x^3-12x^2+6x-1}$

(5)　$(3x+1)^3=\boldsymbol{27x^3+27x^2+9x+1}$

(6)　$(3x-2)^3=\boldsymbol{27x^3-54x^2+36x-8}$

練習問題

① (1)　$(x+2)(x-2)=\boldsymbol{x^2-4}$

(2)　$(3x+1)(3x-1)=\boldsymbol{9x^2-1}$

(3)　$(x+2)^2=\boldsymbol{x^2+4x+4}$

(4)　$(2x-1)^2=\boldsymbol{4x^2-4x+1}$

(5)　$(x-3)^2=\boldsymbol{x^2-6x+9}$

(6)　$(3x-2)^2=\boldsymbol{9x^2-12x+4}$

(7)　$(x+5)(x-2)=\boldsymbol{x^2+3x-10}$

(8)　$(x-5)(x+2)=\boldsymbol{x^2-3x-10}$

(9)　$(3x+2)(2x+1)=\boldsymbol{6x^2+7x+2}$

(10)　$(2x-1)(2x+3)=\boldsymbol{4x^2+4x-3}$

② (1)　$(x-1)^3=\boldsymbol{x^3-3x^2+3x-1}$

(2)　$(x+4)^3=\boldsymbol{x^3+12x^2+48x+64}$

(3)　$(x-3)^3=\boldsymbol{x^3-9x^2+27x-27}$

(4)　$(4x-1)^3=\boldsymbol{64x^3-48x^2+12x-1}$

(5)　$(3x+2)^3=\boldsymbol{27x^3+54x^2+36x+8}$

(6)　$(2x-3)^3=\boldsymbol{8x^3-36x^2+54x-27}$

②因数分解　p.6

問3 (1) $6x^2+4x=2x\times 3x+2x\times 2$

$=\mathbf{2x(3x+2)}$

(2) $3a^2b-9ab^2=3ab\times a-3ab\times 3b$

$=\mathbf{3ab(a-3b)}$

(3) $x^2-16=x^2-4^2=\mathbf{(x+4)(x-4)}$

(4) $25x^2-4=(5x)^2-2^2=\mathbf{(5x+2)(5x-2)}$

(5) $x^2+4x+4=x^2+2\times x\times 2+2^2=\mathbf{(x+2)^2}$

(6) $16x^2-8x+1=(4x)^2-2\times 4x\times 1+1^2$

$=\mathbf{(4x-1)^2}$

(7) $x^2-4x+3=x^2-(1+3)x+1\times 3$

$=\mathbf{(x-1)(x-3)}$

(8) $x^2+x-12=x^2+(4-3)x+4\times(-3)$

$=\mathbf{(x+4)(x-3)}$

(9) $2x^2+7x+3=\mathbf{(2x+1)(x+3)}$

(10) $5x^2-3x-2=\mathbf{(5x+2)(x-1)}$

問4 (1) $x^3+1=(x+1)(x^2-x\times 1+1^2)$

$=\mathbf{(x+1)(x^2-x+1)}$

(2) $x^3-8=(x-2)(x^2+x\times 2+2^2)$

$=\mathbf{(x-2)(x^2+2x+4)}$

(3) $8x^3+27=(2x)^3+3^3$

$=(2x+3)\{(2x)^2-2x\times 3+3^2\}$

$=\mathbf{(2x+3)(4x^2-6x+9)}$

(4) $27x^3-64=(3x)^3-4^3$

$=(3x-4)\{(3x)^2+3x\times 4+4^2\}$

$=\mathbf{(3x-4)(9x^2+12x+16)}$

練習問題

① (1) $8x^2+2x=2x\times 4x+2x\times 1$

$=\mathbf{2x(4x+1)}$

(2) $4a^2b-6ab^2=2ab\times 2a-2ab\times 3b$

$=\mathbf{2ab(2a-3b)}$

(3) $x^2-25=x^2-5^2$

$=\mathbf{(x+5)(x-5)}$

(4) $16x^2-9=(4x)^2-3^2$

$=\mathbf{(4x+3)(4x-3)}$

(5) $x^2+6x+9=x^2+2\times x\times 3+3^2$

$=\mathbf{(x+3)^2}$

(6) $25x^2-10x+1=(5x)^2-2\times 5x\times 1+1^2$

$=\mathbf{(5x-1)^2}$

(7) $x^2-7x+6=x^2-(1+6)x+1\times 6$

$=\mathbf{(x-1)(x-6)}$

(8) $x^2-x-20=x^2+(4-5)x+4\times(-5)$

$=\mathbf{(x+4)(x-5)}$

(9) $3x^2+5x+2=\mathbf{(x+1)(3x+2)}$

(10) $2x^2-3x-5=\mathbf{(x+1)(2x-5)}$

② (1) $x^3+27=x^3+3^3$

$=(x+3)(x^2-x\times 3+3^2)$

$=\mathbf{(x+3)(x^2-3x+9)}$

(2) $x^3-27=x^3-3^3$

$=(x-3)(x^2+x\times 3+3^2)$

$=\mathbf{(x-3)(x^2+3x+9)}$

(3) $8x^3+125=(2x)^3+5^3$

$=(2x+5)\{(2x)^2-2x\times 5+5^2\}$

$=\mathbf{(2x+5)(4x^2-10x+25)}$

(4) $27x^3-1=(3x)^3-1^3$

$=(3x-1)\{(3x)^2+3x\times 1+1^2\}$

$=\mathbf{(3x-1)(9x^2+3x+1)}$

③二項定理　p.8

問5 パスカルの三角形は下のようになる。

$n=5$ → 1　5　10　10　5　1

$n=6$ → 1　6　15　20　15　6　1

$n=7$ → 1　7　21　35　35　21　7　1

よって，展開した式は次のようになる。

(1) $(a+b)^6=\mathbf{a^6+6a^5b+15a^4b^2+20a^3b^3}$

$\mathbf{+15a^2b^4+6ab^5+b^6}$

(2) $(a+b)^7=\mathbf{a^7+7a^6b+21a^5b^2+35a^4b^3}$

$\mathbf{+35a^3b^4+21a^2b^5+7ab^6+b^7}$

問6 $(a+b)^5={}_5C_0\,a^5+{}_5C_1\,a^4b+{}_5C_2\,a^3b^2$

$+{}_5C_3\,a^2b^3+{}_5C_4\,ab^4+{}_5C_5\,b^5$

ここで　${}_5C_0={}_5C_5=1,\quad {}_5C_1=5$

${}_5C_2=\dfrac{5\times 4}{2\times 1}=10,\quad {}_5C_3=\dfrac{5\times 4\times 3}{3\times 2\times 1}=10$

${}_5C_4=\dfrac{5\times 4\times 3\times 2}{4\times 3\times 2\times 1}=5$

よって

$(a+b)^5$

$=\mathbf{a^5+5a^4b+10a^3b^2+10a^2b^3+5ab^4+b^5}$

練習問題

① パスカルの三角形は下のようになる。

$n=7$ → 1 7 21 35 35 21 7 1

$n=8$ → 1 8 28 56 70 56 28 8 1

$n=9$ → 1 9 36 84 126 126 84 36 9 1

よって，展開した式は次のようになる。

(1) $(a+b)^8=\boldsymbol{a^8+8a^7b+28a^6b^2+56a^5b^3+70a^4b^4+56a^3b^5+28a^2b^6+8ab^7+b^8}$

(2) $(a+b)^9=\boldsymbol{a^9+9a^8b+36a^7b^2+84a^6b^3+126a^5b^4+126a^4b^5+84a^3b^6+36a^2b^7+9ab^8+b^9}$

② $(a+b)^8={}_8C_0\,a^8+{}_8C_1\,a^7b+{}_8C_2\,a^6b^2+{}_8C_3\,a^5b^3+{}_8C_4\,a^4b^4+{}_8C_5\,a^3b^5+{}_8C_6\,a^2b^6+{}_8C_7\,ab^7+{}_8C_8\,b^8$

ここで ${}_8C_0={}_8C_8=1$，${}_8C_1=8$

${}_8C_2=\frac{8\times7}{2\times1}=28$，${}_8C_3=\frac{8\times7\times6}{3\times2\times1}=56$

${}_8C_4=\frac{8\times7\times6\times5}{4\times3\times2\times1}=70$

${}_8C_5=\frac{8\times7\times6\times5\times4}{5\times4\times3\times2\times1}=56$

${}_8C_6=\frac{8\times7\times6\times5\times4\times3}{6\times5\times4\times3\times2\times1}=28$

${}_8C_7=\frac{8\times7\times6\times5\times4\times3\times2}{7\times6\times5\times4\times3\times2\times1}=8$

よって

$(a+b)^8=\boldsymbol{a^8+8a^7b+28a^6b^2+56a^5b^3+70a^4b^4+56a^3b^5+28a^2b^6+8ab^7+b^8}$

④分数式 p.10

問 7 (1) $\frac{2y}{3xy}=\boldsymbol{\frac{2}{3x}}$

(2) $\frac{2ab^3}{4a^2b}=\boldsymbol{\frac{b^2}{2a}}$

(3) $\frac{x-1}{x(x-1)}=\boldsymbol{\frac{1}{x}}$

(4) $\frac{x+3}{x^2+3x}=\frac{x+3}{x(x+3)}=\boldsymbol{\frac{1}{x}}$

(5) $\frac{x^2+3x+2}{2(x+2)}=\frac{(x+1)(x+2)}{2(x+2)}=\boldsymbol{\frac{x+1}{2}}$

(6) $\frac{x^2-6x+9}{x^2-2x-3}=\frac{(x-3)^2}{(x-3)(x+1)}=\boldsymbol{\frac{x-3}{x+1}}$

問 8 (1) $\frac{x+3}{x-1}\times\frac{x-3}{x+3}=\boldsymbol{\frac{x-3}{x-1}}$

(2) $\frac{x^2-3x+2}{x^2-x-2}\times\frac{x+2}{x-1}$

$=\frac{(x-2)(x-1)}{(x-2)(x+1)}\times\frac{x+2}{x-1}$

$=\boldsymbol{\frac{x+2}{x+1}}$

問 9 (1) $\frac{x-2}{x+1}\div\frac{x+2}{x+1}$

$=\frac{x-2}{x+1}\times\frac{x+1}{x+2}$

$=\boldsymbol{\frac{x-2}{x+2}}$

(2) $\frac{x+2}{x}\div\frac{x^2+5x+6}{x^2+3x}$

$=\frac{x+2}{x}\times\frac{x(x+3)}{(x+2)(x+3)}=\boldsymbol{1}$

問 10 (1) $\frac{2a-b}{a+b}+\frac{a+3b}{a+b}=\boldsymbol{\frac{3a+2b}{a+b}}$

(2) $\frac{x}{x^2-4}-\frac{2}{x^2-4}$

$=\frac{x-2}{x^2-4}=\frac{x-2}{(x+2)(x-2)}=\boldsymbol{\frac{1}{x+2}}$

問 11 (1) $\frac{5}{x}+\frac{7}{y}=\frac{5y}{xy}+\frac{7x}{xy}=\boldsymbol{\frac{7x+5y}{xy}}$

(2) $\frac{1}{2x}-\frac{4}{3y}=\frac{3y}{6xy}-\frac{8x}{6xy}$

$=\frac{3y-8x}{6xy}=\boldsymbol{\frac{-8x+3y}{6xy}}$

(3) $\frac{2}{x+2}+\frac{1}{x-1}$

$=\frac{2(x-1)}{(x+2)(x-1)}+\frac{x+2}{(x+2)(x-1)}$

$=\frac{2x-2+x+2}{(x+2)(x-1)}=\boldsymbol{\frac{3x}{(x+2)(x-1)}}$

(4) $\frac{1}{x-3}-\frac{1}{x+2}$

$=\frac{x+2}{(x-3)(x+2)}-\frac{x-3}{(x-3)(x+2)}$

$=\frac{x+2-(x-3)}{(x-3)(x+2)}=\frac{x+2-x+3}{(x-3)(x+2)}$

$=\boldsymbol{\frac{5}{(x-3)(x+2)}}$

練習問題

① (1) $\frac{7x}{5xy}=\boldsymbol{\frac{7}{5y}}$

(2) $\frac{6a^5b}{2a^3b^2}=\boldsymbol{\frac{3a^2}{b}}$

(3) $\frac{x}{x^2+2x}=\frac{x}{x(x+2)}=\boldsymbol{\frac{1}{x+2}}$

(4) $\frac{x^2+x}{x^2-1}=\frac{x(x+1)}{(x+1)(x-1)}=\boldsymbol{\frac{x}{x-1}}$

(5) $\dfrac{x^2+5x+6}{x^2-2x-8}=\dfrac{(x+2)(x+3)}{(x+2)(x-4)}=\boldsymbol{\dfrac{x+3}{x-4}}$

(6) $\dfrac{x^2-x-2}{x^2-4x+4}=\dfrac{(x+1)(x-2)}{(x-2)^2}=\boldsymbol{\dfrac{x+1}{x-2}}$

② (1) $\dfrac{x-1}{x-2}\times\dfrac{x-2}{x-3}=\boldsymbol{\dfrac{x-1}{x-3}}$

(2) $\dfrac{x^2+3x+2}{x^2-x-6}\times\dfrac{x+3}{x+1}$

$=\dfrac{(x+1)(x+2)}{(x+2)(x-3)}\times\dfrac{x+3}{x+1}=\boldsymbol{\dfrac{x+3}{x-3}}$

③ (1) $\dfrac{2x+1}{x-5}\div\dfrac{2x+1}{x+4}=\dfrac{2x+1}{x-5}\times\dfrac{x+4}{2x+1}$

$=\boldsymbol{\dfrac{x+4}{x-5}}$

(2) $\dfrac{x+2}{x-5}\div\dfrac{x^2+9x+14}{x^2-7x+10}$

$=\dfrac{x+2}{x-5}\times\dfrac{(x-2)(x-5)}{(x+2)(x+7)}=\boldsymbol{\dfrac{x-2}{x+7}}$

④ (1) $\dfrac{3x}{x+2}+\dfrac{6}{x+2}=\dfrac{3x+6}{x+2}=\dfrac{3(x+2)}{x+2}=\mathbf{3}$

(2) $\dfrac{2x}{x^2-1}-\dfrac{2}{x^2-1}=\dfrac{2x-2}{x^2-1}$

$=\dfrac{2(x-1)}{(x+1)(x-1)}=\boldsymbol{\dfrac{2}{x+1}}$

⑤ (1) $\dfrac{2}{a}+\dfrac{4}{b}=\dfrac{2b}{ab}+\dfrac{4a}{ab}=\boldsymbol{\dfrac{4a+2b}{ab}}$

(2) $\dfrac{3}{2x}-\dfrac{1}{y}=\dfrac{3y}{2xy}-\dfrac{2x}{2xy}=\boldsymbol{\dfrac{-2x+3y}{2xy}}$

(3) $\dfrac{1}{x+3}+\dfrac{2}{x-2}$

$=\dfrac{x-2}{(x+3)(x-2)}+\dfrac{2(x+3)}{(x+3)(x-2)}$

$=\dfrac{x-2+2x+6}{(x+3)(x-2)}=\boldsymbol{\dfrac{3x+4}{(x+3)(x-2)}}$

(4) $\dfrac{4}{x+1}-\dfrac{3}{x-1}$

$=\dfrac{4(x-1)}{(x+1)(x-1)}-\dfrac{3(x+1)}{(x+1)(x-1)}$

$=\dfrac{4x-4-3x-3}{(x+1)(x-1)}=\boldsymbol{\dfrac{x-7}{(x+1)(x-1)}}$

Exercise p.12

1 (1) $(2x+y)^3$

$=(2x)^3+3\times(2x)^2\times y+3\times 2x\times y^2+y^3$

$=\boldsymbol{8x^3+12x^2y+6xy^2+y^3}$

(2) $(3x-2y)^3$

$=(3x)^3-3\times(3x)^2\times 2y+3\times 3x\times(2y)^2-(2y)^3$

$=\boldsymbol{27x^3-54x^2y+36xy^2-8y^3}$

2 (1) $x^3+8y^3=x^3+(2y)^3$

$=(x+2y)\{x^2-x\times 2y+(2y)^2\}$

$=\boldsymbol{(x+2y)(x^2-2xy+4y^2)}$

(2) $64x^3-27y^3=(4x)^3-(3y)^3$

$=(4x-3y)\{(4x)^2+4x\times 3y+(3y)^2\}$

$=\boldsymbol{(4x-3y)(16x^2+12xy+9y^2)}$

3 $(a+2)^5$

$={}_5C_0\times a^5+{}_5C_1\times a^4\times 2+{}_5C_2\times a^3\times 2^2$

$+{}_5C_3\times a^2\times 2^3+{}_5C_4\times a\times 2^4+{}_5C_5\times 2^5$

$=a^5+5\times a^4\times 2+10\times a^3\times 4$

$+10\times a^2\times 8+5\times a\times 16+32$

$=\boldsymbol{a^5+10a^4+40a^3+80a^2+80a+32}$

4 (1) $\dfrac{4ab^3}{6a^3b^2c}=\boldsymbol{\dfrac{2b}{3a^2c}}$

(2) $\dfrac{x^2+x}{x^2+3x+2}=\dfrac{x(x+1)}{(x+1)(x+2)}=\boldsymbol{\dfrac{x}{x+2}}$

(3) $\dfrac{x^2-1}{x^3-1}=\dfrac{(x+1)(x-1)}{(x-1)(x^2+x+1)}$

$=\boldsymbol{\dfrac{x+1}{x^2+x+1}}$

5 (1) $\dfrac{a^2b}{(3c)^2}\times\dfrac{6c}{(ab)^2}=\dfrac{a^2b}{9c^2}\times\dfrac{6c}{a^2b^2}=\boldsymbol{\dfrac{2}{3bc}}$

(2) $\dfrac{a}{a^2-1}\times(a-1)=\dfrac{a\times(a-1)}{(a+1)(a-1)}$

$=\boldsymbol{\dfrac{a}{a+1}}$

(3) $\dfrac{4a}{(-2b)^2}\div\left(\dfrac{a}{b}\right)^2=\dfrac{4a}{4b^2}\times\dfrac{b^2}{a^2}=\boldsymbol{\dfrac{1}{a}}$

(4) $\dfrac{x+1}{x}\div\dfrac{(x+1)^2}{x^2-x}\times\dfrac{x+1}{x-1}$

$=\dfrac{x+1}{x}\times\dfrac{x(x-1)}{(x+1)^2}\times\dfrac{x+1}{x-1}=\mathbf{1}$

6 (1) $\dfrac{x}{x-2}+\dfrac{2x+1}{x-2}=\dfrac{x+(2x+1)}{x-2}$

$=\boldsymbol{\dfrac{3x+1}{x-2}}$

(2) $\dfrac{2a+1}{a^2+3}-\dfrac{a-1}{a^2+3}=\dfrac{(2a+1)-(a-1)}{a^2+3}$

$=\boldsymbol{\dfrac{a+2}{a^2+3}}$

(3) $\dfrac{3a}{a^2-4}+\dfrac{a+8}{a^2-4}=\dfrac{3a+(a+8)}{a^2-4}$

$=\dfrac{4(a+2)}{(a+2)(a-2)}$

$=\boldsymbol{\dfrac{4}{a-2}}$

(4) $\dfrac{4x-7}{x^2-9}-\dfrac{2x-1}{x^2-9}=\dfrac{(4x-7)-(2x-1)}{x^2-9}$

$=\dfrac{2(x-3)}{(x+3)(x-3)}$

$=\boldsymbol{\dfrac{2}{x+3}}$

7 (1) $\dfrac{2}{x+3}+\dfrac{1}{x-2}=\dfrac{2(x-2)+(x+3)}{(x+3)(x-2)}$

$=\boldsymbol{\dfrac{3x-1}{(x+3)(x-2)}}$

(2) $\dfrac{1}{x}-\dfrac{1}{x(x+1)}=\dfrac{(x+1)-1}{x(x+1)}$

$=\dfrac{x}{x(x+1)}=\boldsymbol{\dfrac{1}{x+1}}$

(3) $a-\dfrac{a}{a+1}=\dfrac{a(a+1)-a}{a+1}=\boldsymbol{\dfrac{a^2}{a+1}}$

(4) $\dfrac{1}{a(a+1)}+\dfrac{1}{(a+1)(a+2)}$

$=\dfrac{(a+2)+a}{a(a+1)(a+2)}$

$=\dfrac{2(a+1)}{a(a+1)(a+2)}$

$=\boldsymbol{\dfrac{2}{a(a+2)}}$

考 $x+y=A$ とおくと

$(x+y)^3+8$

$=A^3+8$

$=(A+2)(A^2-A\times 2+2^2)$

$=(A+2)(A^2-2A+4)$

$=\{(x+y)+2\}\{(x+y)^2-2(x+y)+4\}$

$=\boldsymbol{(x+y+2)(x^2+2xy+y^2-2x-2y+4)}$

⑤複素数 p.14

問1 (1) $\boldsymbol{\sqrt{7}i,\ -\sqrt{7}i}$ (2) $\boldsymbol{4i,\ -4i}$

問2 (1) $\sqrt{-2}=\boldsymbol{\sqrt{2}i}$

(2) $\sqrt{-4}=\sqrt{4}i=\boldsymbol{2i}$

(3) $-\sqrt{-8}=-\sqrt{8}i=\boldsymbol{-2\sqrt{2}i}$

問3 (1) $x=\pm\sqrt{-10}=\boldsymbol{\pm\sqrt{10}i}$

(2) $x=\pm\sqrt{-81}=\pm\sqrt{81}i=\boldsymbol{\pm 9i}$

(3) $x^2=-7$ から

$x=\pm\sqrt{-7}=\boldsymbol{\pm\sqrt{7}i}$

(4) $x^2=-25$ から

$x=\pm\sqrt{-25}=\pm\sqrt{25}i=\boldsymbol{\pm 5i}$

問4 (1) $\begin{cases}x+2=5\\ y-3=3\end{cases}$ より $\boldsymbol{x=3,\ y=6}$

(2) $\begin{cases}2x-4=0\\ y+1=6\end{cases}$ より $\boldsymbol{x=2,\ y=5}$

問5 (1) $3i+5i=(3+5)i=\boldsymbol{8i}$

(2) $4i-3i+2i=(4-3+2)i=\boldsymbol{3i}$

(3) $(7+2i)+(3-5i)=(7+3)+(2-5)i$

$=\boldsymbol{10-3i}$

(4) $(-3+4i)-(1-5i)=(-3-1)+(4+5)i$

$=\boldsymbol{-4+9i}$

(5) $-2i\times 4i=-8i^2=-8\times(-1)=\boldsymbol{8}$

(6) $2i(5+i)=10i+2i^2=\boldsymbol{-2+10i}$

(7) $(3+2i)(1+i)=3+3i+2i+2i^2$

$=\boldsymbol{1+5i}$

(8) $(3-5i)(1-3i)=3-9i-5i+15i^2$

$=\boldsymbol{-12-14i}$

(9) $(2+3i)^2=2^2+2\times 2\times 3i+(3i)^2$

$=4+12i+9i^2$

$=4+12i+9\times(-1)$

$=\boldsymbol{-5+12i}$

(10) $(2+3i)(2-3i)=2^2-(3i)^2=\boldsymbol{13}$

問6 (1) $\boldsymbol{4-3i}$ (2) $\boldsymbol{5+2i}$

(3) $\boldsymbol{-3-i}$ (4) $\boldsymbol{-7i}$

問7 (1) $(3+4i)\div(1+2i)$

$=\dfrac{3+4i}{1+2i}=\dfrac{(3+4i)(1-2i)}{(1+2i)(1-2i)}$

$=\dfrac{3-6i+4i-8i^2}{1-4i^2}=\dfrac{11-2i}{5}$

$=\boldsymbol{\dfrac{11}{5}-\dfrac{2}{5}i}$

(2) $(1-4i)\div(2-i)=\dfrac{1-4i}{2-i}$

$=\dfrac{(1-4i)(2+i)}{(2-i)(2+i)}=\dfrac{2+i-8i-4i^2}{2^2-i^2}$

$=\dfrac{6-7i}{5}=\boldsymbol{\dfrac{6}{5}-\dfrac{7}{5}i}$

(3) $\dfrac{3+i}{2-5i}=\dfrac{(3+i)(2+5i)}{(2-5i)(2+5i)}$

$=\dfrac{6+15i+2i+5i^2}{4-25i^2}$

$=\dfrac{1+17i}{29}=\boldsymbol{\dfrac{1}{29}+\dfrac{17}{29}i}$

(4) $\dfrac{5-3i}{4+i}=\dfrac{(5-3i)(4-i)}{(4+i)(4-i)}$

$=\dfrac{20-5i-12i+3i^2}{4^2-i^2}$

$=\dfrac{17-17i}{17}=\boldsymbol{1-i}$

練習問題

① (1) $\boldsymbol{\sqrt{5}i,\ -\sqrt{5}i}$ (2) $\boldsymbol{5i,\ -5i}$

② (1) $\sqrt{-3}=\boldsymbol{\sqrt{3}i}$

(2) $\sqrt{-9}=\sqrt{9}i=\boldsymbol{3i}$

(3) $-\sqrt{-5}=\boldsymbol{-\sqrt{5}i}$

③ (1) $x=\pm\sqrt{-11}=\boldsymbol{\pm\sqrt{11}i}$

(2) $x=\pm\sqrt{-4}=\pm\sqrt{4}i=\boldsymbol{\pm 2i}$

(3) $x^2=-2$ から　$x=\pm\sqrt{-2}=\pm\boldsymbol{\sqrt{2}\,i}$

(4) $x^2=-36$ から

$$x=\pm\sqrt{-36}=\pm\sqrt{36}\,i=\boldsymbol{\pm 6i}$$

④ (1) $\begin{cases} x-1=3 \\ y+2=4 \end{cases}$ より　$\boldsymbol{x=4,\ y=2}$

(2) $\begin{cases} 2x+8=0 \\ y-1=3 \end{cases}$ より　$\boldsymbol{x=-4,\ y=4}$

⑤ (1) $4i-2i=(4-2)i=\boldsymbol{2i}$

(2) $5i-4i+3i=(5-4+3)i=\boldsymbol{4i}$

(3) $(8+2i)+(-3+i)=(8-3)+(2+1)i$

$$=\boldsymbol{5+3i}$$

(4) $(-2-3i)-(1-6i)=(-2-1)+(-3+6)i$

$$=\boldsymbol{-3+3i}$$

(5) $-3i\times 2i=-6i^2=-6\times(-1)=\boldsymbol{6}$

(6) $i(2i-3)=2i^2-3i=\boldsymbol{-2-3i}$

(7) $(1+3i)(5+2i)=5+2i+15i+6i^2=\boldsymbol{-1+17i}$

(8) $(4-3i)(3-4i)=12-16i-9i+12i^2=\boldsymbol{-25i}$

(9) $(3-2i)^2=3^2-2\times3\times2i+(2i)^2$

$=9-12i+4i^2=9-12i+4\times(-1)=\boldsymbol{5-12i}$

(10) $(4+2i)(4-2i)=16-4i^2=\boldsymbol{20}$

⑥ (1) $\boldsymbol{3-5i}$　(2) $\boldsymbol{1-\sqrt{2}\,i}$　(3) $\boldsymbol{-4+i}$

(4) $\boldsymbol{3i}$

⑦ (1) $(5-5i)\div(1-2i)$

$$=\frac{5-5i}{1-2i}=\frac{(5-5i)(1+2i)}{(1-2i)(1+2i)}$$
$$=\frac{5+10i-5i-10i^2}{1-4i^2}$$
$$=\frac{15+5i}{5}=\boldsymbol{3+i}$$

(2) $(8-i)\div(2+i)=\dfrac{8-i}{2+i}=\dfrac{(8-i)(2-i)}{(2+i)(2-i)}$

$$=\frac{16-8i-2i+i^2}{4-i^2}=\frac{15-10i}{5}=\boldsymbol{3-2i}$$

(3) $\dfrac{12+5i}{3-2i}=\dfrac{(12+5i)(3+2i)}{(3-2i)(3+2i)}$

$$=\frac{36+24i+15i+10i^2}{9-4i^2}$$
$$=\frac{26+39i}{13}=\boldsymbol{2+3i}$$

(4) $\dfrac{3+4i}{-4+3i}=\dfrac{(3+4i)(-4-3i)}{(-4+3i)(-4-3i)}$

$$=\frac{-12-9i-16i-12i^2}{16-9i^2}$$
$$=\frac{-25i}{25}=\boldsymbol{-i}$$

⑥2次方程式　p.16

問 8 (1) 解の公式に $a=1$，$b=7$，$c=3$ を代入して

$$x=\frac{-7\pm\sqrt{7^2-4\times1\times3}}{2\times1}$$
$$=\frac{-7\pm\sqrt{49-12}}{2}=\boldsymbol{\frac{-7\pm\sqrt{37}}{2}}$$

(2) 解の公式に $a=1$，$b=-5$，$c=2$ を代入して

$$x=\frac{-(-5)\pm\sqrt{(-5)^2-4\times1\times2}}{2\times1}$$
$$=\frac{5\pm\sqrt{25-8}}{2}=\boldsymbol{\frac{5\pm\sqrt{17}}{2}}$$

(3) 解の公式に $a=1$，$b=-2$，$c=1$ を代入して

$$x=\frac{-(-2)\pm\sqrt{(-2)^2-4\times1\times1}}{2\times1}$$
$$=\frac{2\pm\sqrt{4-4}}{2}=\frac{2}{2}=\boldsymbol{1}$$

(4) 解の公式に $a=16$，$b=8$，$c=1$ を代入して

$$x=\frac{-8\pm\sqrt{8^2-4\times16\times1}}{2\times16}$$
$$=\frac{-8\pm\sqrt{64-64}}{32}=\frac{-8}{32}=\boldsymbol{-\frac{1}{4}}$$

(5) 解の公式に $a=2$，$b=7$，$c=8$ を代入して

$$x=\frac{-7\pm\sqrt{7^2-4\times2\times8}}{2\times2}=\frac{-7\pm\sqrt{49-64}}{4}$$
$$=\frac{-7\pm\sqrt{-15}}{4}=\boldsymbol{\frac{-7\pm\sqrt{15}\,i}{4}}$$

(6) 解の公式に $a=1$，$b=-4$，$c=5$ を代入して

$$x=\frac{-(-4)\pm\sqrt{(-4)^2-4\times1\times5}}{2\times1}$$
$$=\frac{4\pm\sqrt{16-20}}{2}$$
$$=\frac{4\pm\sqrt{-4}}{2}=\frac{4\pm\sqrt{4}\,i}{2}=\frac{4\pm2i}{2}=\boldsymbol{2\pm i}$$

問 9 (1) $D=7^2-4\times1\times5=29>0$

よって，**異なる2つの実数解**である。

(2) $D=(-5)^2-4\times3\times7=-59<0$

よって，**異なる2つの虚数解**である。

(3) $D=(-10)^2-4\times25\times1=0$

よって，**重解**である。

問 10 判別式を D とすると

$$D=6^2-4\times3\times(-k)=36+12k$$

$D<0$ だから　$36+12k<0$

これを解いて　$\boldsymbol{k<-3}$

練習問題

① (1) 解の公式に $a=1,\ b=5,\ c=2$ を代入して

$$x=\frac{-5\pm\sqrt{5^2-4\times1\times2}}{2\times1}$$
$$=\frac{-5\pm\sqrt{25-8}}{2}=\boldsymbol{\frac{-5\pm\sqrt{17}}{2}}$$

(2) 解の公式に $a=1,\ b=-4,\ c=1$ を代入して

$$x=\frac{-(-4)\pm\sqrt{(-4)^2-4\times1\times1}}{2\times1}$$
$$=\frac{4\pm\sqrt{16-4}}{2}=\frac{4\pm\sqrt{12}}{2}$$
$$=\frac{4\pm2\sqrt{3}}{2}=\boldsymbol{2\pm\sqrt{3}}$$

(3) 解の公式に $a=1,\ b=-4,\ c=4$ を代入して

$$x=\frac{-(-4)\pm\sqrt{(-4)^2-4\times1\times4}}{2\times1}$$
$$=\frac{4\pm\sqrt{16-16}}{2}=\frac{4\pm\sqrt{0}}{2}=\boldsymbol{2}$$

(4) 解の公式に $a=25,\ b=10,\ c=1$ を代入して

$$x=\frac{-10\pm\sqrt{10^2-4\times25\times1}}{2\times25}$$
$$=\frac{-10\pm\sqrt{100-100}}{50}=\frac{-10\pm\sqrt{0}}{50}$$
$$=\boldsymbol{-\frac{1}{5}}$$

(5) 解の公式に $a=2,\ b=-3,\ c=5$ を代入して

$$x=\frac{-(-3)\pm\sqrt{(-3)^2-4\times2\times5}}{2\times2}$$
$$=\frac{3\pm\sqrt{9-40}}{4}=\frac{3\pm\sqrt{-31}}{4}$$
$$=\boldsymbol{\frac{3\pm\sqrt{31}\,i}{4}}$$

(6) 解の公式に $a=1,\ b=-6,\ c=10$ を代入して

$$x=\frac{-(-6)\pm\sqrt{(-6)^2-4\times1\times10}}{2\times1}$$
$$=\frac{6\pm\sqrt{36-40}}{2}=\frac{6\pm\sqrt{-4}}{2}$$
$$=\frac{6\pm\sqrt{4}\,i}{2}=\frac{6\pm2i}{2}=\boldsymbol{3\pm i}$$

② (1) $D=3^2-4\times1\times1=5>0$

よって，**異なる2つの実数解**である。

(2) $D=(-5)^2-4\times2\times6=-23<0$

よって，**異なる2つの虚数解**である。

(3) $D=(-8)^2-4\times16\times1=0$

よって，**重解**である。

③ 判別式を D とすると

$$D=(-4)^2-4\times2\times k=16-8k$$

$D<0$ だから　$16-8k<0$

これを解いて　$\boldsymbol{k>2}$

⑦解と係数の関係　p.18

問 11　2次方程式の2つの解を $\alpha,\ \beta$ とする。

(1) 和 $\alpha+\beta=-\frac{6}{3}=\boldsymbol{-2}$，　積 $\alpha\beta=\boldsymbol{\frac{2}{3}}$

(2) 和 $\alpha+\beta=-\frac{-4}{2}=\boldsymbol{2}$，　積 $\alpha\beta=\boldsymbol{\frac{1}{2}}$

(3) 和 $\alpha+\beta=-\frac{2}{1}=\boldsymbol{-2}$，　積 $\alpha\beta=\frac{-3}{1}=\boldsymbol{-3}$

(4) 和 $\alpha+\beta=-\frac{-2}{3}=\boldsymbol{\frac{2}{3}}$，　積 $\alpha\beta=\frac{-6}{3}=\boldsymbol{-2}$

問 12　解と係数の関係から

$$\alpha+\beta=-\frac{-3}{1}=3,\ \alpha\beta=\frac{4}{1}=4$$

(1) $\alpha^2\beta+\alpha\beta^2=\alpha\beta(\alpha+\beta)=4\times3=\boldsymbol{12}$

(2) $(\alpha+1)(\beta+1)=\alpha\beta+(\alpha+\beta)+1$

$=4+3+1=\boldsymbol{8}$

(3) $\alpha^2+\beta^2=(\alpha+\beta)^2-2\alpha\beta$

$=3^2-2\times4=\boldsymbol{1}$

問 13 (1) 和が　$4+6=10$

積が　$4\times6=24$

だから　$\boldsymbol{x^2-10x+24=0}$

(2) 和が　$3+(-5)=-2$

積が　$3\times(-5)=-15$

だから　$\boldsymbol{x^2+2x-15=0}$

(3) 和が　$(2+\sqrt{3})+(2-\sqrt{3})=4$

積が　$(2+\sqrt{3})(2-\sqrt{3})=2^2-(\sqrt{3})^2=1$

だから　$\boldsymbol{x^2-4x+1=0}$

(4) 和が　$(1+3i)+(1-3i)=2$

積が　$(1+3i)(1-3i)=1^2-(3i)^2=10$

だから　$\boldsymbol{x^2-2x+10=0}$

練習問題

① 2次方程式の2つの解を $\alpha,\ \beta$ とする。

(1) 和 $\alpha+\beta=-\frac{5}{1}=\boldsymbol{-5}$，積 $\alpha\beta=\frac{-6}{1}=\boldsymbol{-6}$

(2) 和 $\alpha+\beta=-\frac{-3}{1}=\boldsymbol{3}$，　積 $\alpha\beta=\frac{-1}{1}=\boldsymbol{-1}$

(3) 和 $\alpha+\beta=-\frac{-4}{2}=\boldsymbol{2}$，　積 $\alpha\beta=\boldsymbol{\frac{3}{2}}$

(4) 和 $\alpha+\beta=\boldsymbol{-\frac{1}{3}}$，　積 $\alpha\beta=\frac{-6}{3}=\boldsymbol{-2}$

② 解と係数の関係から

$$\alpha+\beta=-\frac{-2}{1}=2,\quad \alpha\beta=\frac{3}{1}=3$$

(1) $\alpha^2\beta+\alpha\beta^2=\alpha\beta(\alpha+\beta)$
$=3\times 2=\mathbf{6}$

(2) $(\alpha+1)(\beta+1)=\alpha\beta+(\alpha+\beta)+1$
$=3+2+1=\mathbf{6}$

(3) $\alpha^2+\beta^2=(\alpha+\beta)^2-2\alpha\beta$
$=2^2-2\times 3=\mathbf{-2}$

③ (1) 和が　$5+7=12$
積が　$5\times 7=35$
だから　$\boldsymbol{x^2-12x+35=0}$

(2) 和が　$2+(-4)=-2$
積が　$2\times(-4)=-8$
だから　$\boldsymbol{x^2+2x-8=0}$

(3) 和が　$(3+\sqrt{2})+(3-\sqrt{2})=6$
積が　$(3+\sqrt{2})(3-\sqrt{2})=3^2-(\sqrt{2})^2=7$
だから　$\boldsymbol{x^2-6x+7=0}$

(4) 和が　$(2+3i)+(2-3i)=4$
積が　$(2+3i)(2-3i)=2^2-(3i)^2=13$
だから　$\boldsymbol{x^2-4x+13=0}$

Exercise　p. 20

1 $\begin{cases}3x-1=2\\ y+2=4\end{cases}$ より　$\boldsymbol{x=1,\ y=2}$

2 (1) $(2-5i)+(-5+4i)$
$=(2-5)+(-5+4)i=\boldsymbol{-3-i}$

(2) $(-4-3i)-(-7+2i)$
$=(-4+7)+(-3-2)i=\boldsymbol{3-5i}$

(3) $(1+3i)(3-2i)=3-2i+9i-6i^2$
$=3+7i+6=\boldsymbol{9+7i}$

(4) $\dfrac{5+i}{5-i}=\dfrac{(5+i)^2}{(5-i)(5+i)}=\dfrac{25+10i+i^2}{25-i^2}$
$=\dfrac{25+10i-1}{25+1}=\dfrac{24+10i}{26}=\boldsymbol{\dfrac{12}{13}+\dfrac{5}{13}i}$

3 (1) $x=\dfrac{-(-4)\pm\sqrt{(-4)^2-4\times 3\times(-4)}}{2\times 3}$
$=\dfrac{4\pm\sqrt{16+48}}{6}=\dfrac{4\pm\sqrt{64}}{6}$
$=\dfrac{4\pm 8}{6}$
よって　$\boldsymbol{x=-\dfrac{2}{3},\ 2}$

(2) $x=\dfrac{-20\pm\sqrt{20^2-4\times 4\times 25}}{2\times 4}$
$=\dfrac{-20\pm\sqrt{400-400}}{8}=\dfrac{-20}{8}=\boldsymbol{-\dfrac{5}{2}}$

(3) $x=\dfrac{-(-8)\pm\sqrt{(-8)^2-4\times 1\times 4}}{2\times 1}$
$=\dfrac{8\pm\sqrt{48}}{2}=\dfrac{8\pm 4\sqrt{3}}{2}=\boldsymbol{4\pm 2\sqrt{3}}$

(4) $x=\dfrac{-3\pm\sqrt{3^2-4\times 2\times 2}}{2\times 2}$
$=\dfrac{-3\pm\sqrt{-7}}{4}=\boldsymbol{\dfrac{-3\pm\sqrt{7}i}{4}}$

4 (1) $x^2-7x+1=0$
$D=(-7)^2-4\times 1\times 1=45>0$
よって，**異なる2つの実数解**である。

(2) $2x^2-4x+3=0$
$D=(-4)^2-4\times 2\times 3=-8<0$
よって，**異なる2つの虚数解**である。

(3) $x^2+4x+4=0$
$D=4^2-4\times 1\times 4=0$
よって，**重解**である。

(4) $-4x^2+9x-2=0$
$D=9^2-4\times(-4)\times(-2)=49>0$
よって，**異なる2つの実数解**である。

5 判別式を D とすると
$D=k^2-4\times 1\times 16=k^2-64$
$D=0$ だから　$k^2-64=0$
これを解くと，$(k-8)(k+8)=0$ より
$k=\pm 8$
$k=8$ のとき　$x^2+8x+16=0$
左辺を因数分解して　$(x+4)^2=0$
ゆえに　$x=-4$
$k=-8$ のとき　$x^2-8x+16=0$
左辺を因数分解して　$(x-4)^2=0$
ゆえに　$x=4$
$\boldsymbol{k=8}$ **のとき，重解は** $\boldsymbol{x=-4}$
$\boldsymbol{k=-8}$ **のとき，重解は** $\boldsymbol{x=4}$

6 2つの解を α，β とする。

(1) 和 $\alpha+\beta=\boldsymbol{-\dfrac{1}{4}}$，積 $\alpha\beta=\dfrac{-8}{4}=\boldsymbol{-2}$

(2) 和 $\alpha+\beta=-\dfrac{-1}{1}=\boldsymbol{1}$，積 $\alpha\beta=\dfrac{-5}{1}=\boldsymbol{-5}$

7 解と係数の関係から

$$\alpha+\beta=-\frac{2}{1}=-2,\ \alpha\beta=\frac{5}{1}=5$$

(1) $\alpha+\beta=\boldsymbol{-2}$ (2) $\alpha\beta=\boldsymbol{5}$

(3) $\alpha^2\beta+\alpha\beta^2=\alpha\beta(\alpha+\beta)=5\times(-2)=\boldsymbol{-10}$

(4) $\alpha^2+\beta^2=(\alpha+\beta)^2-2\alpha\beta$

$\qquad=(-2)^2-2\times5=\boldsymbol{-6}$

(5) $(\alpha-\beta)^2=(\alpha+\beta)^2-4\alpha\beta$

$\qquad=(-2)^2-4\times5=\boldsymbol{-16}$

(6) $\dfrac{\beta}{\alpha}+\dfrac{\alpha}{\beta}=\dfrac{\beta^2+\alpha^2}{\alpha\beta}=\dfrac{\alpha^2+\beta^2}{\alpha\beta}=\boldsymbol{-\dfrac{6}{5}}$

8 (1) 和は $(3+\sqrt{7})+(3-\sqrt{7})=6$

積は $(3+\sqrt{7})(3-\sqrt{7})=3^2-(\sqrt{7})^2$

$\qquad=2$

よって $\boldsymbol{x^2-6x+2=0}$

(2) 和は $(4+i)+(4-i)=8$

積は $(4+i)(4-i)=16-i^2=17$

よって $\boldsymbol{x^2-8x+17=0}$

考 $x=1+2i$ を $x^2+ax+b=0$ に代入すると

$(1+2i)^2+a(1+2i)+b=0$

$1+4i+4i^2+a+2ai+b=0$

$a+b-3+(2a+4)i=0$

よって $a+b-3=0$ かつ $2a+4=0$

したがって $\boldsymbol{a=-2,\ b=5}$

⑧整式の除法 p.22

問1 (1)

$$\begin{array}{r}
2x+3 \\
x+1\,\overline{)\,2x^2+5x+7} \\
\underline{2x^2+2x} \\
3x+7 \\
\underline{3x+3} \\
4
\end{array}$$

よって **商 $2x+3$，余り 4**

(2)

$$\begin{array}{r}
x^2+2x-2 \\
x+2\,\overline{)\,x^3+4x^2+2x-3} \\
\underline{x^3+2x^2} \\
2x^2+2x \\
\underline{2x^2+4x} \\
-2x-3 \\
\underline{-2x-4} \\
1
\end{array}$$

よって **商 x^2+2x-2，余り 1**

(3)

$$\begin{array}{r}
4x+8 \\
x^2-2x+4\,\overline{)\,4x^3-2x+7} \\
\underline{4x^3-8x^2+16x} \\
8x^2-18x+7 \\
\underline{8x^2-16x+32} \\
-2x-25
\end{array}$$

よって **商 $4x+8$，余り $-2x-25$**

問2 $A=B\times Q+R$ より

$3x^2+2x-4=B\times(x+2)+4$

が成り立つ。右辺の 4 を移項して整理すると

$3x^2+2x-8=B\times(x+2)$

よって $B=(3x^2+2x-8)\div(x+2)=\boldsymbol{3x-4}$

$$\begin{array}{r}
3x-4 \\
x+2\,\overline{)\,3x^2+2x-8} \\
\underline{3x^2+6x} \\
-4x-8 \\
\underline{-4x-8} \\
0
\end{array}$$

練習問題

① (1)

$$\begin{array}{r}
3x-1 \\
x+2\,\overline{)\,3x^2+5x+3} \\
\underline{3x^2+6x} \\
-x+3 \\
\underline{-x-2} \\
5
\end{array}$$

よって **商 $3x-1$，余り 5**

(2)

$$\begin{array}{r}
4x+3 \\
2x-1\,\overline{)\,8x^2+2x-5} \\
\underline{8x^2-4x} \\
6x-5 \\
\underline{6x-3} \\
-2
\end{array}$$

よって **商 $4x+3$，余り -2**

(3)

$$\begin{array}{r}
x^2+3x-4 \\
x-1\,\overline{)\,x^3+2x^2-7x+6} \\
\underline{x^3-x^2} \\
3x^2-7x \\
\underline{3x^2-3x} \\
-4x+6 \\
\underline{-4x+4} \\
2
\end{array}$$

よって **商 x^2+3x-4，余り 2**

(4)

$$
\begin{array}{r}
2x+1 \\
x^2-x+1 \,\big)\, \overline{2x^3-x^2+2x-6} \\
\underline{2x^3-2x^2+2x} \\
x^2-6 \\
\underline{x^2-x+1} \\
x-7
\end{array}
$$

よって　**商 $2x+1$，余り $x-7$**

② $A=B\times Q+R$ より

$2x^2+5x-4=B\times(x+4)+8$

が成り立つ。右辺の 8 を移項して整理すると

$2x^2+5x-12=B\times(x+4)$

よって　$B=(2x^2+5x-12)\div(x+4)=\mathbf{2x-3}$

$$
\begin{array}{r}
2x-3 \\
x+4\,\big)\,\overline{2x^2+5x-12} \\
\underline{2x^2+8x} \\
-3x-12 \\
\underline{-3x-12} \\
0
\end{array}
$$

⑨剰余の定理と因数定理　p. 24

問 3　(1)　$P(1)=1^3-2\times1-3=\mathbf{-4}$

(2)　$P(3)=3^3-2\times3-3=\mathbf{18}$

(3)　$P(-1)=(-1)^3-2\times(-1)-3=\mathbf{-2}$

問 4　(1)　$P(1)=1^3+4\times1^2+2\times1-4=\mathbf{3}$

(2)　$P(-2)$

$=(-2)^3+4\times(-2)^2+2\times(-2)-4=\mathbf{0}$

問 5　$P(1)=1^3-3\times1^2-6\times1+8=0$

$P(-1)=(-1)^3-3\times(-1)^2-6\times(-1)+8$

$=10\neq0$

$P(2)=2^3-3\times2^2-6\times2+8$

$=8-12-12+8=-8\neq0$

$P(-2)=(-2)^3-3\times(-2)^2-6\times(-2)+8$

$=-8-12+12+8=0$

よって，$x-1$，$x+1$，$x-2$，$x+2$ の中で $P(x)$ の因数は $x-1$，$x+2$ であるから，**①と④**

問 6　(1)　$P(x)=x^3+x^2+x-3$ とおく。

$P(1)=1^3+1^2+1-3=0$

よって，$x-1$ は $P(x)$ の因数である。

$P(x)$ を $x-1$ でわって商を求めると

x^2+2x+3

したがって

$x^3+x^2+x-3=\mathbf{(x-1)(x^2+2x+3)}$

(2)　$P(x)=x^3-x^2-4$ とおく。

$P(2)=2^3+2^2-4=0$

よって，$x-2$ は $P(x)$ の因数である。

$P(x)$ を $x-2$ でわって商を求めると

x^2+x+2

したがって

$x^3-x^2-4=\mathbf{(x-2)(x^2+x+2)}$

練習問題

① (1)　$P(2)=2^3+3\times2^2-4=\mathbf{16}$

(2)　$P(-1)=(-1)^3+3\times(-1)^2-4=\mathbf{-2}$

(3)　$P(-2)=(-2)^3+3\times(-2)^2-4=\mathbf{0}$

② (1)　$P(1)=1^3+2\times1^2-5\times1-6=\mathbf{-8}$

(2)　$P(-3)=(-3)^3+2\times(-3)^2-5\times(-3)-6$

$=\mathbf{0}$

③　$P(1)=1^3+4\times1^2+1-6=0$

$P(-1)=(-1)^3+4\times(-1)^2+(-1)-6$

$=-4\neq0$

$P(2)=2^3+4\times2^2+2-6$

$=8+16+2-6=20\neq0$

$P(-2)=(-2)^3+4\times(-2)^2+(-2)-6$

$=-8+16-2-6=0$

よって，$x-1$，$x+1$，$x-2$，$x+2$ の中で $P(x)$ の因数は $x-1$，$x+2$ であるから，**①と④**

④ (1)　$P(x)=x^3+x^2+2x-4$ とすると

$P(1)=1^3+1^2+2\times1-4=0$

よって，$x-1$ は $P(x)$ の因数である。

$P(x)$ を $x-1$ でわって商を求めると

x^2+2x+4

したがって

$x^3+x^2+2x-4=\mathbf{(x-1)(x^2+2x+4)}$

(2)　$P(x)=2x^3+x^2+3x+4$ とすると

$P(-1)=2\times(-1)^3+(-1)^2+3\times(-1)+4$

$=0$

よって，$x+1$ は $P(x)$ の因数である。

$P(x)$ を $x+1$ でわって商を求めると

$2x^2-x+4$

したがって

$2x^3+x^2+3x+4=\mathbf{(x+1)(2x^2-x+4)}$

⑩高次方程式　p.26

問7　(1)　左辺を因数分解すると

$$x(x^2-5x+6)=0$$
$$x(x-2)(x-3)=0$$

よって　$\boldsymbol{x=0,\ 2,\ 3}$

(2)　左辺を因数分解すると

$$x(x^2-x-6)=0$$
$$x(x-3)(x+2)=0$$

よって　$\boldsymbol{x=0,\ 3,\ -2}$

(3)　$x^2=A$ とおくと

$$A^2-6A+8=0$$
$$(A-2)(A-4)=0$$
$$(x^2-2)(x^2-4)=0$$

よって　$x^2-2=0$ または $x^2-4=0$

したがって　$\boldsymbol{x=\pm\sqrt{2},\ \pm 2}$

(4)　$x^2=A$ とおくと

$$A^2-8A-9=0$$
$$(A-9)(A+1)=0$$
$$(x^2-9)(x^2+1)=0$$

よって　$x^2-9=0$ または $x^2+1=0$

したがって　$\boldsymbol{x=\pm 3,\ \pm i}$

問8　(1)　$P(x)=x^3+2x^2-x-2$ とおくと

$P(1)=1^3+2\times1^2-1-2=0$ だから

$x-1$ は $P(x)$ の因数である。

$P(x)$ を $x-1$ でわると

$$\begin{array}{r|l} & x^2+3x+2 \\ \hline x-1 & x^3+2x^2-x-2 \\ & x^3-x^2 \\ \hline & 3x^2-x \\ & 3x^2-3x \\ \hline & 2x-2 \\ & 2x-2 \\ \hline & 0 \end{array}$$

だから　$P(x)=(x-1)(x^2+3x+2)$

$\qquad\qquad\quad =(x-1)(x+1)(x+2)$

よって，方程式は

$$(x-1)(x+1)(x+2)=0$$

したがって　$\boldsymbol{x=1,\ -1,\ -2}$

別解　$P(-1)=0$，$P(-2)=0$ を利用してもよい。

(2)　$P(x)=x^3+2x^2-5x-6$ とおくと

$P(2)=2^3+2\times2^2-5\times2-6=0$ だから

$x-2$ は $P(x)$ の因数である。

$P(x)$ を $x-2$ でわると

$$\begin{array}{r|l} & x^2+4x+3 \\ \hline x-2 & x^3+2x^2-5x-6 \\ & x^3-2x^2 \\ \hline & 4x^2-5x \\ & 4x^2-8x \\ \hline & 3x-6 \\ & 3x-6 \\ \hline & 0 \end{array}$$

だから　$P(x)=(x-2)(x^2+4x+3)$

$\qquad\qquad\quad =(x-2)(x+1)(x+3)$

よって，方程式は

$$(x-2)(x+1)(x+3)=0$$

したがって　$\boldsymbol{x=2,\ -1,\ -3}$

別解　$P(-1)=0$，$P(-3)=0$ を利用してもよい。

(3)　$P(x)=x^3-5x^2+7x-2$ とおくと

$P(2)=2^3-5\times2^2+7\times2-2=0$ だから

$x-2$ は $P(x)$ の因数である。

$P(x)$ を $x-2$ でわると

$$\begin{array}{r|l} & x^2-3x+1 \\ \hline x-2 & x^3-5x^2+7x-2 \\ & x^3-2x^2 \\ \hline & -3x^2+7x \\ & -3x^2+6x \\ \hline & x-2 \\ & x-2 \\ \hline & 0 \end{array}$$

だから　$P(x)=(x-2)(x^2-3x+1)$

よって，方程式は

$$(x-2)(x^2-3x+1)=0$$

したがって　$\boldsymbol{x=2,\ \dfrac{3\pm\sqrt{5}}{2}}$

(4) $P(x)=x^3-3x^2+4x-2$ とすると

$P(1)=1^3-3\times1^2+4\times1-2=0$

だから，$x-1$ は $P(x)$ の因数である。

$P(x)$ を $x-1$ でわると

$$\begin{array}{r}
x^2-2x+2 \\
x-1\,\overline{)\,x^3-3x^2+4x-2} \\
\underline{x^3-\ \ x^2\qquad\qquad} \\
-2x^2+4x\qquad \\
\underline{-2x^2+2x\qquad} \\
2x-2 \\
\underline{2x-2} \\
0
\end{array}$$

だから　$P(x)=(x-1)(x^2-2x+2)$

よって，方程式は

$(x-1)(x^2-2x+2)=0$

したがって　$\boldsymbol{x=1,\ 1\pm i}$

練習問題

① (1) 左辺を因数分解すると

$x(x^2-2x-3)=0$

$x(x-3)(x+1)=0$

よって　$\boldsymbol{x=0,\ 3,\ -1}$

(2) 左辺を因数分解すると

$x(x^2+7x+12)=0$

$x(x+3)(x+4)=0$

よって　$\boldsymbol{x=0,\ -3,\ -4}$

(3) $x^2=A$ とおくと

$A^2-3A+2=0$

$(A-1)(A-2)=0$

$(x^2-1)(x^2-2)=0$

よって　$x^2-1=0$ または $x^2-2=0$

したがって　$\boldsymbol{x=\pm1,\ \pm\sqrt{2}}$

(4) $x^2=A$ とおくと

$A^2-16A+64=0$

$(A-8)^2=0$

$(x^2-8)^2=0$

よって　$x^2-8=0$

したがって　$\boldsymbol{x=\pm2\sqrt{2}}$

② (1) $P(x)=x^3-x^2-9x+9$ とおくと

$P(1)=1^3-1^2-9\times1+9=0$ だから

$x-1$ は $P(x)$ の因数である。

$P(x)$ を $x-1$ でわると

$$\begin{array}{r}
x^2-9\qquad\qquad \\
x-1\,\overline{)\,x^3-x^2-9x+9} \\
\underline{x^3-x^2\qquad\qquad} \\
-9x+9 \\
-9x+9 \\
0
\end{array}$$

だから　$P(x)=(x-1)(x^2-9)$

$=(x-1)(x-3)(x+3)$

よって，方程式は

$(x-1)(x-3)(x+3)=0$

したがって　$\boldsymbol{x=1,\ 3,\ -3}$

別解　$P(3)=0$，$P(-3)=0$ を利用してもよい。

(2) $P(x)=x^3-3x+2$ とおくと

$P(1)=1^3-3\times1+2=0$ だから

$x-1$ は $P(x)$ の因数である。

$P(x)$ を $x-1$ でわると

$$\begin{array}{r}
x^2+x-2\qquad \\
x-1\,\overline{)\,x^3\qquad\ -3x+2} \\
\underline{x^3-x^2\qquad\qquad} \\
x^2-3x\qquad \\
\underline{x^2-\ \ x\qquad} \\
-2x+2 \\
\underline{-2x+2} \\
0
\end{array}$$

だから　$P(x)=(x-1)(x^2+x-2)$

$=(x-1)(x-1)(x+2)$

よって，方程式は

$(x-1)^2(x+2)=0$

したがって　$\boldsymbol{x=1,\ -2}$

別解　$P(-2)=0$ を利用してもよい。

(3)　$P(x)=x^3-9x-10$ とおくと

$P(-2)=(-2)^3-9\times(-2)-10$

$=0$

だから

$x+2$ は $P(x)$ の因数である。

$P(x)$ を $x+2$ でわると

$$\begin{array}{r|l} & x^2-2x-5 \\ \hline x+2 & x^3 \qquad -9x-10 \\ & x^3+2x^2 \\ \hline & -2x^2-9x \\ & -2x^2-4x \\ \hline & -5x-10 \\ & -5x-10 \\ \hline & 0 \end{array}$$

だから　$P(x)=(x+2)(x^2-2x-5)$

よって，方程式は

$(x+2)(x^2-2x-5)=0$

したがって　$\boldsymbol{x=-2,\ 1\pm\sqrt{6}}$

(4)　$P(x)=x^3+2x^2+4x+3$ とおくと

$P(-1)=(-1)^3+2\times(-1)^2+4\times(-1)+3$

$=0$

だから

$x+1$ は $P(x)$ の因数である。

$P(x)$ を $x+1$ でわると

$$\begin{array}{r|l} & x^2+x+3 \\ \hline x+1 & x^3+2x^2+4x+3 \\ & x^3+\ x^2 \\ \hline & x^2+4x \\ & x^2+\ x \\ \hline & 3x+3 \\ & 3x+3 \\ \hline & 0 \end{array}$$

だから　$P(x)=(x+1)(x^2+x+3)$

よって，方程式は

$(x+1)(x^2+x+3)=0$

したがって　$\boldsymbol{x=-1,\ \dfrac{-1\pm\sqrt{11}i}{2}}$

⑪高次方程式の応用　p.28

問 9　切り取る正方形の1辺が $x$cm だから，この箱の

高さは $x$cm

底面の縦の長さは $(10-2x)$cm

底面の横の長さは $(14-2x)$cm

となり，次の方程式が成り立つ。

$x(10-2x)(14-2x)=96$

この式の左辺を展開して，整理すると

$x^3-12x^2+35x-24=0$

因数定理を用いてこの方程式を解くと

$(x-1)(x^2-11x+24)=0$

$(x-1)(x-3)(x-8)=0$

$x=1,\ 3,\ 8$

ここで，$x>0$ かつ $10-2x>0$ かつ $14-2x>0$

よって，x の値の範囲は

$0<x<5$

したがって，x の値は　$\boldsymbol{x=1,\ 3}$

練習問題

① 切り取る正方形の1辺が $x$cm だから，この箱の

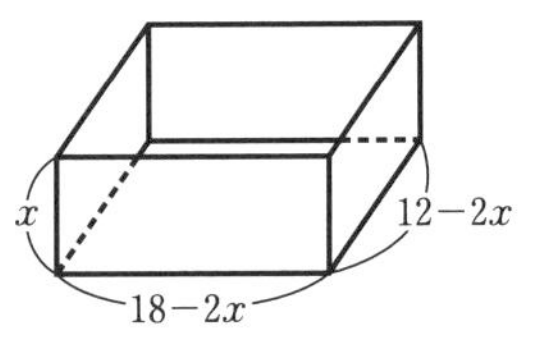

高さは $x$cm

底面の縦の長さは $(12-2x)$cm

底面の横の長さは $(18-2x)$cm

となり，次の方程式が成り立つ。

$x(12-2x)(18-2x)=160$

この式の左辺を展開して，整理すると

$x^3-15x^2+54x-40=0$

因数定理を用いてこの方程式を解くと

$(x-1)(x-4)(x-10)=0$

$x=1,\ 4,\ 10$

ここで，$x>0$ かつ $12-2x>0,\ 18-2x>0$

よって，x の範囲は　$0<x<6$

したがって，x の値は　$\boldsymbol{x=1,\ 4}$

Exercise p.30

1 (1)

$$
\begin{array}{r}
x^2+x-7 \\
x+2\,\big)\,\overline{x^3+3x^2-5x+\ \ 4} \\
\underline{x^3+2x^2} \\
x^2-5x \\
\underline{x^2+2x} \\
-7x+\ \ 4 \\
\underline{-7x-14} \\
18
\end{array}
$$

よって　**商 x^2+x-7，余り 18**

(2)

$$
\begin{array}{r}
3x-3 \\
x^2+x-3\,\big)\,\overline{3x^3-7x+6} \\
\underline{3x^3+3x^2-9x} \\
-3x^2+2x+6 \\
\underline{-3x^2-3x+9} \\
5x-3
\end{array}
$$

よって　**商 $3x-3$，余り $5x-3$**

2 $4x^3-2x^2+5=B\times(4x-6)+10x-1$ から

$4x^3-2x^2-10x+6=B\times(4x-6)$

よって　$B=(4x^3-2x^2-10x+6)\div(4x-6)$

$=\boldsymbol{x^2+x-1}$

$$
\begin{array}{r}
x^2+x-1 \\
4x-6\,\big)\,\overline{4x^3-2x^2-10x+6} \\
\underline{4x^3-6x^2} \\
4x^2-10x \\
\underline{4x^2-\ \ 6x} \\
-4x+6 \\
\underline{-4x+6} \\
0
\end{array}
$$

3 (1) $P(2)=2\times2^3-3\times2+1=\boldsymbol{11}$

(2) $P(-3)=2\times(-3)^3-3\times(-3)+1$

$=\boldsymbol{-44}$

(3) $P(1)=2\times1^3-3\times1+1=\boldsymbol{0}$

4 (1) $P(-3)=(-3)^3+(-3)+6k$

$=\boldsymbol{6k-30}$

(2) (1)より余りが $6k-30$ だから $6k-30=0$ となればわり切れる。よって　$\boldsymbol{k=5}$

5 (1) $x(x^2-3x+2)=0$

$x(x-1)(x-2)=0$

よって　$\boldsymbol{x=0,\ 1,\ 2}$

(2) $x(x^2+x-2)=0$

$x(x+2)(x-1)=0$

よって　$\boldsymbol{x=0,\ -2,\ 1}$

(3) $x^2(x^2-25)=0$

$x^2(x+5)(x-5)=0$

よって　$\boldsymbol{x=0,\ -5,\ 5}$

(4) $x^2(9x^2-16)=0$

$x^2(3x+4)(3x-4)=0$

よって　$\boldsymbol{x=0,\ -\frac{4}{3},\ \frac{4}{3}}$

6 (1) $P(x)=x^3+4x^2+x-6$ とおくと

$P(1)=1^3+4\times1^2+1-6=0$ だから

$x-1$ は $P(x)$ の因数である。

$P(x)$ を $x-1$ でわると

$$
\begin{array}{r}
x^2+5x+6 \\
x-1\,\big)\,\overline{x^3+4x^2+\ \ x-6} \\
\underline{x^3-\ \ x^2} \\
5x^2+\ \ x \\
\underline{5x^2-5x} \\
6x-6 \\
\underline{6x-6} \\
0
\end{array}
$$

だから　$P(x)=(x-1)(x^2+5x+6)$

$=(x-1)(x+2)(x+3)$

よって，この方程式は

$(x-1)(x+2)(x+3)=0$

したがって　$\boldsymbol{x=1,\ -2,\ -3}$

(2) $P(x)=2x^3+x^2-13x+6$ とおくと

$P(2)=2\times2^3+2^2-13\times2+6=0$ だから

$x-2$ は $P(x)$ の因数である。

$P(x)$ を $x-2$ でわると

$$
\begin{array}{r}
2x^2+5x-3 \\
x-2\,\big)\,\overline{2x^3+\ \ x^2-13x+6} \\
\underline{2x^3-4x^2} \\
5x^2-13x \\
\underline{5x^2-10x} \\
-3x+6 \\
\underline{-3x+6} \\
0
\end{array}
$$

だから　$P(x)=(x-2)(2x^2+5x-3)$

$=(x-2)(2x-1)(x+3)$

よって，この方程式は

$(x-2)(2x-1)(x+3)=0$

したがって　$\boldsymbol{x=2,\ \frac{1}{2},\ -3}$

(3) $P(x)=x^3-4x-3$ とおくと

$P(-1)=(-1)^3-4\times(-1)-3=0$ だから

$x+1$ は $P(x)$ の因数である。

$P(x)$ を $x+1$ でわると

$$
\begin{array}{r}
x^2-x-3 \\
x+1\,\overline{)\,x^3 \qquad -4x-3} \\
\underline{x^3+x^2 \qquad\qquad} \\
-x^2-4x \\
\underline{-x^2-\ \ x } \\
-3x-3 \\
\underline{-3x-3} \\
0
\end{array}
$$

だから　$P(x)=(x+1)(x^2-x-3)$

よって，この方程式は

$(x+1)(x^2-x-3)=0$

したがって　$\boldsymbol{x=-1,\ \dfrac{1\pm\sqrt{13}}{2}}$

(4) $P(x)=x^3+3x^2+4x+2$ とおくと

$P(-1)=(-1)^3+3\times(-1)^2+4\times(-1)+2$

$=0$

だから

$x+1$ は $P(x)$ の因数である。

$P(x)$ を $x+1$ でわると

$$
\begin{array}{r}
x^2+2x+2 \\
x+1\,\overline{)\,x^3+3x^2+4x+2} \\
\underline{x^3+\ \ x^2 \qquad\qquad} \\
2x^2+4x \\
\underline{2x^2+2x } \\
2x+2 \\
\underline{2x+2} \\
0
\end{array}
$$

だから　$P(x)=(x+1)(x^2+2x+2)$

よって，この方程式は

$(x+1)(x^2+2x+2)=0$

したがって　$\boldsymbol{x=-1,\ -1\pm i}$

考　直方体の各辺を $x$cm 伸ばすとすると

縦 $(3+x)$cm,

横 $(4+x)$cm,

高さ $(5+x)$cm

となるから，次の方程式が成り立つ。

$(3+x)(4+x)(5+x)=3\times4\times5\times2$

この式の左辺を展開して，整理すると

$x^3+12x^2+47x-60=0$

$P(x)=x^3+12x^2+47x-60$ とおくと

$P(1)=1^3+12\times1^2+47\times1-60=0$

だから，$x-1$ は $P(x)$ の因数である。

$P(x)$ を $x-1$ でわると

$$
\begin{array}{r}
x^2+13x+60 \\
x-1\,\overline{)\,x^3+12x^2+47x-60} \\
\underline{x^3-\ \ \ x^2 \qquad\qquad\quad} \\
13x^2+47x \\
\underline{13x^2-13x } \\
60x-60 \\
\underline{60x-60} \\
0
\end{array}
$$

だから　$P(x)=(x-1)(x^2+13x+60)$

よって，この方程式は

$(x-1)(x^2+13x+60)=0$

これを解いて

$x=1,\ \dfrac{-13\pm\sqrt{71}\,i}{2}$

$x>0$ だから　$x=1$

よって　**1cm**

⑫等式の証明　p.34

問 1　(1) $(左辺)=(2x+y)^2+(x-2y)^2$

$=4x^2+4xy+y^2+x^2-4xy+4y^2$

$=5x^2+5y^2$

$(右辺)=5(x^2+y^2)$

$=5x^2+5y^2$

よって，(左辺) = (右辺) となるから

$(2x+y)^2+(x-2y)^2=5(x^2+y^2)$

が成り立つ。

(2) (左辺) $= (x+3y)^2 - 12xy$

$= x^2 + 6xy + 9y^2 - 12xy$

$= x^2 - 6xy + 9y^2$

(右辺) $= (x-3y)^2$

$= x^2 - 6xy + 9y^2$

よって，(左辺) = (右辺) となるから

$(x+3y)^2 - 12xy = (x-3y)^2$

が成り立つ。

(3) (左辺) $= (a^2+1)(b^2+1)$

$= a^2b^2 + a^2 + b^2 + 1$

(右辺) $= (ab-1)^2 + (a+b)^2$

$= a^2b^2 - 2ab + 1 + a^2 + 2ab + b^2$

$= a^2b^2 + a^2 + b^2 + 1$

よって，(左辺) = (右辺) となるから

$(a^2+1)(b^2+1) = (ab-1)^2 + (a+b)^2$

が成り立つ。

問 2

$a+b=1$ だから

$b = 1-a$ ……①

証明する式の左辺と右辺に①を代入すると

(左辺) $= a^2 + b^2 = a^2 + (1-a)^2$

$= a^2 + (1 - 2a + a^2)$

$= 2a^2 - 2a + 1$

(右辺) $= 1 - 2ab = 1 - 2a(1-a)$

$= 2a^2 - 2a + 1$

よって，(左辺) = (右辺) となるから

$a+b=1$ のとき，$a^2 + b^2 = 1 - 2ab$ が成り立つ。

問 3 $\frac{a}{b} = \frac{c}{d} = k$ とおくと

$a = bk,\ c = dk$ ……①

証明する式の左辺に①を代入すると

(左辺) $= \frac{a-c}{b-d} = \frac{bk-dk}{b-d} = \frac{k(b-d)}{b-d} = k$

また，右辺に①を代入すると

(右辺) $= \frac{a+c}{b+d} = \frac{bk+dk}{b+d}$

$= \frac{k(b+d)}{b+d} = k$

よって，(左辺) = (右辺) となるから

$\frac{a}{b} = \frac{c}{d}$ のとき，$\frac{a-c}{b-d} = \frac{a+c}{b+d}$ が成り立つ。

練習問題

① (1) (左辺) $= (x+3y)^2 + (3x-y)^2$

$= x^2 + 6xy + 9y^2 + 9x^2 - 6xy + y^2$

$= 10x^2 + 10y^2$

(右辺) $= 10(x^2+y^2)$

$= 10x^2 + 10y^2$

よって，(左辺) = (右辺) となるから

$(x+3y)^2 + (3x-y)^2 = 10(x^2+y^2)$

が成り立つ。

(2) (左辺) $= (x+4y)^2 - 16xy$

$= x^2 + 8xy + 16y^2 - 16xy$

$= x^2 - 8xy + 16y^2$

(右辺) $= (x-4y)^2$

$= x^2 - 8xy + 16y^2$

よって，(左辺) = (右辺) となるから

$(x+4y)^2 - 16xy = (x-4y)^2$

が成り立つ。

(3) (左辺) $= (a^2-1)(b^2-1)$

$= a^2b^2 - a^2 - b^2 + 1$

(右辺) $= (ab-1)^2 - (a-b)^2$

$= a^2b^2 - 2ab + 1 - a^2 + 2ab - b^2$

$= a^2b^2 - a^2 - b^2 + 1$

よって，(左辺) = (右辺) となるから

$(a^2-1)(b^2-1) = (ab-1)^2 - (a-b)^2$

が成り立つ。

②

$a+b=1$ だから

$b = 1-a$ ……①

証明する式の左辺と右辺に①を代入すると

(左辺) $= a^2 + b = a^2 - a + 1$

(右辺) $= b^2 + a = (1-a)^2 + a$

$= 1 - 2a + a^2 + a$

$= a^2 - a + 1$

よって，(左辺) = (右辺) となるから

$a+b=1$ のとき，$a^2 + b = b^2 + a$ が成り立つ。

③ $\dfrac{a}{b}=\dfrac{c}{d}=k$ とおくと

$a=bk,\ c=dk$ ……①

証明する式の左辺に①を代入すると

$(\text{左辺})=\dfrac{a+2c}{b+2d}=\dfrac{bk+2dk}{b+2d}$

$=\dfrac{k(b+2d)}{b+2d}=k$

また，右辺に①を代入すると

$(\text{右辺})=\dfrac{a}{b}=\dfrac{bk}{b}=k$

よって，(左辺) = (右辺) となるから

$\dfrac{a}{b}=\dfrac{c}{d}$ のとき，$\dfrac{a+2c}{b+2d}=\dfrac{a}{b}$ が成り立つ。

⑬不等式の証明　p.36

問 4 (1) $(\text{左辺})-(\text{右辺})=(x^2+25)-10x$

$=x^2-10x+25$

$=(x-5)^2 \geqq 0$

よって $(x^2+25)-10x \geqq 0$

したがって　$x^2+25 \geqq 10x$ が成り立つ。

(2) $(\text{左辺})-(\text{右辺})=(4a^2+9b^2)-12ab$

$=4a^2-12ab+9b^2$

$=(2a-3b)^2 \geqq 0$

よって $(4a^2+9b^2)-12ab \geqq 0$

したがって　$4a^2+9b^2 \geqq 12ab$ が成り立つ。

問 5

a	b	$\dfrac{a+b}{2}$	$\sqrt{ab}$
1	1	1	1
1	4	2.5	2
2	2	2	2
2	8	**5**	**4**
4	4	**4**	**4**
9	4	**6.5**	**6**
12	3	**7.5**	**6**

問 6 $a>0$ より $\dfrac{4}{a}>0$

相加平均と相乗平均の関係から

$\dfrac{a+\dfrac{4}{a}}{2} \geqq \sqrt{a\times\dfrac{4}{a}}=\sqrt{4}=2$

よって　$a+\dfrac{4}{a} \geqq 4$

なお，$a=2$ のときに等号が成り立つ。

練習問題

① (1) $(\text{左辺})-(\text{右辺})=(x^2+9)-6x$

$=x^2-6x+9$

$=(x-3)^2 \geqq 0$

よって

$(x^2+9)-6x \geqq 0$

したがって　$x^2+9 \geqq 6x$ が成り立つ。

(2) $(\text{左辺})-(\text{右辺})=(9a^2+b^2)-6ab$

$=9a^2-6ab+b^2$

$=(3a-b)^2 \geqq 0$

よって

$(9a^2+b^2)-6ab \geqq 0$

したがって　$9a^2+b^2 \geqq 6ab$ が成り立つ。

② (1) 相加平均 $\dfrac{a+b}{2}=\dfrac{36+4}{2}=\mathbf{20}$

相乗平均 $\sqrt{ab}=\sqrt{36\times4}=\mathbf{12}$

(2) 相加平均 $\dfrac{a+b}{2}=\dfrac{15+15}{2}=\mathbf{15}$

相乗平均 $\sqrt{ab}=\sqrt{15\times15}=\mathbf{15}$

③ $a>0$ より $\dfrac{9}{a}>0$

相加平均と相乗平均の関係から

$a+\dfrac{9}{a} \geqq 2\sqrt{a\times\dfrac{9}{a}}=6$

よって　$a+\dfrac{9}{a} \geqq 6$

なお，$a=3$ のときに等号が成り立つ。

⑭直線上の点の座標と内分・外分　p.38

問 1 (1) $\mathrm{AB}=7-3=\mathbf{4}$

(2) $\mathrm{CD}=2-(-1)=\mathbf{3}$

(3) $\mathrm{PQ}=-2-(-5)=\mathbf{3}$

(4) $\mathrm{OR}=0-(-\sqrt{2})=\boldsymbol{\sqrt{2}}$

問 2 点Qについて，$\mathrm{AQ}=4-3=1$，$\mathrm{BQ}=9-4=5$ であるから，点Qは**線分ABを1：5に内分**する。

点Rについて，$\mathrm{AR}=7-3=4$，$\mathrm{BR}=9-7=2$ であるから，点Rは**線分ABを**4：2すなわち**2：1に内分**する。

問 3

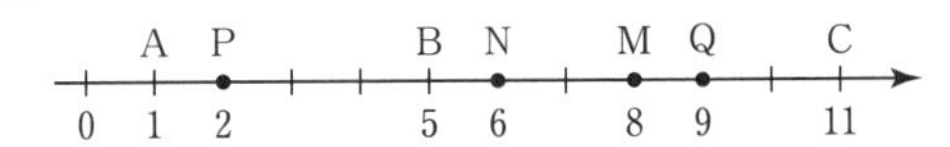

問 4　(1)　$x=\dfrac{2\times(-3)+3\times7}{3+2}=\dfrac{15}{5}=\mathbf{3}$

(2)　$x=\dfrac{-3+7}{2}=\dfrac{4}{2}=\mathbf{2}$

問 5　$\mathrm{AR}=5-1=4$, $\mathrm{RB}=5-4=1$ だから，点 R は**線分 AB を 4：1 に外分する。**

問 6　(1)　$x=\dfrac{-1\times(-2)+2\times4}{2-1}=\mathbf{10}$

(2)　$x=\dfrac{-5\times(-2)+3\times4}{3-5}=\mathbf{-11}$

練習問題

① (1)　$\mathrm{AB}=9-4=\mathbf{5}$

(2)　$\mathrm{AB}=8-(-3)=\mathbf{11}$

(3)　$\mathrm{CD}=-2-(-6)=\mathbf{4}$

(4)　$\mathrm{OR}=0-(-\sqrt{5})=\sqrt{\mathbf{5}}$

② 点 Q について，$\mathrm{AQ}=-3-(-5)=2$, $\mathrm{BQ}=3-(-3)=6$ であるから，点 Q は**線分 AB を 2：6 すなわち 1：3 に内分する。**

　点 R について，$\mathrm{AR}=-1-(-5)=4$, $\mathrm{BR}=3-(-1)=4$ であるから，点 R は**線分 AB を 4：4 すなわち 1：1 に内分し，中点となる。**

③

A　P　Q　B　M　C

−6　−4　−2　−1　0　6

④ (1)　$x=\dfrac{3\times(-3)+1\times5}{1+3}=\dfrac{-4}{4}=\mathbf{-1}$

(2)　$x=\dfrac{1\times(-3)+3\times5}{3+1}=\dfrac{12}{4}=\mathbf{3}$

(3)　$x=\dfrac{5+9}{2}=\dfrac{14}{2}=\mathbf{7}$

(4)　$x=\dfrac{-3+5}{2}=\dfrac{2}{2}=\mathbf{1}$

⑤ $\mathrm{AC}=8-2=6$, $\mathrm{BC}=8-5=3$

　よって，点 C は**線分 AB を 6：3 すなわち 2：1 に外分する。**

　$\mathrm{AD}=2-(-1)=3$, $\mathrm{BD}=5-(-1)=6$

　よって，点 D は**線分 AB を 3：6 すなわち 1：2 に外分する。**

⑥ (1)　$x=\dfrac{(-1)\times1+3\times5}{3-1}=\dfrac{14}{2}=\mathbf{7}$

(2)　$x=\dfrac{(-3)\times1+1\times5}{1-3}=\dfrac{2}{-2}=\mathbf{-1}$

⑮平面上の点の座標・2 点間の距離　p.40

問 7

A(2, 2) は
第 1 象限
B(−4, −2) は
第 3 象限
C(3, −1) は
第 4 象限

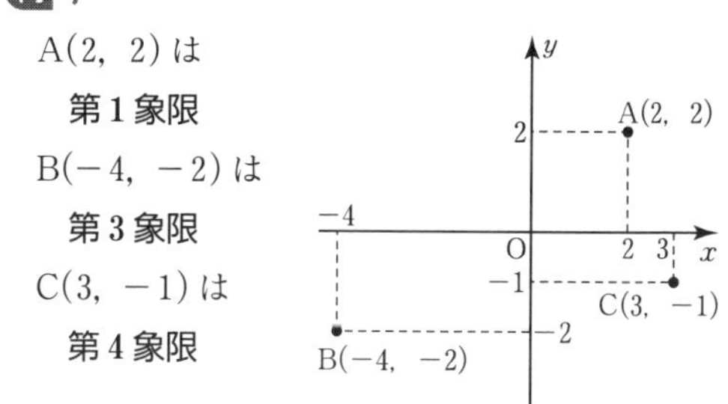

問 8　(1)　$\mathrm{AB}=\sqrt{(8-4)^2+(5-2)^2}$
$=\sqrt{25}=\mathbf{5}$

(2)　$\mathrm{CD}=\sqrt{\{(-2)-(-4)\}^2+(0-1)^2}=\sqrt{\mathbf{5}}$

(3)　$\mathrm{EF}=\sqrt{\{(-6)-(-2)\}^2+\{3-(-5)\}^2}$
$=\sqrt{80}=\mathbf{4\sqrt{5}}$

(4)　$\mathrm{OP}=\sqrt{2^2+(-3)^2}=\sqrt{\mathbf{13}}$

問 9　点 P の座標を $(x,\ 0)$ とすると

$\mathrm{AP}=\sqrt{(x-0)^2+(0-1)^2}=\sqrt{x^2+1}$

$\mathrm{BP}=\sqrt{(x-2)^2+(0-3)^2}=\sqrt{x^2-4x+13}$

AP = BP だから　$\mathrm{AP}^2=\mathrm{BP}^2$

よって　$x^2+1=x^2-4x+13$

$4x=12$

$x=3$

したがって，点 P の座標は　$\mathbf{(3,\ 0)}$

練習問題

① (1)　**第 2 象限**　(2)　**第 4 象限**
(3)　**第 1 象限**　(4)　**第 3 象限**

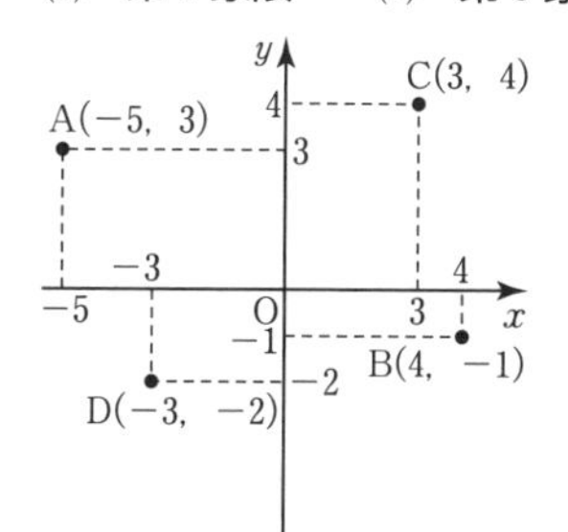

② (1)　$\mathrm{AB}=\sqrt{(8-6)^2+(5-2)^2}=\sqrt{\mathbf{13}}$

(2)　$\mathrm{CD}=\sqrt{\{2-(-1)\}^2+\{2-(-1)\}^2}=\mathbf{3\sqrt{2}}$

(3)　$\mathrm{EF}=\sqrt{\{-1-(-4)\}^2+(1-5)^2}=\sqrt{25}=\mathbf{5}$

(4)　$\mathrm{OP}=\sqrt{(-3)^2+4^2}=\sqrt{25}=\mathbf{5}$

③ 点Pの座標を$(x,\ 0)$とすると

$AP=\sqrt{(x-0)^2+(0-3)^2}=\sqrt{x^2+9}$

$BP=\sqrt{(x-8)^2+(0-5)^2}=\sqrt{x^2-16x+89}$

$AP=BP$ だから　$AP^2=BP^2$

よって　$x^2+9=x^2-16x+89$

$16x=80$

$x=5$

したがって，点Pの座標は　**(5，0)**

⑯平面上の内分点・外分点・三角形の重心の座標　p.42

問10 (1) $x=\dfrac{1\times(-2)+2\times4}{2+1}=\dfrac{6}{3}=2$

$y=\dfrac{1\times5+2\times(-1)}{2+1}=\dfrac{3}{3}=1$

よって，点Pの座標は　**(2，1)**

(2) $x=\dfrac{-2+4}{2}=\dfrac{2}{2}=1$

$y=\dfrac{5+(-1)}{2}=\dfrac{4}{2}=2$

よって，中点Mの座標は　**(1，2)**

問11 $x=\dfrac{-1\times1+3\times5}{3-1}=\dfrac{14}{2}=7$

$y=\dfrac{-1\times2+3\times4}{3-1}=\dfrac{10}{2}=5$

よって，点Pの座標は　**(7，5)**

問12 $x=\dfrac{2+(-3)+4}{3}=\dfrac{3}{3}=1$

$y=\dfrac{5+(-2)+3}{3}=\dfrac{6}{3}=2$

よって，重心Gの座標は　**(1，2)**

練習問題

① (1) $x=\dfrac{1\times3+2\times(-3)}{2+1}=\dfrac{-3}{3}=-1$

$y=\dfrac{1\times(-2)+2\times7}{2+1}=\dfrac{12}{3}=4$

よって，点Pの座標は　**(−1，4)**

(2) $x=\dfrac{2\times3+1\times(-3)}{1+2}=\dfrac{3}{3}=1$

$y=\dfrac{2\times(-2)+1\times7}{1+2}=\dfrac{3}{3}=1$

よって，点Qの座標は　**(1，1)**

(3) $x=\dfrac{3+(-3)}{2}=0$

$y=\dfrac{-2+7}{2}=\dfrac{5}{2}$

よって，中点Mの座標は　$\left(\mathbf{0},\ \dfrac{\mathbf{5}}{\mathbf{2}}\right)$

② (1) $x=\dfrac{(-2)\times(-1)+3\times4}{3-2}=14$

$y=\dfrac{(-2)\times3+3\times8}{3-2}=18$

よって，点Pの座標は　**(14，18)**

(2) $x=\dfrac{(-2)\times3+1\times(-3)}{1-2}=9$

$y=\dfrac{(-2)\times(-2)+1\times7}{1-2}=-11$

よって，点Qの座標は　**(9，−11)**

③ $x=\dfrac{1+5+3}{3}=\dfrac{9}{3}=3$

$y=\dfrac{1+2+6}{3}=\dfrac{9}{3}=3$

よって，重心Gの座標は　**(3，3)**

Exercise　p.44

1 (1) 点Pの座標は　$\dfrac{-5+7}{2}=\mathbf{1}$

(2) 点Qの座標は　$\dfrac{5\times(-5)+1\times7}{1+5}$

$=\dfrac{-18}{6}=\mathbf{-3}$

(3) $PQ=1-(-3)=\mathbf{4}$

2 (1) $AB=\sqrt{(-4-2)^2+(-5-3)^2}$

$=\sqrt{36+64}=\sqrt{100}=\mathbf{10}$

(2) $CD=\sqrt{(2-0)^2+\{\sqrt{3}-(-\sqrt{3})\}^2}$

$=\sqrt{4+(2\sqrt{3})^2}=\sqrt{4+12}$

$=\sqrt{16}=\mathbf{4}$

(3) $OE=\sqrt{(-4)^2+3^2}=\sqrt{16+9}$

$=\sqrt{25}=\mathbf{5}$

3 点Pはy軸上にあるから，点Pの座標を$(0,\ y)$とする。このとき

$AP=\sqrt{(0-3)^2+\{y-(-2)\}^2}$

$=\sqrt{9+(y+2)^2}$

$=\sqrt{y^2+4y+13}$

$BP=\sqrt{(0-5)^2+(y-6)^2}$

$=\sqrt{25+(y-6)^2}$

$=\sqrt{y^2-12y+61}$

$AP=BP$ から　$AP^2=BP^2$

よって　$y^2+4y+13=y^2-12y+61$

$16y=48$

$y=3$

したがって，点Pの座標は　**(0，3)**

4 (1) P(x, y) とすると

$$x=\frac{3\times3+2\times(-7)}{2+3}=\frac{-5}{5}=-1$$

$$y=\frac{3\times8+2\times(-2)}{2+3}=\frac{20}{5}=4$$

よって，点Pの座標は **(−1, 4)**

(2) Q(x, y) とすると

$$x=\frac{-2\times(-7)+3\times1}{3-2}=17$$

$$y=\frac{-2\times(-2)+3\times(-6)}{3-2}=-14$$

よって，点Qの座標は **(17, −14)**

(3) G(x, y) とすると

$$x=\frac{3+(-7)+1}{3}=\frac{-3}{3}=-1$$

$$y=\frac{8+(-2)+(-6)}{3}=\frac{0}{3}=0$$

よって，重心Gの座標は **(−1, 0)**

考 点Dの座標を (x, y) とすると，線分BDの中点 $\left(\frac{-2+x}{2}, \frac{-3+y}{2}\right)$ は，線分ACの中点Mと一致する。

ACの中点を (m, n) とすると

$$m=\frac{-1+5}{2}=\frac{4}{2}=2$$

$$n=\frac{1+(-2)}{2}=\frac{-1}{2}=-\frac{1}{2}$$

よって $\frac{-2+x}{2}=2$, $\frac{-3+y}{2}=-\frac{1}{2}$

したがって $x=6$, $y=2$

点Dの座標は **(6, 2)**

⑰直線の方程式(1) p.46

問 1

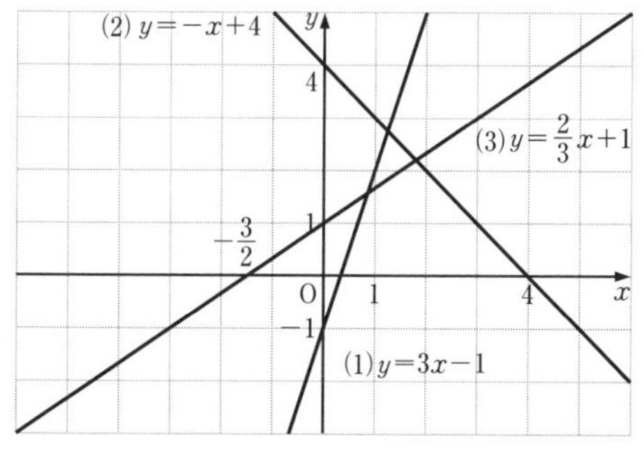

問 2 (1) $y-1=2(x-4)$ から $\boldsymbol{y=2x-7}$

(2) $y-(-3)=-4(x-2)$ から $\boldsymbol{y=-4x+5}$

(3) $y-(-2)=\frac{1}{2}\{x-(-4)\}$から $\boldsymbol{y=\frac{1}{2}x}$

(4) $y-0=-\frac{2}{3}(x-6)$ から $\boldsymbol{y=-\frac{2}{3}x+4}$

練習問題

① (1) 傾き **3**，切片 **2** (2) 傾き **−1**，切片 **5**

(3) 傾き $\boldsymbol{\frac{2}{3}}$，切片 **−4** (4) 傾き $\boldsymbol{-\frac{1}{2}}$，切片 **1**

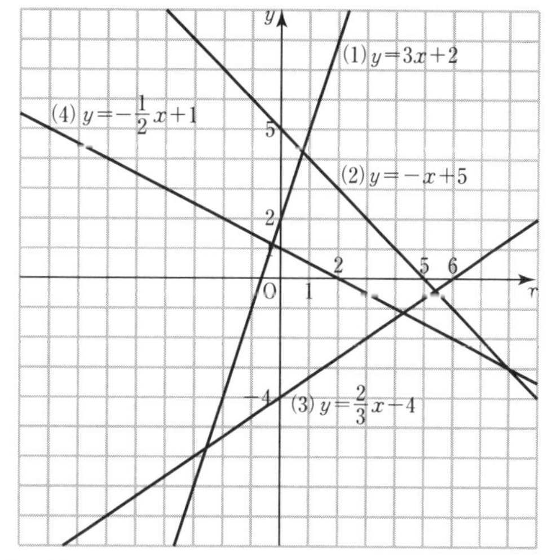

② (1) $y-2=4(x-3)$ から $\boldsymbol{y=4x-10}$

(2) $y-(-1)=-3(x-2)$ から $\boldsymbol{y=-3x+5}$

(3) $y-2=-\frac{1}{2}(x-4)$ から $\boldsymbol{y=-\frac{1}{2}x+4}$

(4) $y-4=\frac{2}{3}\{x-(-3)\}$ から $\boldsymbol{y=\frac{2}{3}x+6}$

⑱直線の方程式(2) p.48

問 3 (1) 傾き $\frac{8-4}{3-1}=\frac{4}{2}=2$

傾き2で点 (1, 4) を通るから

$y-4=2(x-1)$ よって $\boldsymbol{y=2x+2}$

(2) 傾き $\frac{-1-5}{4-1}=\frac{-6}{3}=-2$

傾き −2 で点 (1, 5) を通るから

$y-5=-2(x-1)$ よって $\boldsymbol{y=-2x+7}$

(3) 傾き $\frac{3-0}{2-(-4)}=\frac{3}{6}=\frac{1}{2}$

傾き $\frac{1}{2}$ で点 (2, 3) を通るから

$y-3=\frac{1}{2}(x-2)$ よって $\boldsymbol{y=\frac{1}{2}x+2}$

(4) 傾き $\frac{4-(-1)}{-2-3}=\frac{5}{-5}=-1$

傾き −1 で点 (3, −1) を通るから

$y-(-1)=-1(x-3)$ よって $\boldsymbol{y=-x+2}$

問 4　(1)　$\boldsymbol{y=3}$　　(2)　$\boldsymbol{x=2}$

問 5　(1)　$y=2x+3$ から，傾き 2，切片 3

(2)　$y=-\dfrac{2}{3}x+2$ から，傾き $-\dfrac{2}{3}$，切片 2

(3)　$y=1$ から，点 $(0,\ 1)$ を通り，x 軸に平行

(4)　$x=-2$ から，点 $(-2,\ 0)$ を通り，y 軸に平行

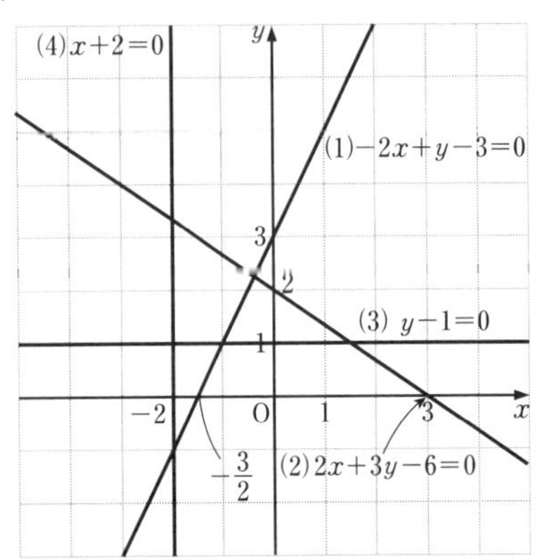

練習問題

① (1)　傾き $\dfrac{6-2}{5-3}=\dfrac{4}{2}=2$

傾き 2 で点 $(3,\ 2)$ を通るから

$y-2=2(x-3)$　よって　$\boldsymbol{y=2x-4}$

(2)　傾き $\dfrac{8-3}{-3-2}=\dfrac{5}{-5}=-1$

傾き -1 で点 $(2,\ 3)$ を通るから

$y-3=-1(x-2)$　よって　$\boldsymbol{y=-x+5}$

(3)　傾き $\dfrac{-1-0}{4-6}=\dfrac{-1}{-2}=\dfrac{1}{2}$

傾き $\dfrac{1}{2}$ で点 $(6,\ 0)$ を通るから

$y-0=\dfrac{1}{2}(x-6)$　よって　$\boldsymbol{y=\dfrac{1}{2}x-3}$

(4)　傾き $\dfrac{8-2}{-6-3}=\dfrac{6}{-9}=-\dfrac{2}{3}$

傾き $-\dfrac{2}{3}$ で点 $(3,\ 2)$ を通るから

$y-2=-\dfrac{2}{3}(x-3)$　よって　$\boldsymbol{y=-\dfrac{2}{3}x+4}$

(5)　この直線は x 軸に平行で，直線上のすべての点は y 座標が 6 であるから　$\boldsymbol{y=6}$

(6)　この直線は y 軸に平行で，直線上のすべての点は x 座標が -1 であるから　$\boldsymbol{x=-1}$

② (1)　$y=-2x+5$ から，傾き -2，切片 5

(2)　$y=\dfrac{2}{3}x-4$ から，傾き $\dfrac{2}{3}$，切片 -4

(3)　点 $(0,\ 4)$ を通り，x 軸に平行

(4)　$x=-3$ から，点 $(-3,\ 0)$ を通り，y 軸に平行

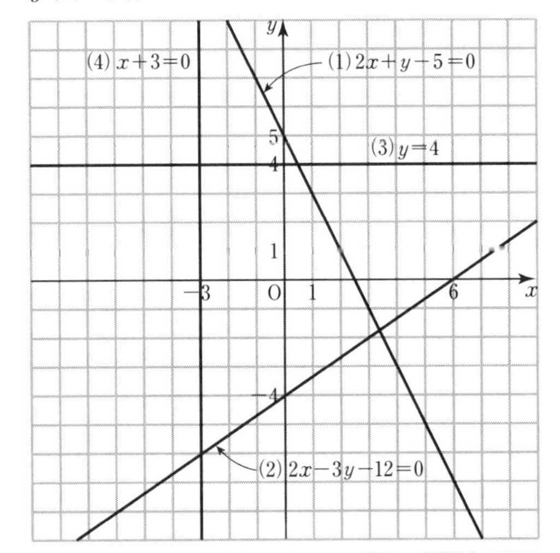

⑲2 直線の交点の座標　p.50

問 6　(1)　$\begin{cases} y=x-7 & \cdots\cdots① \\ y=-2x+5 & \cdots\cdots② \end{cases}$

①と②から　$x-7=-2x+5$

整理して解くと　$x=4$

これを①に代入して　$y=4-7=-3$

よって，交点の座標は　**(4, −3)**

(2)　$\begin{cases} y=-x+4 & \cdots\cdots① \\ y=3x-4 & \cdots\cdots② \end{cases}$

①と②から　$-x+4=3x-4$

整理して解くと　$x=2$

これを①に代入して　$y=-2+4=2$

よって，交点の座標は　**(2, 2)**

(3)　$\begin{cases} y=-x+3 & \cdots\cdots① \\ 3x-2y-9=0 & \cdots\cdots② \end{cases}$

①を②に代入して

$3x-2(-x+3)-9=0$

整理して解くと　$x=3$

これを①に代入して　$y=-3+3=0$

よって，交点の座標は　**(3, 0)**

(4) $\begin{cases} 3x+y+2=0 & \cdots\cdots① \\ x+y-2=0 & \cdots\cdots② \end{cases}$

①から　$y=-3x-2$　……③

これを②に代入して

$x+(-3x-2)-2=0$

整理して解くと　$x=-2$

これを③に代入して　$y=(-3)\times(-2)-2=4$

よって，交点の座標は　**$(-2,\ 4)$**

練習問題

① (1) $\begin{cases} y=x-3 & \cdots\cdots① \\ y=-x+1 & \cdots\cdots② \end{cases}$

①と②から　$x-3=-x+1$

整理して解くと　$x=2$

これを①に代入して　$y=2-3=-1$

よって，交点の座標は　**$(2,\ -1)$**

(2) $\begin{cases} y=-2x+12 & \cdots\cdots① \\ y=3x+2 & \cdots\cdots② \end{cases}$

①と②から　$-2x+12=3x+2$

整理して解くと　$x=2$

これを①に代入して　$y=(-2)\times2+12=8$

よって，交点の座標は　**$(2,\ 8)$**

(3) $\begin{cases} y=2x-5 & \cdots\cdots① \\ 2x-3y-3=0 & \cdots\cdots② \end{cases}$

①を②に代入して

$2x-3(2x-5)-3=0$

整理して解くと　$x=3$

これを①に代入して　$y=2\times3-5=1$

よって，交点の座標は　**$(3,\ 1)$**

(4) $\begin{cases} 2x+y-1=0 & \cdots\cdots① \\ x-2y-8=0 & \cdots\cdots② \end{cases}$

①から　$y=-2x+1$　……③

これを②に代入して

$x-2(-2x+1)-8=0$

整理して解くと　$x=2$

これを③に代入して　$y=(-2)\times2+1=-3$

よって，交点の座標は　**$(2,\ -3)$**

⑳平行・垂直な2直線　p.52

問 7　③は $y=-\frac{1}{2}x+1$，④は $y=3x+5$

と変形できるから **①と④，②と③**

問 8　(1)　直線 $y=3x+1$ の傾きは3である。

よって，求める直線は，点 $(2,\ 1)$ を通り，傾きが3だから

$y-1=3(x-2)$

整理すると　**$y=3x-5$**

(2)　直線 $y=-2x+3$ の傾きは -2 である。

よって，求める直線は，点 $(-5,\ 8)$ を通り，傾きが -2 だから

$y-8=-2\{x-(-5)\}$

整理すると　**$y=-2x-2$**

(3)　直線 $x+y-4=0$ は $y=-x+4$ だから，傾きは -1 である。

よって，求める直線は，点 $(2,\ 0)$ を通り，傾きが -1 だから

$y-0=-1(x-2)$

整理すると　**$y=-x+2$**

問 9　(1)　求める傾きを m とすると，垂直条件より

$2\times m=-1$

よって　$m=\boldsymbol{-\frac{1}{2}}$

(2)　求める傾きを m とすると，垂直条件より

$-\frac{1}{5}\times m=-1$

よって　$m=\mathbf{5}$

(3)　求める傾きを m とすると，垂直条件より

$m\times\left(-\frac{4}{3}\right)=-1$

よって　$m=\boldsymbol{\frac{3}{4}}$

練習問題

①　②は $y=-\frac{1}{3}x+\frac{1}{3}$，③は $y=5x-8$

と変形できるから **①と③，②と④**

② (1)　直線 $y=2x+5$ の傾きは 2 である。

よって，求める直線は，点 $(1,\ 1)$ を通り，傾きが 2 だから

$$y-1=2(x-1)$$

整理すると　$\boldsymbol{y=2x-1}$

(2)　直線 $y=-x+3$ の傾きは -1 である。

よって，求める直線は，点 $(3,\ -1)$ を通り，傾きが -1 だから

$$y-(-1)=-1(x-3)$$

整理すると　$\boldsymbol{y=-x+2}$

(3)　直線 $x-3y-3=0$ は $y=\frac{1}{3}x-1$ だから，傾きは $\frac{1}{3}$ である。

よって，求める直線は，点 $(-3,\ 2)$ を通り，傾きが $\frac{1}{3}$ だから

$$y-2=\frac{1}{3}\{x-(-3)\}$$

整理すると　$\boldsymbol{y=\frac{1}{3}x+3}$

③ (1)　求める傾きを m とすると，垂直条件より

$$3\times m=-1$$

よって　$m=-\boldsymbol{\frac{1}{3}}$

(2)　求める傾きを m とすると，垂直条件より

$$-\frac{3}{4}\times m=-1$$

よって　$m=\boldsymbol{\frac{4}{3}}$

(3)　求める傾きを m とすると，垂直条件より

$$m\times\left(-\frac{5}{2}\right)=-1$$

よって　$m=\boldsymbol{\frac{2}{5}}$

㉑垂直な 2 直線・原点と直線の距離　p.54

問 10 (1)　直線 $y=-4x+5$ に垂直な直線の傾き m は $-4\times m=-1$ から　$m=\frac{1}{4}$

よって，求める直線は，点 $(4,\ 2)$ を通り，傾きが $\frac{1}{4}$ だから

$$y-2=\frac{1}{4}(x-4)$$

整理すると　$\boldsymbol{y=\frac{1}{4}x+1}$

(2)　直線 $y=\frac{3}{2}x+1$ に垂直な直線の傾き m は

$\frac{3}{2}\times m=-1$ から　$m=-\frac{2}{3}$

よって，求める直線は，点 $(-3,\ 1)$ を通り，傾きが $-\frac{2}{3}$ だから

$$y-1=-\frac{2}{3}\{x-(-3)\}$$

整理すると　$\boldsymbol{y=-\frac{2}{3}x-1}$

問 11　直線 $y=2x+5$ に垂直な直線の傾き m は

$2\times m=-1$ より　$m=-\frac{1}{2}$

2 直線 $y=2x+5$，$y=-\frac{1}{2}x$ の交点の座標は

$$\begin{cases} y=2x+5 \\ y=-\frac{1}{2}x \end{cases}$$

を解いて　$x=-2,\ y=1$　よって $(-2,\ 1)$

したがって，求める距離は

$$\sqrt{(-2)^2+1^2}=\sqrt{4+1}=\boldsymbol{\sqrt{5}}$$

練習問題

① (1)　直線 $y=\frac{1}{2}x-1$ に垂直な直線の傾き m は $\frac{1}{2}\times m=-1$ から　$m=-2$

よって，求める直線は，点 $(1,\ 2)$ を通り，傾きが -2 だから

$$y-2=-2(x-1)$$

整理すると　$\boldsymbol{y=-2x+4}$

(2)　直線 $y=\frac{3}{2}x+2$ に垂直な直線の傾き m は

$\frac{3}{2}\times m=-1$ から　$m=-\frac{2}{3}$

よって，求める直線は，点 $(-3,\ 1)$ を通り，傾きが $-\frac{2}{3}$ だから

$$y-1=-\frac{2}{3}\{x-(-3)\}$$

整理すると　$\boldsymbol{y=-\frac{2}{3}x-1}$

② 直線 $y=x+3$ に垂直な直線の傾き m は
$1\times m=-1$ より $m=-1$
2直線 $y=x+3$, $y=-x$ の交点の座標は

$$\begin{cases} y=x+3 \\ y=-x \end{cases}$$

を解いて $x=-\frac{3}{2}$, $y=\frac{3}{2}$ よって
$\left(-\frac{3}{2},\ \frac{3}{2}\right)$

したがって，求める距離は

$$\sqrt{\left(-\frac{3}{2}\right)^2+\left(\frac{3}{2}\right)^2}=\sqrt{\frac{18}{4}}=\boldsymbol{\frac{3\sqrt{2}}{2}}$$

Exercise p.56

1 (1) 傾きが $\frac{3}{4}$，切片が3だから

$\boldsymbol{y=\frac{3}{4}x+3}$

(2) 傾きは $\frac{0-4}{6-(-2)}=-\frac{1}{2}$

よって，求める直線は，点 $(6,\ 0)$ を通り，傾きが $-\frac{1}{2}$ だから

$$y-0=-\frac{1}{2}(x-6)$$

整理すると $\boldsymbol{y=-\frac{1}{2}x+3}$

2 (1) $y-2=-2\{x-(-4)\}$ から

$\boldsymbol{y=-2x-6}$

(2) $y-(-1)=4(x-2)$ から $\boldsymbol{y=4x-9}$

(3) $y-5=\frac{1}{2}(x-6)$ から $\boldsymbol{y=\frac{1}{2}x+2}$

(4) 傾きは $\frac{5-6}{4-1}=-\frac{1}{3}$

よって，求める直線は，点 $(1,\ 6)$ を通り，傾きが $-\frac{1}{3}$ だから

$$y-6=-\frac{1}{3}(x-1)$$

よって $\boldsymbol{y=-\frac{1}{3}x+\frac{19}{3}}$

(5) この直線は x 軸に平行で，直線上のすべての点は y 座標が4であるから $\boldsymbol{y=4}$

(6) この直線は y 軸に平行で，直線上のすべての点は x 座標が1であるから $\boldsymbol{x=1}$

3 (1) $\begin{cases} x+y-5=0 & \cdots\cdots① \\ x-3y+3=0 & \cdots\cdots② \end{cases}$

①から $y=-x+5$ ……③

これを②に代入して

$$x-3\times(-x+5)+3=0$$

整理して解くと $x=3$

これを③に代入して $y=2$

よって，交点の座標は $\boldsymbol{(3,\ 2)}$

(2) $x+2y-2=0$ は $y=-\frac{1}{2}x+1$ と変形できるから，これと平行な直線の傾きは $-\frac{1}{2}$，垂直な直線の傾きは2

$(3,\ 2)$ を通り，平行な直線は

$$y-2=-\frac{1}{2}(x-3)$$

$$\boldsymbol{y=-\frac{1}{2}x+\frac{7}{2}}$$

また，$(3,\ 2)$ を通り，垂直な直線は，

$$y-2=2(x-3)$$

$$\boldsymbol{y=2x-4}$$

考 直線ABの傾きは $\frac{-2-6}{1-(-3)}=-2$

また，中点Mの座標は

$$\left(\frac{-3+1}{2},\ \frac{6-2}{2}\right)=(-1,\ 2)$$

よって，求める直線の傾きは $\frac{1}{2}$ で，
点 $M(-1,\ 2)$ を通るから

$$y-2=\frac{1}{2}\{x-(-1)\}$$

よって $\boldsymbol{y=\frac{1}{2}x+\frac{5}{2}}$

㉒円の方程式(1) p.58

問1 (1) $\{x-(-5)\}^2+(y-2)^2=2^2$ より

$\boldsymbol{(x+5)^2+(y-2)^2=4}$

(2) $\{x-(-4)\}^2+\{y-(-1)\}^2=3^2$ より

$\boldsymbol{(x+4)^2+(y+1)^2=9}$

(3) $(x-3)^2+\{y-(-4)\}^2=(2\sqrt{2})^2$ より

$\boldsymbol{(x-3)^2+(y+4)^2=8}$

(4) $x^2+y^2=(\sqrt{5})^2$ より $\boldsymbol{x^2+y^2=5}$

問 2 (1) $(x-1)^2+(y-3)^2=4^2$ と変形できるから **中心 (1, 3), 半径 4**

(2) $(x-4)^2+\{y-(-5)\}^2=(\sqrt{3})^2$ と変形できるから **中心 (4, −5), 半径 $\sqrt{3}$**

(3) $(x-2)^2+(y-0)^2=10^2$ と変形できるから **中心 (2, 0), 半径 10**

(4) $(x-0)^2+(y-0)^2=(\sqrt{10})^2$ と変形できるから **中心 (0, 0), 半径 $\sqrt{10}$**

問 3 この円の半径は 2 だから

$$(x-2)^2+(y-5)^2=4$$

問 4 (1) 円の中心を C$(a,\ b)$ とすると，点 C は線分 AB の中点だから

$$a=\frac{-3+1}{2}=\frac{-2}{2}=-1$$

$$b=\frac{0+2}{2}=\frac{2}{2}=1$$

となり C$(-1,\ 1)$

また，半径は

$$\mathrm{CA}=\sqrt{(-3+1)^2+(0-1)^2}=\sqrt{5}$$

よって，求める円の方程式は

$$(x+1)^2+(y-1)^2=5$$

(2) 円の中心を C$(a,\ b)$ とすると，点 C は線分 AB の中点だから

$$a=\frac{-1+5}{2}=\frac{4}{2}=2$$

$$b=\frac{1-3}{2}=\frac{-2}{2}=-1$$

となり C$(2,\ -1)$

また，半径は

$$\mathrm{CA}=\sqrt{(-1-2)^2+(1+1)^2}=\sqrt{13}$$

よって，求める円の方程式は

$$(x-2)^2+(y+1)^2=13$$

練習問題

① (1) $(x-2)^2+\{y-(-3)\}^2=5^2$ より

$$(x-2)^2+(y+3)^2=25$$

(2) $\{x-(-6)\}^2+\{y-(-5)\}^2=3^2$ より

$$(x+6)^2+(y+5)^2=9$$

(3) $\{x-(-3)\}^2+(y-4)^2=(2\sqrt{3})^2$ より

$$(x+3)^2+(y-4)^2=12$$

(4) $x^2+y^2=(\sqrt{3})^2$ より $x^2+y^2=3$

② (1) **中心 (3, 5), 半径 4**

(2) **中心 (−1, 3), 半径 $2\sqrt{2}$**

(3) **中心 (0, −3), 半径 3**

(4) **中心 (0, 0), 半径 6**

③ この円の半径は 5 だから

$$(x+3)^2+(y-5)^2=25$$

④ (1) 円の中心を C$(a,\ b)$ とすると，点 C は線分 AB の中点だから

$$a=\frac{-2+2}{2}=\frac{0}{2}=0$$

$$b=\frac{-1+3}{2}=\frac{2}{2}=1$$

となり C$(0,\ 1)$

また，半径は

$$\mathrm{CA}=\sqrt{(-2)^2+(-1-1)^2}=\sqrt{8}=2\sqrt{2}$$

よって，求める円の方程式は

$$x^2+(y-1)^2=8$$

(2) 円の中心を C$(a,\ b)$ とすると，点 C は線分 AB の中点だから

$$a=\frac{-5+3}{2}=\frac{-2}{2}=-1$$

$$b=\frac{1+7}{2}=\frac{8}{2}=4$$

となり C$(-1,\ 4)$

また，半径は

$$\mathrm{CA}=\sqrt{(-1+5)^2+(4-1)^2}=\sqrt{25}=5$$

よって，求める円の方程式は

$$(x+1)^2+(y-4)^2=25$$

㉓円の方程式(2) p.60

問 5 (1) $(x^2+6x)+(y^2+2y)-15=0$

$(x^2+6x+9)-9+(y^2+2y+1)-1-15=0$

$(x+3)^2+(y+1)^2=25$

よって，**中心 (−3, −1), 半径 5**

(2) $(x^2+8x)+(y^2-6y)=0$

$(x^2+8x+16)-16+(y^2-6y+9)-9=0$

$(x+4)^2+(y-3)^2=25$

よって，**中心 (−4, 3), 半径 5**

(3) $(x^2-4x)+(y^2+10y)+25=0$

$(x^2-4x+4)-4+(y^2+10y+25)-25+25=0$

$(x-2)^2+(y+5)^2=4$

よって，**中心 (2, −5), 半径 2**

(4)　$(x^2-2x)+y^2-8=0$

$(x^2-2x+1)-1+y^2-8=0$

$(x-1)^2+y^2=9$

よって，**中心 (1，0)，半径 3**

プラス問題1

(1)　$(x^2-4x)+(y^2+2y)-4=0$

$(x^2-4x+4)-4+(y^2+2y+1)-1-4=0$

$(x-2)^2+(y+1)^2=9$

よって，**中心 (2，−1)，半径 3**

(2)　$(x^2+10x)+(y^2-2y)-10=0$

$(x^2+10x+25)-25+(y^2-2y+1)-1-10=0$

$(x+5)^2+(y-1)^2=36$

よって，**中心 (−5，1)，半径 6**

(3)　$(x^2-2x)+(y^2-8y)+11=0$

$(x^2-2x+1)-1+(y^2-8y+16)-16+11=0$

$(x-1)^2+(y-4)^2=6$

よって，**中心 (1，4)，半径 $\sqrt{6}$**

(4)　$x^2+(y^2+6y)-7=0$

$x^2+(y^2+6y+9)-9-7=0$

$x^2+(y+3)^2=16$

よって，**中心 (0，−3)，半径 4**

練習問題

① (1)　$(x^2-6x)+(y^2-4y)-3=0$

$(x^2-6x+9)-9+(y^2-4y+4)-4-3=0$

$(x-3)^2+(y-2)^2=16$

よって，**中心 (3，2)，半径 4**

(2)　$(x^2+10x)+(y^2-6y)+9=0$

$(x^2+10x+25)-25+(y^2-6y+9)-9+9=0$

$(x+5)^2+(y-3)^2=25$

よって，**中心 (−5，3)，半径 5**

(3)　$(x^2-2x)+(y^2+8y)+8=0$

$(x^2-2x+1)-1+(y^2+8y+16)-16+8=0$

$(x-1)^2+(y+4)^2=9$

よって，**中心 (1，−4)，半径 3**

(4)　$x^2+(y^2-6y)+5=0$

$x^2+(y^2-6y+9)-9+5=0$

$x^2+(y-3)^2=4$

よって，**中心 (0，3)，半径 2**

(5)　$(x^2-4x)+(y^2-2y)+4=0$

$(x^2-4x+4)-4+(y^2-2y+1)-1+4=0$

$(x-2)^2+(y-1)^2=1$

よって，**中心 (2，1)，半径 1**

(6)　$(x^2+6x)+(y^2-8y)-11=0$

$(x^2+6x+9)-9+(y^2-8y+16)-16-11=0$

$(x+3)^2+(y-4)^2=36$

よって，**中心 (−3，4)，半径 6**

(7)　$(x^2-2x)+(y^2+4y)-11=0$

$(x^2-2x+1)-1+(y^2+4y+4)-4-11=0$

$(x-1)^2+(y+2)^2=16$

よって，**中心 (1，−2)，半径 4**

(8)　$(x^2-4x)+(y^2-6y)-12=0$

$(x^2-4x+4)-4+(y^2-6y+9)-9-12=0$

$(x-2)^2+(y-3)^2=25$

よって，**中心 (2，3)，半径 5**

㉔円と直線の関係　p.62

問 6　(1)　$\begin{cases} x^2+y^2=25 & \cdots\cdots① \\ y=x+1 & \cdots\cdots② \end{cases}$

②を①に代入して整理すると

$x^2+(x+1)^2=25$ より　$x^2+x-12=0$

この 2 次方程式を解く。

$(x+4)(x-3)=0$ より　$x=-4,\ 3$

$x=-4$ を②に代入して　$y=-4+1=-3$

$x=3$ を②に代入して　$y=3+1=4$

よって，共有点の座標は

(−4，−3)，(3，4)

(2)　$\begin{cases} x^2+y^2=2 & \cdots\cdots① \\ y=x-2 & \cdots\cdots② \end{cases}$

②を①に代入して整理すると

$x^2+(x-2)^2=2$ より　$x^2-2x+1=0$

この 2 次方程式を解く。

$(x-1)^2=0$ より　$x=1$

$x=1$ を②に代入して　$y=1-2=-1$

よって，共有点の座標は　**(1，−1)**

問7 (1) $\begin{cases} x^2+y^2=10 & \cdots\cdots① \\ y=x+4 & \cdots\cdots② \end{cases}$

②を①に代入して整理すると

$x^2+4x+3=0$

この2次方程式の判別式を D とすると

$D=16-4\times1\times3=4>0$

よって，共有点は **2個**

(2) $\begin{cases} x^2+y^2=4 & \cdots\cdots① \\ y=x-3 & \cdots\cdots② \end{cases}$

②を①に代入して整理すると

$2x^2-6x+5=0$

この2次方程式の判別式を D とすると

$D=36-4\times2\times5=-4<0$

よって，**共有点はない（0個）**

(3) $\begin{cases} x^2+y^2=5 & \cdots\cdots① \\ y=2x+5 & \cdots\cdots② \end{cases}$

②を①に代入して整理すると

$x^2+4x+4=0$

この2次方程式の判別式を D とすると

$D=16-4\times1\times4=0$

よって，共有点は **1個**

練習問題

① (1) $\begin{cases} x^2+y^2=25 & \cdots\cdots① \\ y=-x+1 & \cdots\cdots② \end{cases}$

②を①に代入して整理すると

$x^2+(-x+1)^2=25$ より　$x^2-x-12=0$

この2次方程式を解く。

$(x-4)(x+3)=0$ より　$x=4,\ -3$

$x=4$ を②に代入して　$y=-4+1=-3$

$x=-3$ を②に代入して　$y=3+1=4$

よって，共有点の座標は **$(4,\ -3)$，$(-3,\ 4)$**

(2) $\begin{cases} x^2+y^2=10 & \cdots\cdots① \\ y=x-2 & \cdots\cdots② \end{cases}$

②を①に代入して整理すると

$x^2+(x-2)^2=10$ より　$x^2-2x-3=0$

この2次方程式を解く。

$(x-3)(x+1)=0$ より　$x=3,\ -1$

$x=3$ を②に代入して　$y=3-2=1$

$x=-1$ を②に代入して　$y=-1-2=-3$

よって，共有点の座標は **$(3,\ 1)$，$(-1,\ -3)$**

(3) $\begin{cases} x^2+y^2=5 & \cdots\cdots① \\ y=-2x+5 & \cdots\cdots② \end{cases}$

②を①に代入して整理すると

$x^2+(-2x+5)^2=5$ より　$x^2-4x+4=0$

この2次方程式を解く。

$(x-2)^2=0$ より　$x=2$

$x=2$ を②に代入して　$y=-2\times2+5=1$

よって，共有点の座標は **$(2,\ 1)$**

(4) $\begin{cases} x^2+y^2=8 & \cdots\cdots① \\ y=x-4 & \cdots\cdots② \end{cases}$

②を①に代入して整理すると

$x^2+(x-4)^2=8$ より　$x^2-4x+4=0$

この2次方程式を解く。

$(x-2)^2=0$ より　$x=2$

$x=2$ を②に代入して　$y=2-4=-2$

よって，共有点の座標は **$(2,\ -2)$**

② (1) $\begin{cases} x^2+y^2=5 & \cdots\cdots① \\ y=-x+1 & \cdots\cdots② \end{cases}$

②を①に代入して整理すると

$x^2+(-x+1)^2=5$ より　$x^2-x-2=0$

この2次方程式の判別式を D とすると

$D=1-4\times1\times(-2)=9>0$

よって，共有点は **2個**

(2) $\begin{cases} x^2+y^2=10 & \cdots\cdots① \\ y=-3x+10 & \cdots\cdots② \end{cases}$

②を①に代入して整理すると

$x^2+(-3x+10)^2=10$ より

$x^2-6x+9=0$

この2次方程式の判別式を D とすると

$D=36-4\times1\times9=0$

よって，共有点は **1個**

㉕軌跡 p.64

問 8 点Pの座標を$(x,\ y)$とすると

$\mathrm{PO}=\sqrt{x^2+y^2}$

$\mathrm{PA}=\sqrt{(x-3)^2+y^2}$

$\mathrm{PO}:\mathrm{PA}=1:2$から　$\mathrm{PA}=2\mathrm{PO}$

両辺を2乗すると，$\mathrm{PA}^2=4\mathrm{PO}^2$となるので

$(x-3)^2+y^2=4(x^2+y^2)$

整理して　$x^2+2x+y^2-3=0$

変形して　$(x+1)^2+y^2=4$

したがって，求める軌跡は

中心の座標$(-1,\ 0)$，半径2の円

練習問題

① 点Pの座標を$(x,\ y)$とすると

$\mathrm{PO}=\sqrt{x^2+y^2}$

$\mathrm{PA}=\sqrt{(x-5)^2+y^2}$

$\mathrm{PO}:\mathrm{PA}=3:2$から

$3\mathrm{PA}=2\mathrm{PO}$

両辺を2乗すると，$9\mathrm{PA}^2=4\mathrm{PO}^2$となるので

$9\{(x-5)^2+y^2\}=4(x^2+y^2)$

整理して　$x^2-18x+y^2+45=0$

変形して　$(x-9)^2+y^2=36$

したがって，求める軌跡は

中心の座標$(9,\ 0)$，半径6の円

Exercise p.65

1 (1) $(x-3)^2+(y+2)^2=3^2$から

中心$(3,\ -2)$，半径3

(2) $(x^2-2x)+(y^2+6y)-26=0$

$(x^2-2x+1)-1+(y^2+6y+9)-9-26=0$

$(x-1)^2+(y+3)^2=1+9+26$

$(x-1)^2+(y+3)^2=36$

よって　**中心$(1,\ -3)$，半径6**

(3) $(x^2+4x)+(y^2-8y)+11=0$

$(x^2+4x+4)-4+(y^2-8y+16)-16+11=0$

$(x+2)^2+(y-4)^2=4+16-11$

$(x+2)^2+(y-4)^2=9$

よって　**中心$(-2,\ 4)$，半径3**

2

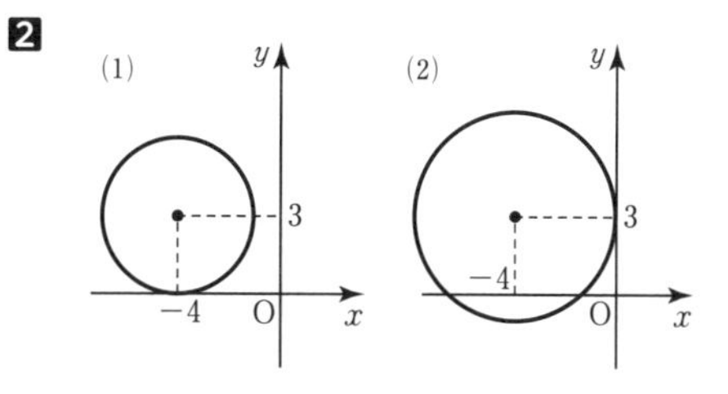

(1) x軸に接する円の半径は3だから

$\boldsymbol{(x+4)^2+(y-3)^2=9}$

(2) y軸に接する円の半径は4だから

$\boldsymbol{(x+4)^2+(y-3)^2=16}$

3 (1) 中心が$(-2,\ 2)$，半径は2だから，

求める円の方程式は

$\boldsymbol{(x+2)^2+(y-2)^2=4}$

(2) 2点$(3,\ -1)$，$(6,\ 3)$を結ぶ線分の長さが半径となるから，半径は

$\sqrt{(6-3)^2+\{3-(-1)\}^2}=\sqrt{25}=5$

よって，求める円の方程式は

$\boldsymbol{(x-3)^2+(y+1)^2=25}$

4 (1) $\begin{cases} x^2+y^2=2 & \cdots\cdots① \\ y=x+1 & \cdots\cdots② \end{cases}$

②を①に代入して整理すると

$x^2+(x+1)^2=2$より　$2x^2+2x-1=0$

この2次方程式の判別式をDとすると

$D=2^2-4\times2\times(-1)=12>0$

よって，共有点の個数は**2個**

(2) $\begin{cases} x^2+y^2=18 & \cdots\cdots① \\ y=x-6 & \cdots\cdots② \end{cases}$

②を①に代入して整理すると

$x^2+(x-6)^2=18$ より $2x^2-12x+18=0$

ゆえに　$x^2-6x+9=0$

この2次方程式の判別式をDとすると

$D=(-6)^2-4\times1\times9=0$

よって，共有点の個数は**1個**

(3) $\begin{cases} x^2+y^2=4 & \cdots\cdots① \\ y=-x-4 & \cdots\cdots② \end{cases}$

②を①に代入して整理すると

$x^2+(-x-4)^2=4$より　$2x^2+8x+12=0$

ゆえに　$x^2+4x+6=0$

この2次方程式の判別式をDとすると

$D=16-4\times1\times6=-8<0$

よって，**共有点はない(0個)**

5 点Pの座標を $(x,\ y)$ とすると

$$\mathrm{PO}=\sqrt{x^2+y^2}$$

$$\mathrm{PA}=\sqrt{(x-8)^2+y^2}$$

$\mathrm{PO}:\mathrm{PA}=1:3$ から　$\mathrm{PA}=3\mathrm{PO}$

両辺を2乗すると　$\mathrm{PA}^2=9\mathrm{PO}^2$ となるので

$$(x-8)^2+y^2=9(x^2+y^2)$$

整理すると　$x^2+2x+y^2-8=0$

$$(x+1)^2+y^2=9$$

したがって，求める軌跡は

中心の座標 $(-1,\ 0)$，半径3の円

考 $\mathrm{P}(1,\ 2)$ とする。

求める直線は，$\mathrm{P}(1,\ 2)$ を通り OP に垂直な直線である。

OP の傾きは2だから，求める直線は

$$y-2=-\frac{1}{2}(x-1)$$

整理すると

$$\boldsymbol{y=-\frac{1}{2}x+\frac{5}{2}}$$

㉖円で分けられる領域　p.68

問1 (1) $x^2+y^2<4$

原点を中心とする

半径 2 の円の 内 部

ただし，境界線を 含まない。

(2) $x^2+y^2\geqq 9$

原点を中心とする

半径 3 の円の 外 部

ただし，境界線を 含む。

問2 (1) $x^2+y^2\leqq 16$

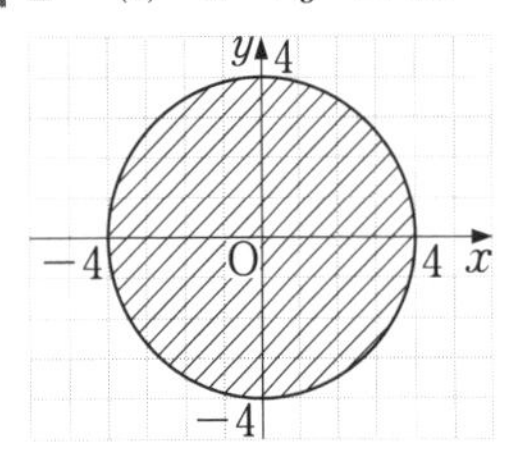

ただし，境界線を 含む。

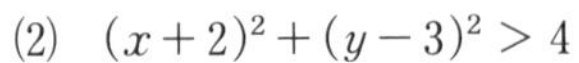

(2) $(x+2)^2+(y-3)^2>4$

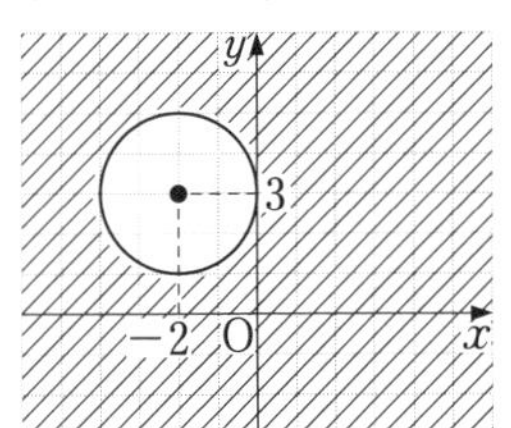

ただし，境界線を 含まない。

練習問題

① (1) $x^2+y^2<25$

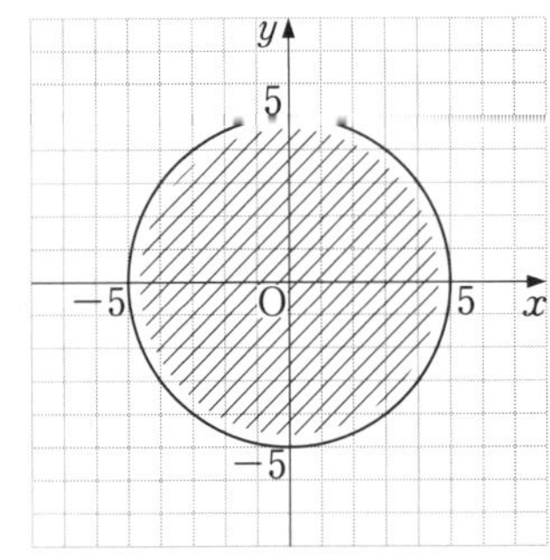

ただし，境界線を 含まない。

(2) $(x-3)^2+(y+2)^2\geqq 16$

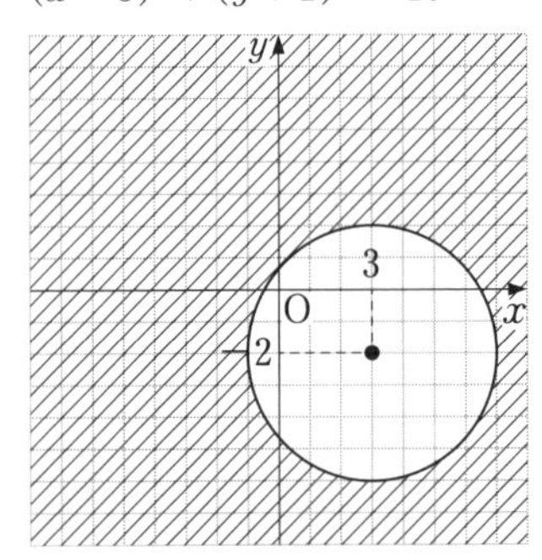

ただし，境界線を 含む。

㉗直線で分けられる領域　p.69

問3

(1)

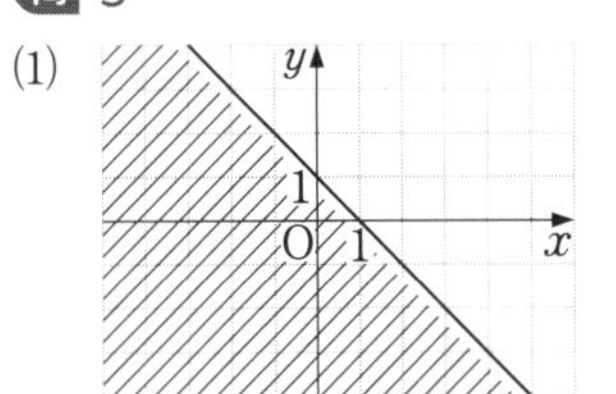

ただし，境界線を 含まない。

(2)

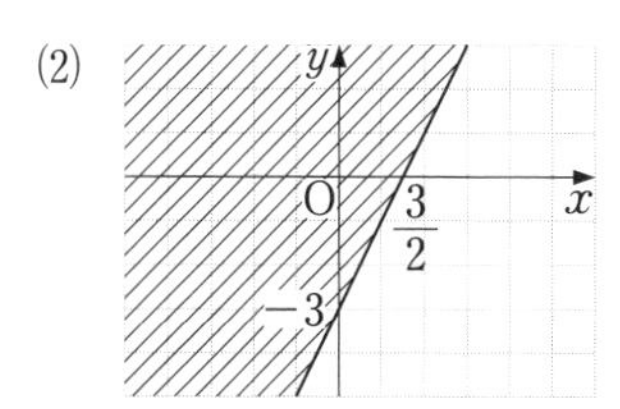

ただし，境界線を含む。

問 4 (1) $x+y \leqq 4$ より $y \leqq -x+4$

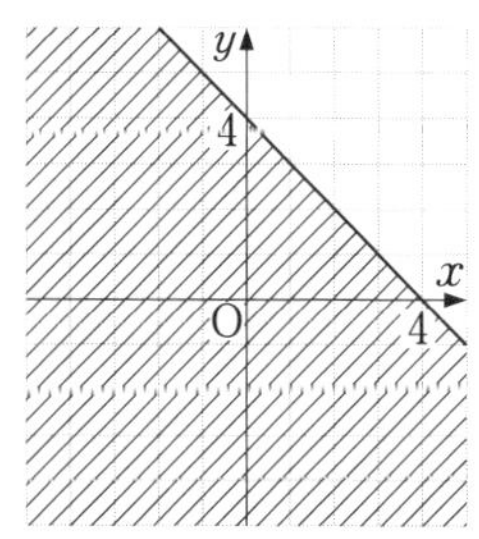

ただし，境界線を含む。

(2) $2x-y-1<0$

$-y<-2x+1$

$y>2x-1$

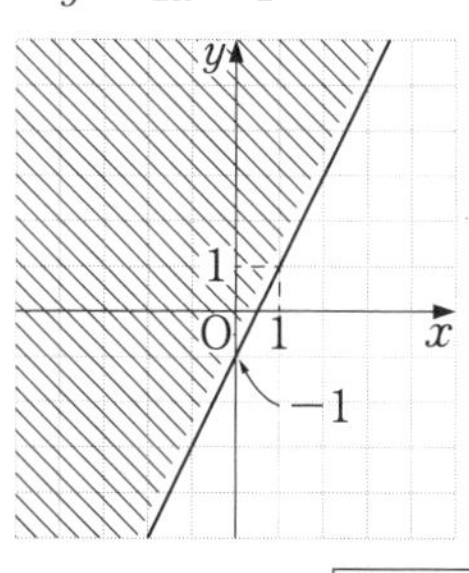

ただし，境界線を含まない。

練習問題

① (1) $2x-y<4$ より $y>2x-4$

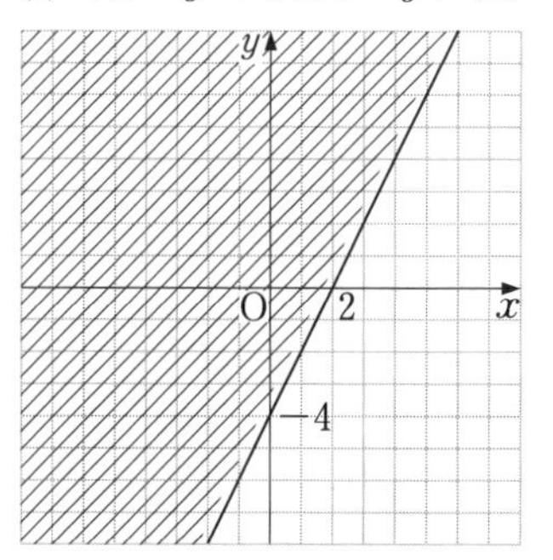

ただし，境界線を含まない。

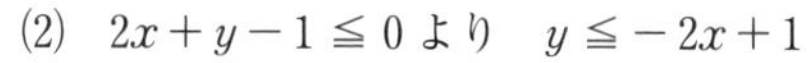

(2) $2x+y-1 \leqq 0$ より $y \leqq -2x+1$

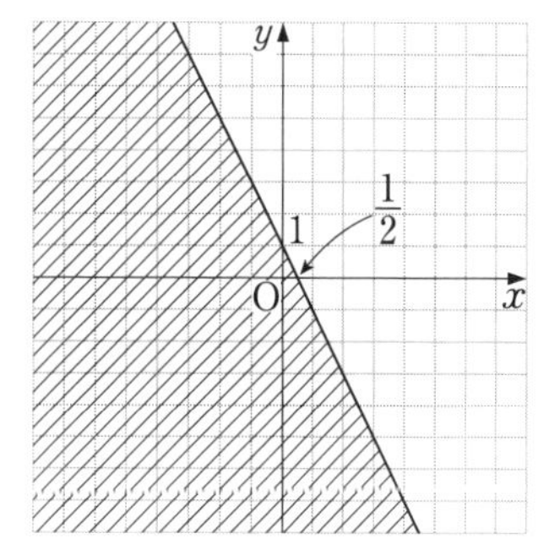

ただし，境界線を含む。

㉘連立不等式の表す領域 p.70

問 5 (1) $\begin{cases} y \geqq x+1 \\ y \leqq -2x+4 \end{cases}$

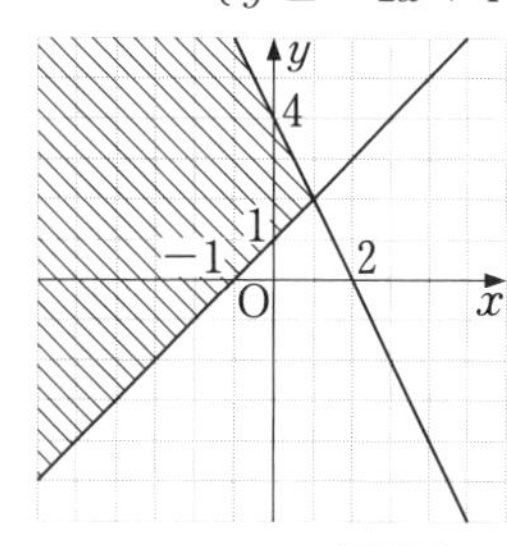

ただし，境界線を含む。

(2) $\begin{cases} x^2+y^2<16 \\ y<-x+1 \end{cases}$

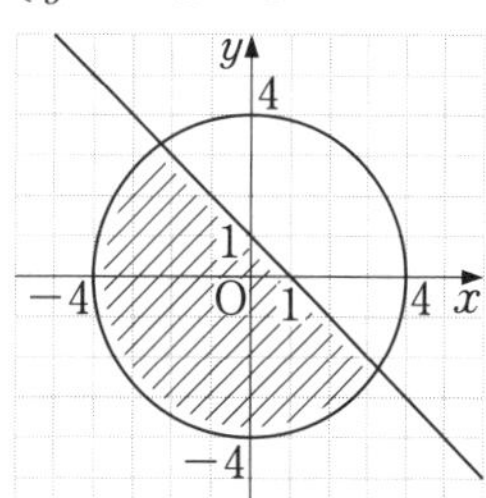

ただし，境界線を含まない。

プラス問題2

(1) $\begin{cases} y > -x+3 \\ y < x \end{cases}$

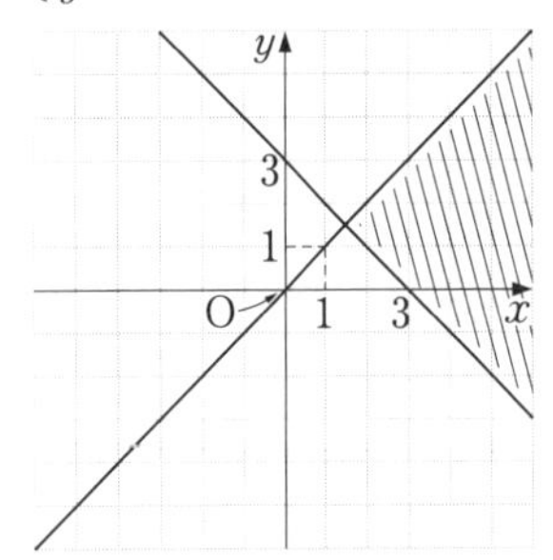

ただし，境界線を**含まない**。

(2) $\begin{cases} x^2+y^2 \geqq 4 \\ y \leqq x-2 \end{cases}$

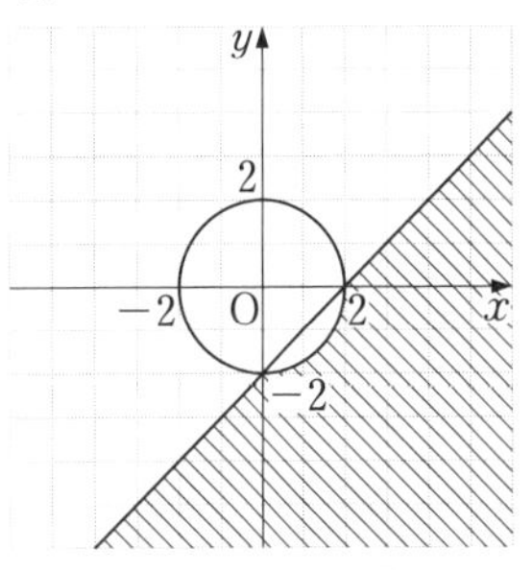

ただし，境界線を**含む**。

Exercise p.71

1 (1) $x^2+y^2>25$

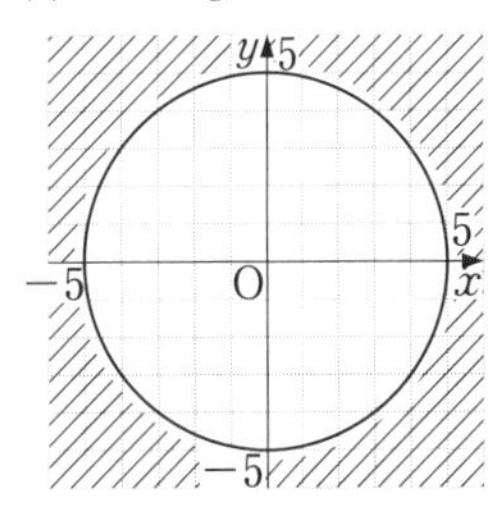

ただし，境界線を含まない。

(2) $(x+1)^2+(y-2)^2<9$

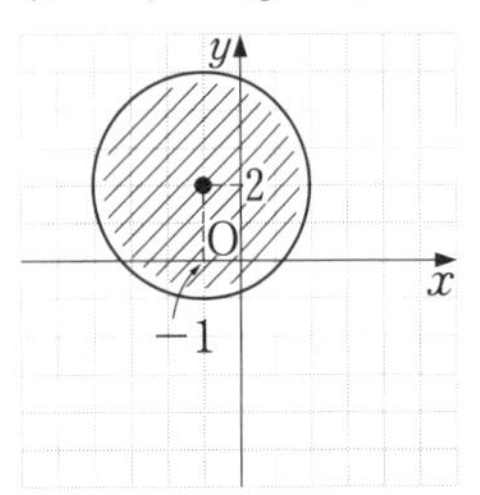

ただし，境界線を含まない。

(3) $x^2+(y-5)^2 \leqq 16$

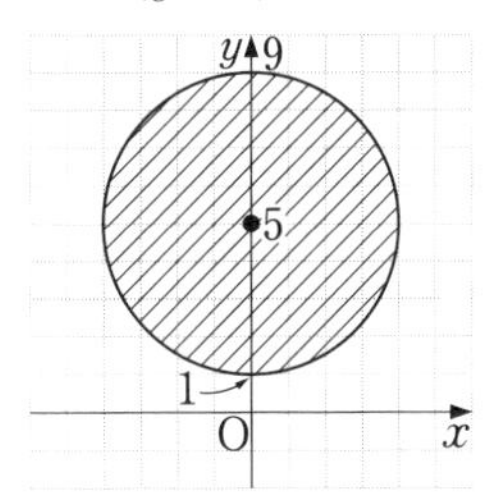

ただし，境界線を含む。

(4) $x^2+4x+y^2 \geqq 0$

$(x^2+4x+4)-4+y^2 \geqq 0$

$(x+2)^2+y^2 \geqq 4$

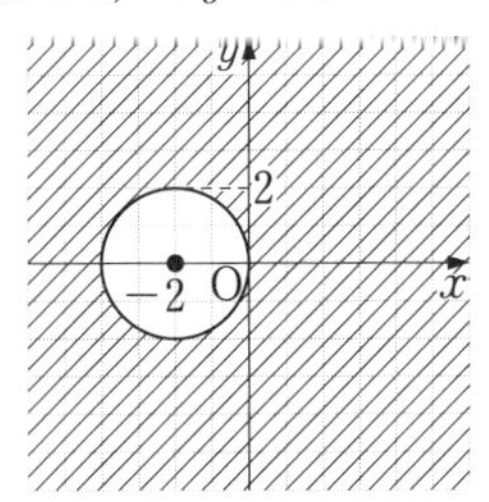

ただし，境界線を含む。

2 (1) $y > x-2$

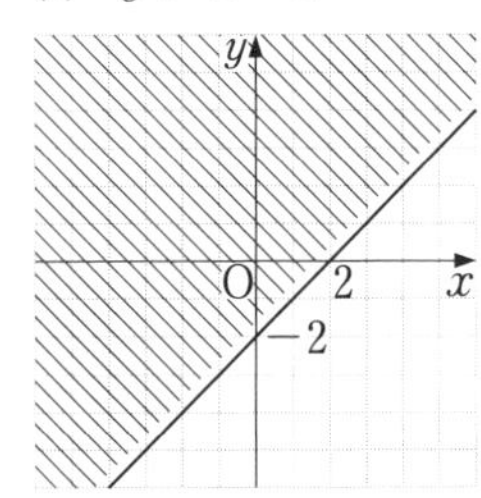

ただし，境界線を含まない。

(2) $y < -2x+2$

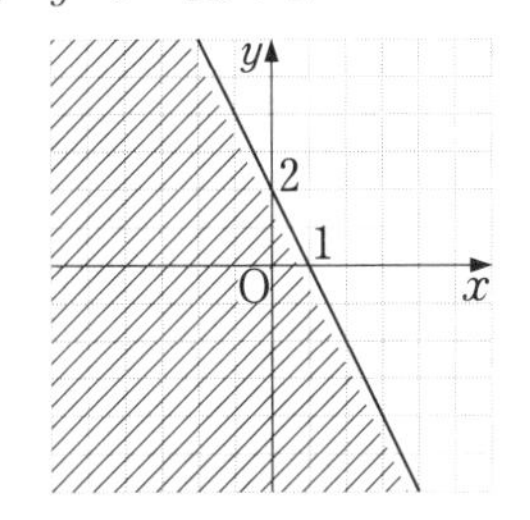

ただし，境界線を含まない。

(3)　$x+y \leqq 3$ より　$y \leqq -x+3$

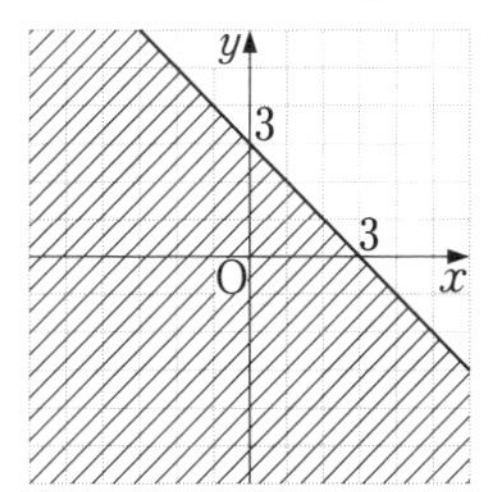

ただし，境界線を**含む**。

(4)　$3x-2y \geqq 6$ より

$y \leqq \dfrac{3}{2}x-3$

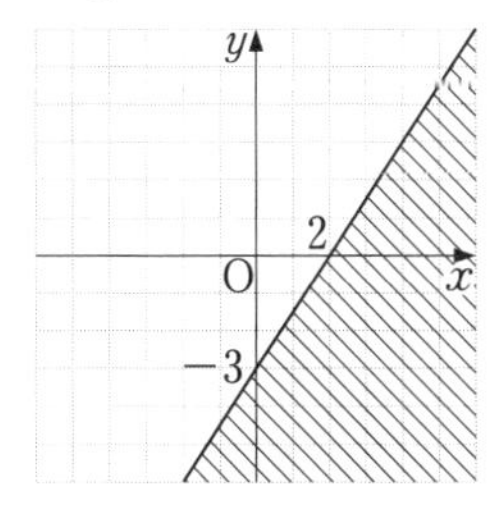

ただし，境界線を**含む**。

3　(1)　$\begin{cases} y < x \\ y > -x \end{cases}$

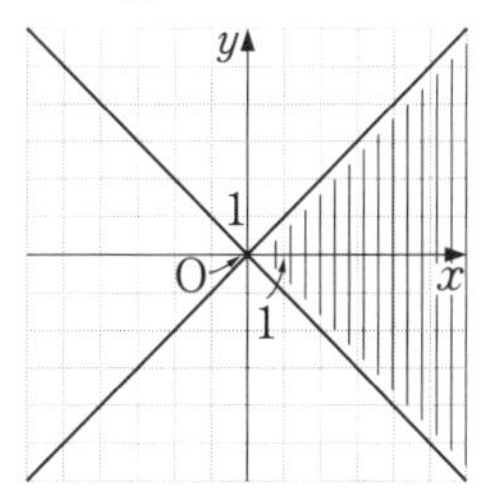

ただし，境界線を**含まない**。

(2)　$\begin{cases} y \geqq -2x+4 & \cdots\cdots① \\ x-2y+3 \leqq 0 & \cdots\cdots② \end{cases}$

②より　$y \geqq \dfrac{1}{2}x+\dfrac{3}{2}$

よって　$\begin{cases} y \geqq -2x+4 \\ y \geqq \dfrac{1}{2}x+\dfrac{3}{2} \end{cases}$

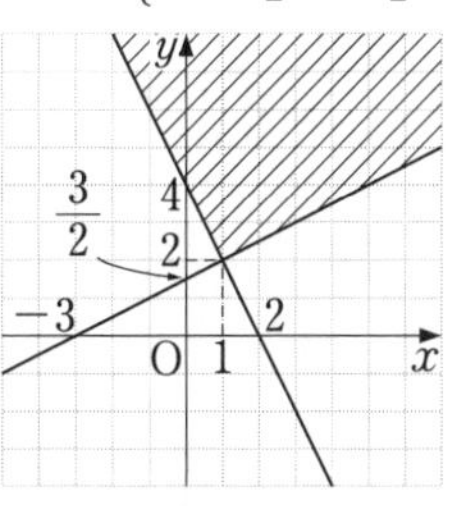

ただし，境界線を**含む**。

(3)　$\begin{cases} (x+1)^2+(y-1)^2 \geqq 9 \\ y \geqq x-1 \end{cases}$

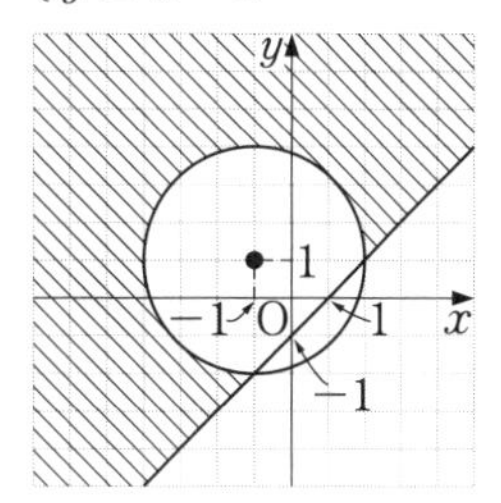

ただし，境界線を**含む**。

(4)　$\begin{cases} x^2+y^2 > 1 \\ x^2+y^2 < 4 \end{cases}$

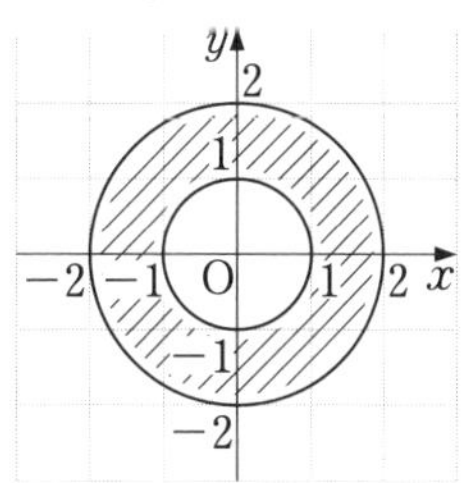

ただし，境界線を**含まない**。

4

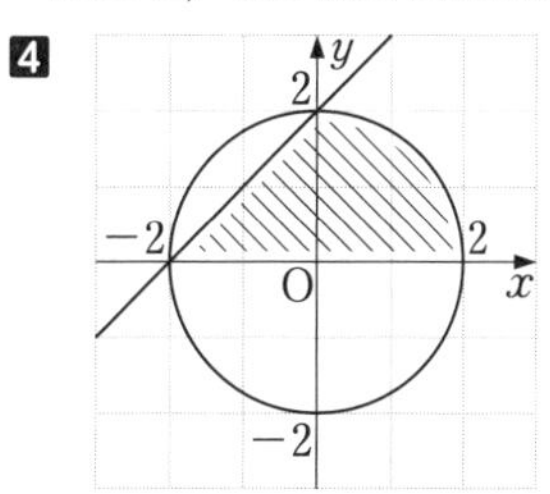

ただし，境界線を**含まない**。

5　原点と点$(2,\ 1)$を通る直線は

$y=\dfrac{1}{2}x$

2点$(0,\ 3)$，$(3,\ 0)$を通る直線は

$y-3=\dfrac{0-3}{3-0}(x-0)$ より

$y=-x+3$

それぞれの直線と斜線部分の関係から

$\begin{cases} y > \boxed{\dfrac{1}{2}x} \\ y < \boxed{-x+3} \end{cases}$

考 $(x-y-3)(2x+y-3)<0$

$$\begin{cases} x-y-3>0 \\ 2x+y-3<0 \end{cases}$$

または

$$\begin{cases} x-y-3<0 \\ 2x+y-3>0 \end{cases}$$

である。整理すると

$$\begin{cases} y<x-3 \\ y<-2x+3 \end{cases}$$

または

$$\begin{cases} y>x-3 \\ y>-2x+3 \end{cases}$$

よって

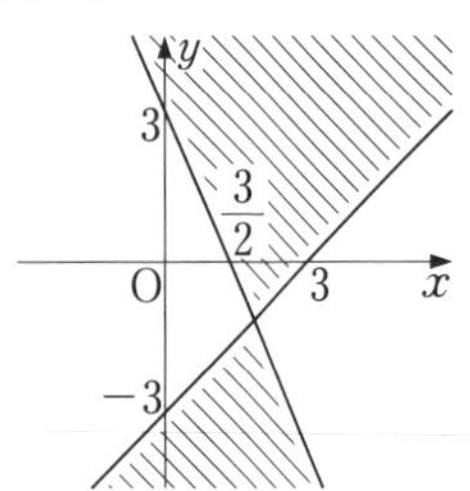

ただし，境界線を含まない。

㉙一般角・三角関数　p.74

問 1　(1)　240°　　(2)　495°

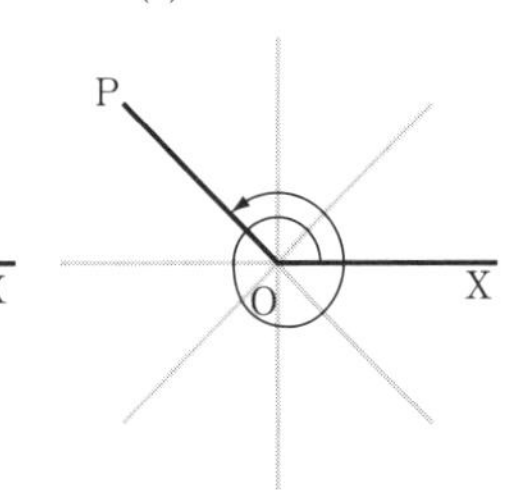

(3)　$-300°$

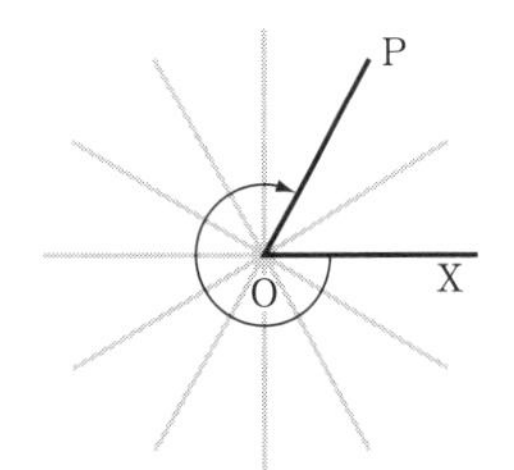

問 2　(1)　$510° = \mathbf{150°} + 360° \times \mathbf{1}$

(2)　$750° = \mathbf{30°} + 360° \times \mathbf{2}$

(3)　$1100° = \mathbf{20°} + 360° \times \mathbf{3}$

(4)　$-675° = \mathbf{45°} + 360° \times (\mathbf{-2})$

問 3　(1)

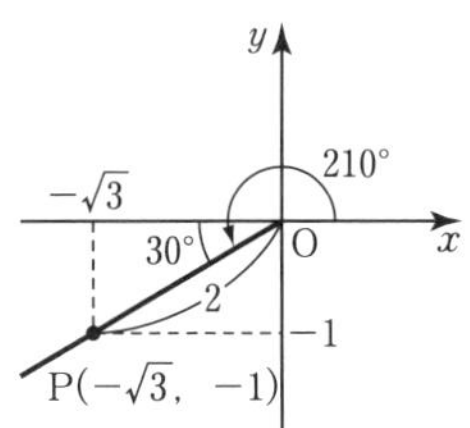

$\sin 210° = \dfrac{-1}{2} = -\dfrac{1}{2}$

$\cos 210° = \dfrac{-\sqrt{3}}{2} = -\dfrac{\sqrt{3}}{2}$

$\tan 210° = \dfrac{-1}{-\sqrt{3}} = \dfrac{1}{\sqrt{3}}$

(2)

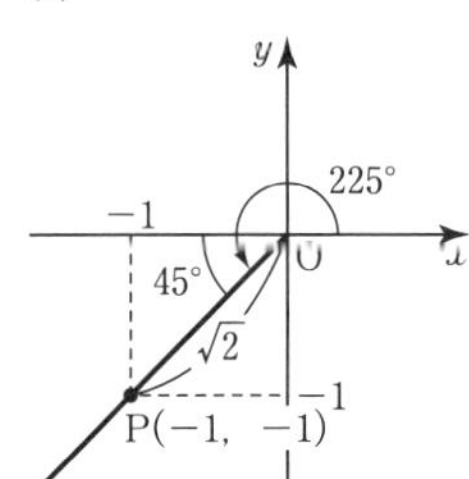

$\sin 225° = \dfrac{-1}{\sqrt{2}} = -\dfrac{1}{\sqrt{2}}$

$\cos 225° = \dfrac{-1}{\sqrt{2}} = -\dfrac{1}{\sqrt{2}}$

$\tan 225° = \dfrac{-1}{-1} = \mathbf{1}$

(3)

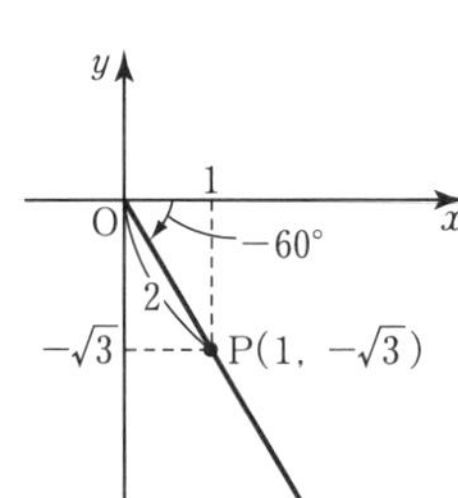

$\sin(-60°) = \dfrac{-\sqrt{3}}{2} = -\dfrac{\sqrt{3}}{2}$

$\cos(-60°) = \dfrac{1}{2}$

$\tan(-60°) = \dfrac{-\sqrt{3}}{1} = -\sqrt{3}$

問 4　320° は第 **4** 象限の角

$-210°$ は第 **2** 象限の角

練習問題

①　(1)　150°　　(2)　315°

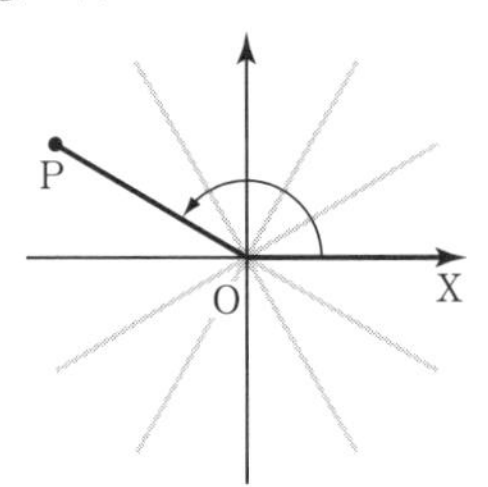

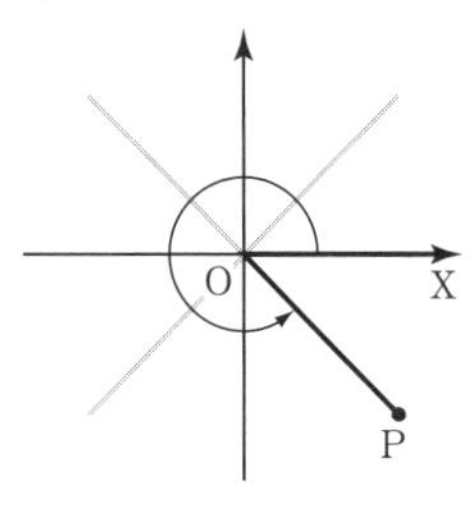

(3)　$-330°$

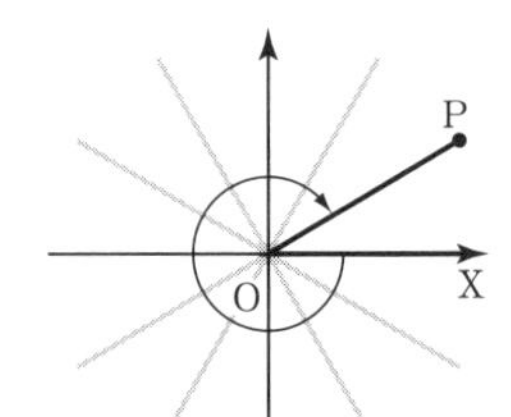

② (1)　$480° = \mathbf{120°} + 360° \times \mathbf{1}$

(2)　$800° = \mathbf{80°} + 360° \times \mathbf{2}$

(3)　$1200° = \mathbf{120°} + 360° \times \mathbf{3}$

(4)　$-750° = \mathbf{330°} + 360° \times (\mathbf{-3})$

③ (1)

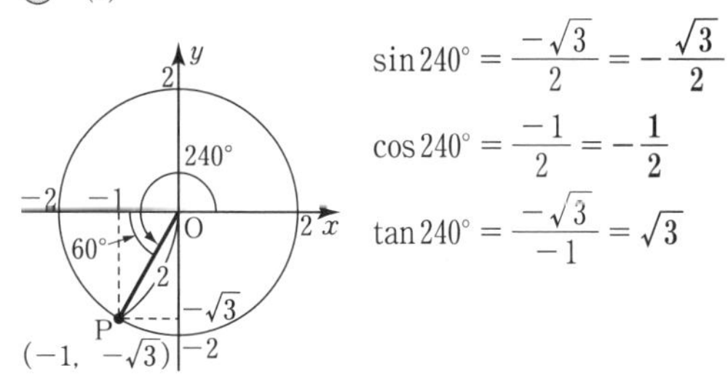

$\sin 240° = \dfrac{-\sqrt{3}}{2} = -\dfrac{\sqrt{3}}{2}$

$\cos 240° = \dfrac{-1}{2} = -\dfrac{1}{2}$

$\tan 240° = \dfrac{-\sqrt{3}}{-1} = \sqrt{3}$

(2)

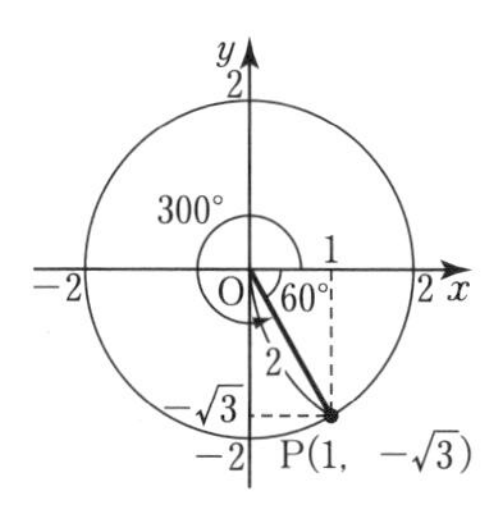

$\sin 300° = \dfrac{-\sqrt{3}}{2} = -\dfrac{\sqrt{3}}{2}$

$\cos 300° = \dfrac{1}{2}$

$\tan 300° = \dfrac{-\sqrt{3}}{1} = -\sqrt{3}$

(3)

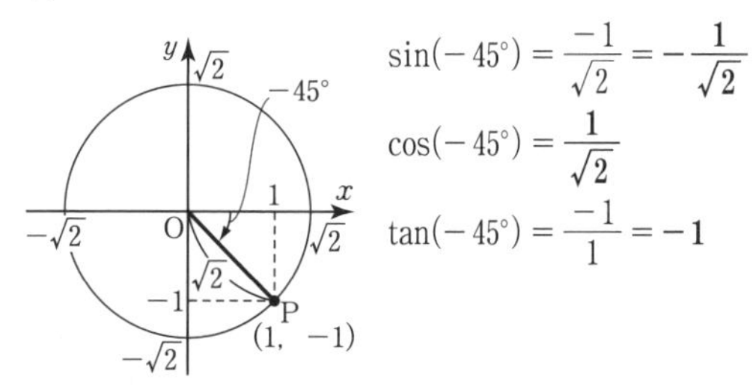

$\sin(-45°) = \dfrac{-1}{\sqrt{2}} = -\dfrac{1}{\sqrt{2}}$

$\cos(-45°) = \dfrac{1}{\sqrt{2}}$

$\tan(-45°) = \dfrac{-1}{1} = -1$

④ 225° は**第 3 象限の角**

　$-315°$ は**第 1 象限の角**

㉚三角関数の相互関係・三角関数の性質　p.76

問 5　$\sin^2\theta + \cos^2\theta = 1$ から

$$\sin^2\theta = 1 - \cos^2\theta = 1 - \left(\frac{4}{5}\right)^2 = \frac{9}{25}$$

θ が第 4 象限の角だから　$\sin\theta < 0$

よって　$\sin\theta = -\sqrt{\dfrac{9}{25}} = -\dfrac{\mathbf{3}}{\mathbf{5}}$

また　$\tan\theta = \dfrac{\sin\theta}{\cos\theta}$

$$= \left(-\frac{3}{5}\right) \div \frac{4}{5} = -\frac{\mathbf{3}}{\mathbf{4}}$$

問 6　(1)　$\sin 405° = \sin(45° + 360°)$

$$= \sin 45° = \frac{\mathbf{1}}{\sqrt{\mathbf{2}}}$$

(2)　$\cos 390° = \cos(30° + 360°)$

$$= \cos 30° = \frac{\sqrt{\mathbf{3}}}{\mathbf{2}}$$

(3)　$\tan 420° = \tan(60° + 360°)$

$$= \tan 60° = \sqrt{\mathbf{3}}$$

問 7　(1)　$\sin(-20°) = -\sin 20° = \mathbf{-0.3420}$

(2)　$\cos(-18°) = \cos 18° = \mathbf{0.9511}$

(3)　$\tan(-70°) = -\tan 70° = \mathbf{-2.7475}$

問 8　(1)　$\sin 190° = \sin(10° + 180°)$

$$= -\sin 10° = \mathbf{-0.1736}$$

(2)　$\cos 200° = \cos(20° + 180°)$

$$= -\cos 20° = \mathbf{-0.9397}$$

(3)　$\tan 215° = \tan(35° + 180°)$

$$= \tan 35° = \mathbf{0.7002}$$

練習問題

① (1)　$\sin^2\theta + \cos^2\theta = 1$ から

$$\sin^2\theta = 1 - \cos^2\theta = 1 - \left(-\frac{3}{5}\right)^2 = \frac{16}{25}$$

θ が第 3 象限の角だから　$\sin\theta < 0$

よって　$\sin\theta = -\sqrt{\dfrac{16}{25}} = -\dfrac{\mathbf{4}}{\mathbf{5}}$

$$\tan\theta = \frac{\sin\theta}{\cos\theta} = \left(-\frac{4}{5}\right) \div \left(-\frac{3}{5}\right) = \frac{\mathbf{4}}{\mathbf{3}}$$

(2)　$\sin^2\theta + \cos^2\theta = 1$ から

$$\cos^2\theta = 1 - \sin^2\theta = 1 - \left(-\frac{12}{13}\right)^2 = \frac{25}{169}$$

θ が第 4 象限の角だから　$\cos\theta > 0$

よって　$\cos\theta = \sqrt{\dfrac{25}{169}} = \dfrac{\mathbf{5}}{\mathbf{13}}$

$$\tan\theta = \frac{\sin\theta}{\cos\theta} = \left(-\frac{12}{13}\right) \div \frac{5}{13} = -\frac{\mathbf{12}}{\mathbf{5}}$$

(3)　$\sin^2\theta+\cos^2\theta=1$ から

$$\sin^2\theta=1-\cos^2\theta=1-\left(\frac{2}{3}\right)^2=\frac{5}{9}$$

θ が第 4 象限の角だから　$\sin\theta<0$

よって　$\sin\theta=-\sqrt{\frac{5}{9}}=\boldsymbol{-\frac{\sqrt{5}}{3}}$

$$\tan\theta=\frac{\sin\theta}{\cos\theta}=\left(-\frac{\sqrt{5}}{3}\right)\div\frac{2}{3}=\boldsymbol{-\frac{\sqrt{5}}{2}}$$

(4)　$\sin^2\theta+\cos^2\theta=1$ から

$$\cos^2\theta=1-\sin^2\theta=1-\left(-\frac{3}{4}\right)^2=\frac{7}{16}$$

θ が第 3 象限の角だから　$\cos\theta<0$

よって　$\cos\theta=-\sqrt{\frac{7}{16}}=\boldsymbol{-\frac{\sqrt{7}}{4}}$

$$\tan\theta=\frac{\sin\theta}{\cos\theta}=\left(-\frac{3}{4}\right)\div\left(-\frac{\sqrt{7}}{4}\right)=\frac{3}{\sqrt{7}}$$

$$=\boldsymbol{\frac{3\sqrt{7}}{7}}$$

② (1)　$\sin390°=\sin(30°+360°)$

$$=\sin30°=\boldsymbol{\frac{1}{2}}$$

(2)　$\cos420°=\cos(60°+360°)$

$$=\cos60°=\boldsymbol{\frac{1}{2}}$$

(3)　$\tan405°=\tan(45°+360°)$

$$=\tan45°=\boldsymbol{1}$$

③ (1)　$\sin(-11°)=-\sin11°=\boldsymbol{-0.1908}$

(2)　$\cos(-80°)=\cos80°=\boldsymbol{0.1736}$

(3)　$\tan257°=\tan(77°+180°)$

$$=\tan77°=\boldsymbol{4.3315}$$

㉛ $y=\sin\theta$ のグラフ　p.78

問 9

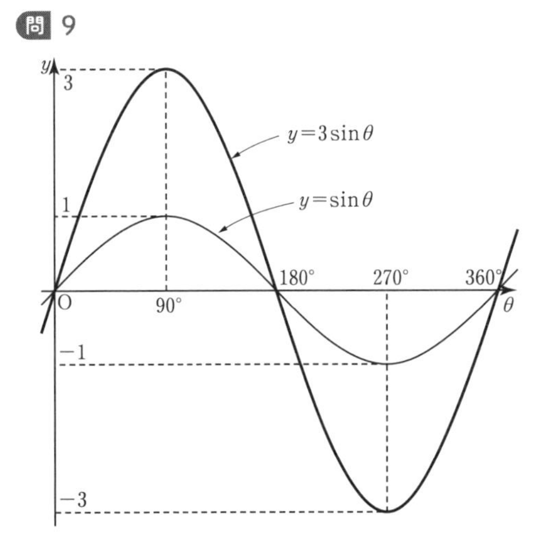

問 10

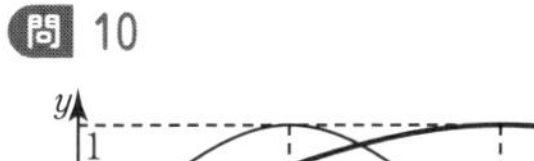
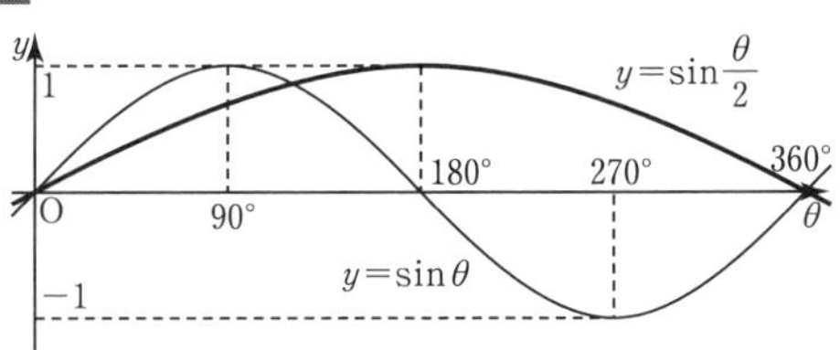

練習問題

①

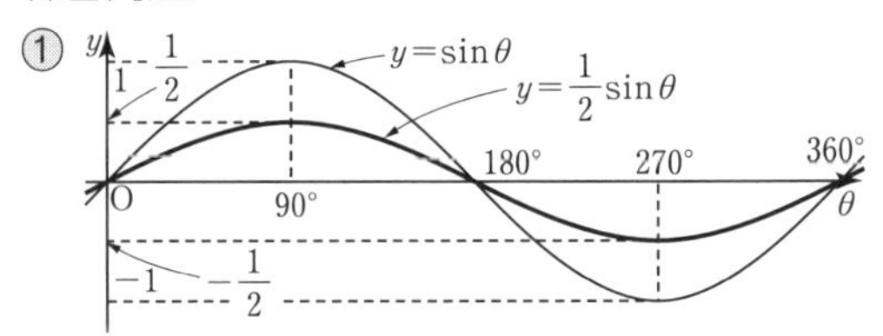

②

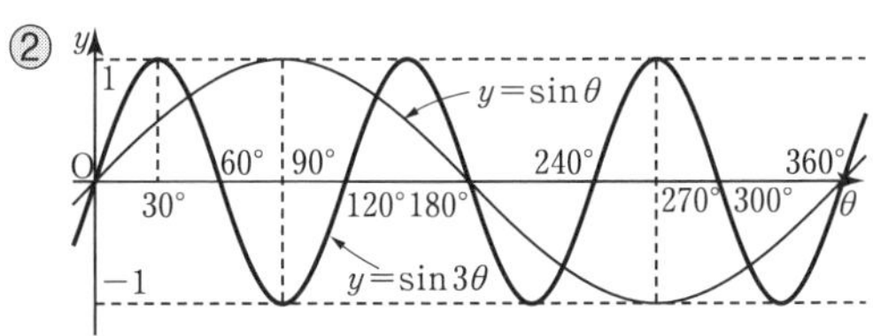

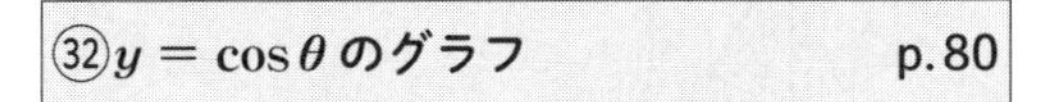

㉜ $y=\cos\theta$ のグラフ　p.80

問 11，練習問題①

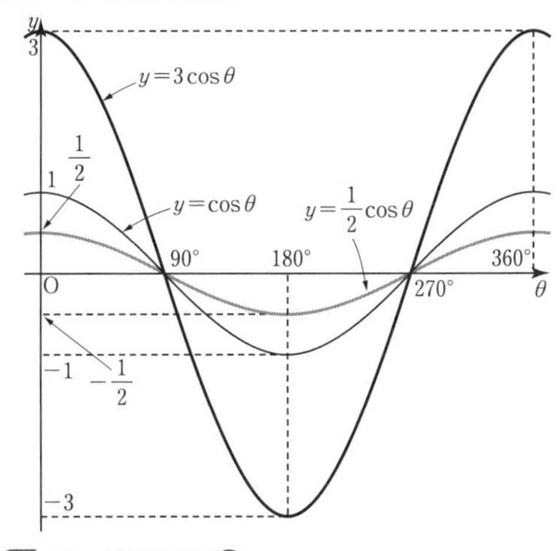

問 12，練習問題②

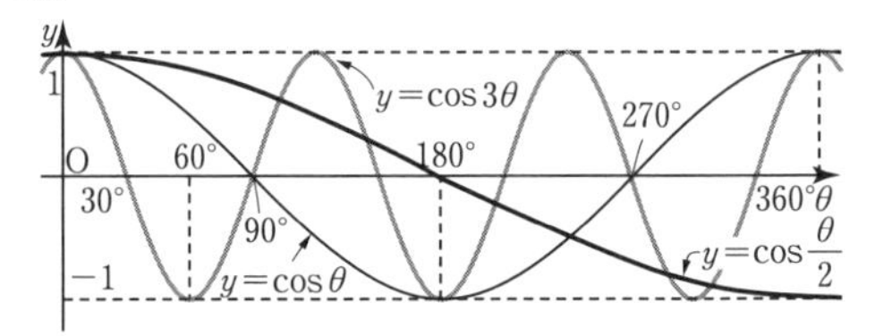

㉝ $y=\tan\theta$ のグラフ　p.81

問 13，練習問題①

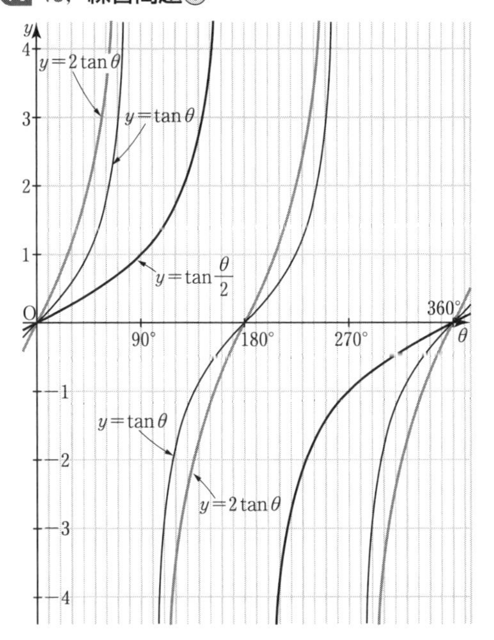

Exercise　p.82

1 (1)

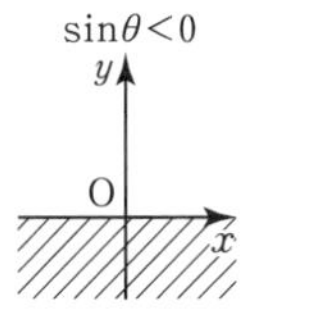

ともにみたす θ は第 4 象限の角

(2)

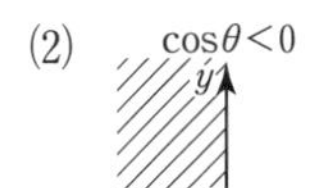

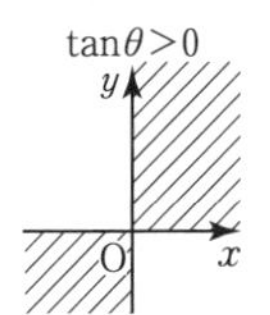

ともにみたす θ は第 3 象限の角

2 (1) $\sin 135^\circ = \mathbf{\dfrac{1}{\sqrt{2}}}$

(2) $\cos(-120^\circ) = \mathbf{-\dfrac{1}{2}}$

(3) $\tan 390^\circ = \tan 30^\circ = \mathbf{\dfrac{1}{\sqrt{3}}}$

(4) $\tan 675^\circ = \tan(-45^\circ + 720^\circ)$

$= \tan(-45^\circ)$

$= -\tan 45^\circ$

$= \mathbf{-1}$

(5) $\sin(-300^\circ) = \sin(60^\circ - 360^\circ)$

$= \sin 60^\circ = \mathbf{\dfrac{\sqrt{3}}{2}}$

(6) $\cos 630^\circ = \cos(270^\circ + 360^\circ) = \cos 270^\circ$

$= \cos(90^\circ + 180^\circ) = -\cos 90^\circ$

$= \mathbf{0}$

3 $\sin^2\theta + \cos^2\theta = 1$ から

$\cos^2\theta = 1 - \sin^2\theta = 1 - \left(-\dfrac{5}{13}\right)^2 = \dfrac{144}{169}$

θ は第 3 象限の角だから　$\cos\theta < 0$

よって　$\cos\theta = -\sqrt{\dfrac{144}{169}} = \mathbf{-\dfrac{12}{13}}$

また　$\tan\theta = \dfrac{\sin\theta}{\cos\theta}$

$= \left(-\dfrac{5}{13}\right) \div \left(-\dfrac{12}{13}\right) = \mathbf{\dfrac{5}{12}}$

4 (1) $y = \dfrac{1}{2}\sin\theta$

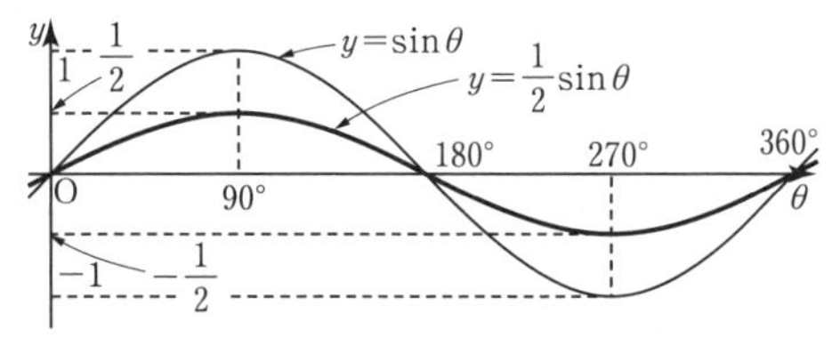

(2) $y = \dfrac{1}{2}\cos\theta$

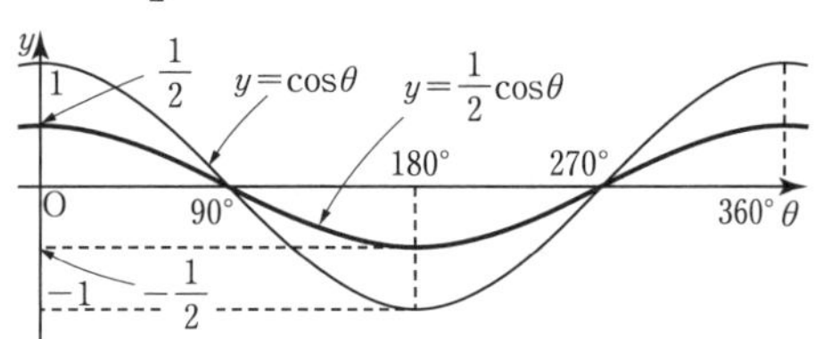

考

θ	-90°	-45°	0°	45°	90°	135°	180°	225°	270°	315°	360°	405°
$\sin\theta$	-1	$-\frac{1}{\sqrt{2}}$	0	$\frac{1}{\sqrt{2}}$	1	$\frac{1}{\sqrt{2}}$	0	$-\frac{1}{\sqrt{2}}$	-1	$-\frac{1}{\sqrt{2}}$	0	$\frac{1}{\sqrt{2}}$
$\sin(\theta-45^\circ)$	$-\frac{1}{\sqrt{2}}$	-1	$-\frac{1}{\sqrt{2}}$	0	$\frac{1}{\sqrt{2}}$	1	$\frac{1}{\sqrt{2}}$	0	$-\frac{1}{\sqrt{2}}$	-1	$-\frac{1}{\sqrt{2}}$	0

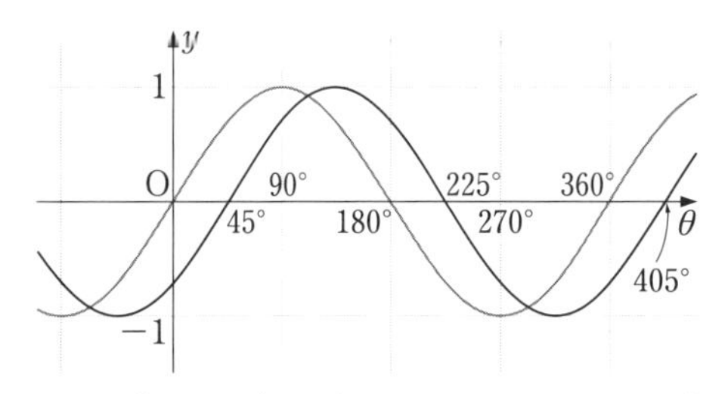

$y=\sin(\theta-45^\circ)$ のグラフは，$y=\sin\theta$ のグラフを θ 軸方向に 45° 移動したグラフである。
また，y の値の範囲は $-1 \leqq y \leqq 1$，周期は 360° で $y=\sin\theta$ と同じである。

㉞加法定理・2倍角の公式 p.84

問 1 (1) $\sin 105^\circ = \sin(60^\circ + 45^\circ)$

$= \sin 60^\circ \cos 45^\circ + \cos 60^\circ \sin 45^\circ$

$= \frac{\sqrt{3}}{2} \times \frac{\sqrt{2}}{2} + \frac{1}{2} \times \frac{\sqrt{2}}{2} = \mathbf{\frac{\sqrt{6}+\sqrt{2}}{4}}$

(2) $\cos 75^\circ = \cos(45^\circ + 30^\circ)$

$= \cos 45^\circ \cos 30^\circ - \sin 45^\circ \sin 30^\circ$

$= \frac{\sqrt{2}}{2} \times \frac{\sqrt{3}}{2} - \frac{\sqrt{2}}{2} \times \frac{1}{2} = \mathbf{\frac{\sqrt{6}-\sqrt{2}}{4}}$

問 2 $\cos 15^\circ = \cos(45^\circ - 30^\circ)$

$= \cos 45^\circ \cos 30^\circ + \sin 45^\circ \sin 30^\circ$

$= \frac{\sqrt{2}}{2} \times \frac{\sqrt{3}}{2} + \frac{\sqrt{2}}{2} \times \frac{1}{2} = \mathbf{\frac{\sqrt{6}+\sqrt{2}}{4}}$

問 3 $\cos^2\alpha = 1 - \sin^2\alpha = 1 - \left(\frac{4}{5}\right)^2 = \frac{9}{25}$

α は第2象限の角だから　$\cos\alpha < 0$

よって　$\cos\alpha = -\sqrt{\frac{9}{25}} = -\frac{3}{5}$

したがって

$\sin 2\alpha = 2\sin\alpha\cos\alpha$

$= 2 \times \frac{4}{5} \times \left(-\frac{3}{5}\right) = \mathbf{-\frac{24}{25}}$

$\cos 2\alpha = 1 - 2\sin^2\alpha$

$= 1 - 2 \times \left(\frac{4}{5}\right)^2 = \mathbf{-\frac{7}{25}}$

練習問題

① (1) $\sin 165^\circ = \sin(135^\circ + 30^\circ)$

$= \sin 135^\circ \cos 30^\circ + \cos 135^\circ \sin 30^\circ$

$= \frac{\sqrt{2}}{2} \times \frac{\sqrt{3}}{2} + \left(-\frac{\sqrt{2}}{2}\right) \times \frac{1}{2} = \mathbf{\frac{\sqrt{6}-\sqrt{2}}{4}}$

(2) $\cos 165^\circ = \cos(135^\circ + 30^\circ)$

$= \cos 135^\circ \cos 30^\circ - \sin 135^\circ \sin 30^\circ$

$= \left(-\frac{\sqrt{2}}{2}\right) \times \frac{\sqrt{3}}{2} - \frac{\sqrt{2}}{2} \times \frac{1}{2}$

$= \mathbf{\frac{-\sqrt{6}-\sqrt{2}}{4}}$

② (1) $\sin 75^\circ = \sin(120^\circ - 45^\circ)$

$= \sin 120^\circ \cos 45^\circ - \cos 120^\circ \sin 45^\circ$

$= \frac{\sqrt{3}}{2} \times \frac{\sqrt{2}}{2} - \left(-\frac{1}{2}\right) \times \frac{\sqrt{2}}{2}$

$= \mathbf{\frac{\sqrt{6}+\sqrt{2}}{4}}$

(2) $\cos 75^\circ = \cos(120^\circ - 45^\circ)$

$= \cos 120^\circ \cos 45^\circ + \sin 120^\circ \sin 45^\circ$

$= \left(-\frac{1}{2}\right) \times \frac{\sqrt{2}}{2} + \frac{\sqrt{3}}{2} \times \frac{\sqrt{2}}{2}$

$= \mathbf{\frac{\sqrt{6}-\sqrt{2}}{4}}$

③ $\cos^2\alpha = 1 - \sin^2\alpha = 1 - \left(\frac{\sqrt{2}}{3}\right)^2 = \frac{7}{9}$

α は第2象限の角だから　$\cos\alpha < 0$

よって　$\cos\alpha = -\sqrt{\frac{7}{9}} = -\frac{\sqrt{7}}{3}$

したがって

$\sin 2\alpha = 2\sin\alpha\cos\alpha$

$= 2 \times \frac{\sqrt{2}}{3} \times \left(-\frac{\sqrt{7}}{3}\right) = \mathbf{-\frac{2\sqrt{14}}{9}}$

$\cos 2\alpha = 1 - 2\sin^2\alpha$

$= 1 - 2 \times \left(\frac{\sqrt{2}}{3}\right)^2 = \mathbf{\frac{5}{9}}$

㉟三角関数の合成・弧度法　p.86

問 4　(1)　$\sin\theta+\cos\theta$

$a=1$，$b=1$ だから

$r=\sqrt{1^2+1^2}=\sqrt{2}$

α は 45° である。

よって

$\sin\theta+\cos\theta$

$=\boldsymbol{\sqrt{2}\sin(\theta+45^\circ)}$

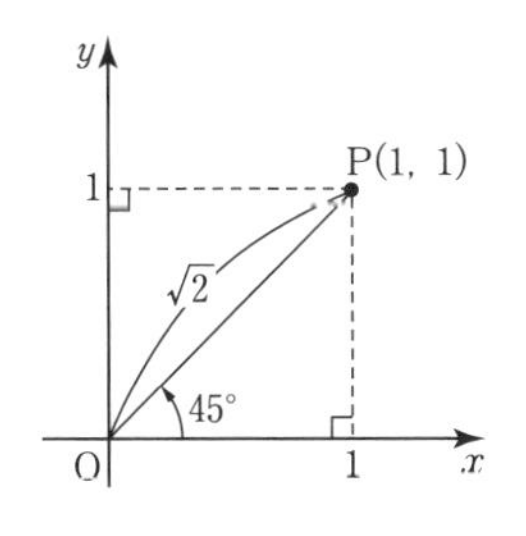

(2)　$\sqrt{3}\sin\theta-\cos\theta$

$a=\sqrt{3}$，$b=-1$ だから

$r=\sqrt{(\sqrt{3})^2+(-1)^2}=\sqrt{4}=2$

α は -30° である。

よって

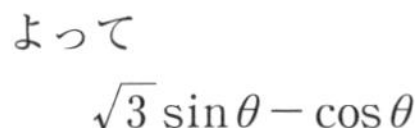

$\sqrt{3}\sin\theta-\cos\theta$

$=\boldsymbol{2\sin(\theta-30^\circ)}$

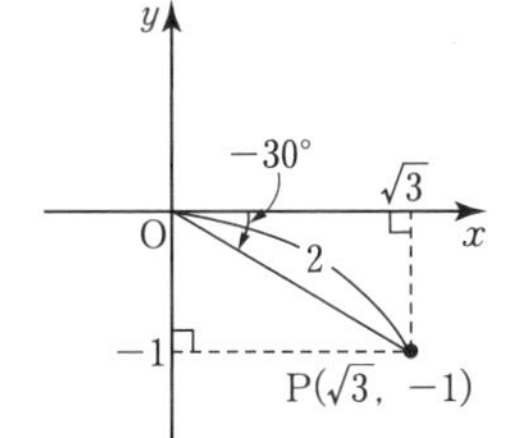

問 5

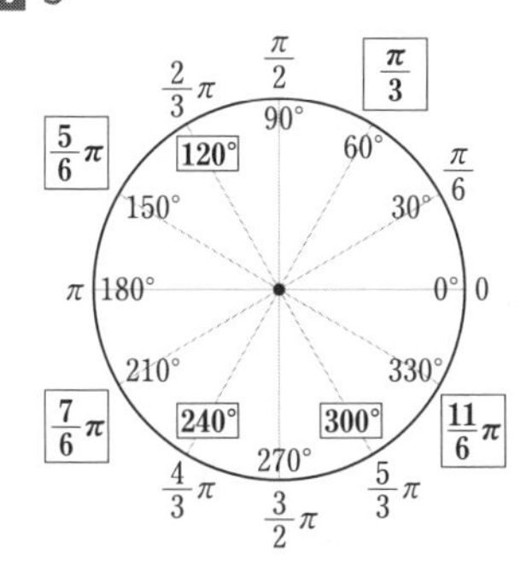

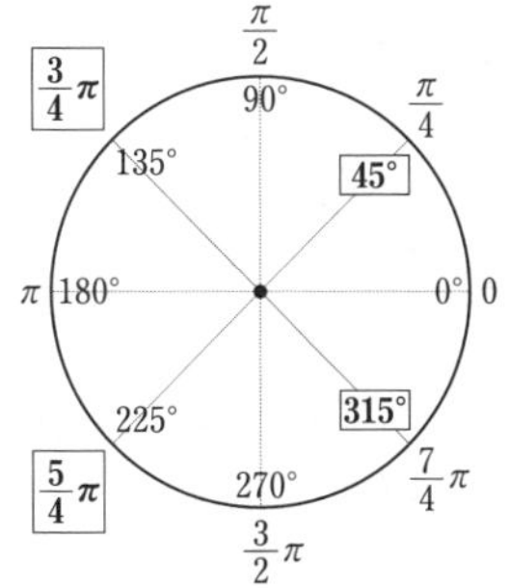

問 6　(1)　$l=3\times\dfrac{\pi}{4}=\boldsymbol{\dfrac{3}{4}\pi}$

$S=\dfrac{1}{2}\times3\times\dfrac{3}{4}\pi=\boldsymbol{\dfrac{9}{8}\pi}$

(2)　$l=5\times\dfrac{\pi}{2}=\boldsymbol{\dfrac{5}{2}\pi}$

$S=\dfrac{1}{2}\times5\times\dfrac{5}{2}\pi=\boldsymbol{\dfrac{25}{4}\pi}$

Exercise　p.87

1　$\cos^2\alpha=1-\sin^2\alpha=1-\left(\dfrac{3}{5}\right)^2=\dfrac{16}{25}$

α は第 2 象限の角だから　$\cos\alpha<0$

よって　$\cos\alpha=-\sqrt{\dfrac{16}{25}}=-\dfrac{4}{5}$

したがって

$\sin2\alpha=2\sin\alpha\cos\alpha$

$=2\times\dfrac{3}{5}\times\left(-\dfrac{4}{5}\right)=\boldsymbol{-\dfrac{24}{25}}$

$\cos2\alpha=1-2\sin^2\alpha$

$=1-2\times\left(\dfrac{3}{5}\right)^2=\boldsymbol{\dfrac{7}{25}}$

2　$a=-1$，$b=\sqrt{3}$ から

$r=\sqrt{(-1)^2+(\sqrt{3})^2}$

$=\sqrt{4}=2$

α は 120° だから

$-\sin\theta+\sqrt{3}\cos\theta$

$=\boldsymbol{2\sin(\theta+120^\circ)}$

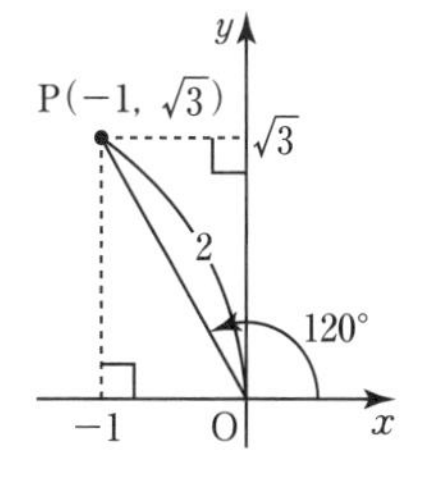

3　$l=4\times\dfrac{\pi}{6}=\boldsymbol{\dfrac{2}{3}\pi}$

$S=\dfrac{1}{2}\times4\times\dfrac{2}{3}\pi=\boldsymbol{\dfrac{4}{3}\pi}$

考　$\sin3\alpha=\sin(2\alpha+\alpha)$

$=\sin2\alpha\cos\alpha+\cos2\alpha\sin\alpha$

$=(2\sin\alpha\cos\alpha)\cos\alpha+(1-2\sin^2\alpha)\sin\alpha$

$=2\sin\alpha\cos^2\alpha+\sin\alpha-2\sin^3\alpha$

$=2\sin\alpha(1-\sin^2\alpha)+\sin\alpha-2\sin^3\alpha$

$=2\sin\alpha-2\sin^3\alpha+\sin\alpha-2\sin^3\alpha$

$=\boldsymbol{3\sin\alpha-4\sin^3\alpha}$

$\cos3\alpha=\cos(2\alpha+\alpha)$

$=\cos2\alpha\cos\alpha-\sin2\alpha\sin\alpha$

$=(2\cos^2\alpha-1)\cos\alpha-(2\sin\alpha\cos\alpha)\sin\alpha$

$=2\cos^3\alpha-\cos\alpha-2\sin^2\alpha\cos\alpha$

$=2\cos^3\alpha-\cos\alpha-2(1-\cos^2\alpha)\cos\alpha$

$=2\cos^3\alpha-\cos\alpha-2\cos\alpha+2\cos^3\alpha$

$=\boldsymbol{4\cos^3\alpha-3\cos\alpha}$

㊱指数の拡張 p.88

問 1 (1) $a^4 \times a^5 = a^{4+5} = \boldsymbol{a^9}$

(2) $(a^4)^2 = a^{4\times2} = \boldsymbol{a^8}$

(3) $(ab)^5 = a^{1\times5} \times b^{1\times5} = \boldsymbol{a^5b^5}$

(4) $(2a)^3 = 2^3 \times a^3 = \boldsymbol{8a^3}$

(5) $(a^2b^3)^2 = a^{2\times2} \times b^{3\times2} = \boldsymbol{a^4b^6}$

(6) $a \times (a^2)^4 = a \times a^{2\times4} = a \times a^8 = a^{1+8} = \boldsymbol{a^9}$

問 2 (1) $4^0 = \boxed{1}$ (2) $5^{-2} = \dfrac{1}{5^{\boxed{2}}} = \dfrac{1}{\boxed{25}}$

(3) $10^{-3} = \dfrac{1}{10^{\boxed{3}}} = \dfrac{1}{\boxed{1000}}$

問 3 (1) $10^{-3} \times 10^4 = 10^{-3+4} = 10^1 = \mathbf{10}$

(2) $(3^{-1})^2 = 3^{(-1)\times2} = 3^{-2} = \dfrac{1}{3^2} = \boldsymbol{\dfrac{1}{9}}$

(3) $10^3 \div 10^{-2} = 10^{3-(-2)} = 10^5 = \mathbf{100000}$

(4) $2^4 \times 2^{-1} \div 2^3 = 2^{4+(-1)-3} = 2^0 = \mathbf{1}$

問 4 (1) $27 = 3^3$ だから $\sqrt[3]{27} = \mathbf{3}$

(2) $81 = 3^4$ だから $\sqrt[4]{81} = \mathbf{3}$

(3) $125 = 5^3$ だから $\sqrt[3]{125} = \mathbf{5}$

(4) $32 = 2^5$ だから $\sqrt[5]{32} = \mathbf{2}$

問 5 (1) $\sqrt[3]{2} \times \sqrt[3]{4} = \sqrt[3]{2\times4} = \sqrt[3]{8} = \sqrt[3]{2^3} = \mathbf{2}$

(2) $\sqrt[3]{5} \times \sqrt[3]{7} = \sqrt[3]{5\times7} = \boldsymbol{\sqrt[3]{35}}$

(3) $\dfrac{\sqrt[3]{128}}{\sqrt[3]{2}} = \sqrt[3]{\dfrac{128}{2}} = \sqrt[3]{64} = \sqrt[3]{4^3} = \mathbf{4}$

(4) $\dfrac{\sqrt[4]{63}}{\sqrt[4]{3}} = \sqrt[4]{\dfrac{63}{3}} = \boldsymbol{\sqrt[4]{21}}$

問 6 (1) $(\sqrt[3]{7})^2 = \sqrt[3]{7^2} = \boldsymbol{\sqrt[3]{49}}$

(2) $(\sqrt[4]{5})^3 = \sqrt[4]{5^3} = \boldsymbol{\sqrt[4]{125}}$

(3) $(\sqrt[4]{4})^2 = \sqrt[4]{4^2} = \sqrt[4]{2^4} = \mathbf{2}$

(4) $(\sqrt[6]{8})^2 = \sqrt[6]{8^2} = \sqrt[6]{2^6} = \mathbf{2}$

練習問題

① (1) $a^4 \times a^6 = a^{4+6} = \boldsymbol{a^{10}}$

(2) $a^3 \times a^5 = a^{3+5} = \boldsymbol{a^8}$

(3) $(a^5)^2 = a^{5\times2} = \boldsymbol{a^{10}}$

(4) $(a^2)^4 = a^{2\times4} = \boldsymbol{a^8}$

(5) $(a^2b)^3 = a^{2\times3}b^{1\times3} = \boldsymbol{a^6b^3}$

(6) $(-3a^2)^2 \times a^2 = 9a^4 \times a^2 = \boldsymbol{9a^6}$

② (1) $5^{-3} = \dfrac{1}{5^{\boxed{3}}} = \dfrac{1}{\boxed{125}}$

(2) $10^{-4} = \dfrac{1}{10^{\boxed{4}}} = \dfrac{1}{\boxed{10000}}$

③ (1) $10^{-2} \times 10^4 = 10^{(-2)+4} = 10^2 = \mathbf{100}$

(2) $(5^{-1})^2 = 5^{(-1)\times2} = 5^{-2} = \dfrac{1}{5^2} = \boldsymbol{\dfrac{1}{25}}$

(3) $10^3 \div 10^4 = 10^{3-4} = 10^{-1} = \boldsymbol{\dfrac{1}{10}}$

(4) $2^5 \times 2^{-2} \div 2^4 = 2^{5+(-2)-4} = 2^{-1} = \boldsymbol{\dfrac{1}{2}}$

④ (1) $1 = 1^3$ だから $\sqrt[3]{1} = \mathbf{1}$

(2) $64 = 2^6$ だから $\sqrt[6]{64} = \mathbf{2}$

(3) $10000 = 10^4$ だから $\sqrt[4]{10000} = \mathbf{10}$

(4) $343 = 7^3$ だから $\sqrt[3]{343} = \mathbf{7}$

⑤ (1) $\sqrt[4]{2} \times \sqrt[4]{8} = \sqrt[4]{2\times8} = \sqrt[4]{16} = \sqrt[4]{2^4} = \mathbf{2}$

(2) $\sqrt[5]{3} \times \sqrt[5]{11} = \sqrt[5]{3\times11} = \boldsymbol{\sqrt[5]{33}}$

(3) $\dfrac{\sqrt[5]{128}}{\sqrt[5]{4}} = \sqrt[5]{\dfrac{128}{4}} = \sqrt[5]{32} = \sqrt[5]{2^5} = \mathbf{2}$

(4) $\dfrac{\sqrt[3]{65}}{\sqrt[3]{5}} = \sqrt[3]{\dfrac{65}{5}} = \boldsymbol{\sqrt[3]{13}}$

⑥ (1) $(\sqrt[3]{2})^2 = \sqrt[3]{2^2} = \boldsymbol{\sqrt[3]{4}}$

(2) $(\sqrt[4]{3})^3 = \sqrt[4]{3^3} = \boldsymbol{\sqrt[4]{27}}$

(3) $(\sqrt[3]{5})^3 = \sqrt[3]{5^3} = \mathbf{5}$

(4) $(\sqrt[4]{36})^2 = \sqrt[4]{36^2} = \sqrt[4]{(6^2)^2} = \sqrt[4]{6^4} = \mathbf{6}$

㊲指数法則 p.90

問 7 (1) $7^{\frac{1}{2}} = \sqrt{\boxed{7}}$ (2) $6^{\frac{1}{4}} = \sqrt[\boxed{4}]{6}$

(3) $5^{\frac{2}{3}} = \sqrt[\boxed{3}]{5^{\boxed{2}}} = \sqrt[\boxed{3}]{\boxed{25}}$

(4) $10^{-\frac{2}{3}} = \dfrac{1}{10^{\boxed{\frac{2}{3}}}} = \dfrac{1}{\sqrt[\boxed{3}]{\boxed{100}}}$

問 8 (1) $3^{\frac{2}{5}} \times 3^{\frac{3}{5}} = 3^{\frac{2}{5}+\frac{3}{5}} = 3^1 = \mathbf{3}$

(2) $(2^6)^{\frac{1}{3}} = 2^{6\times\frac{1}{3}} = 2^2 = \mathbf{4}$

(3) $8^{-\frac{2}{3}} = (2^3)^{-\frac{2}{3}} = 2^{3\times\left(-\frac{2}{3}\right)} = 2^{-2} = \boldsymbol{\dfrac{1}{4}}$

(4) $7^{\frac{2}{3}} \div 7^{\frac{8}{3}} = 7^{\frac{2}{3}-\frac{8}{3}} = 7^{-2} = \dfrac{1}{7^2} = \boldsymbol{\dfrac{1}{49}}$

(5) $25^{\frac{1}{6}} \times 25^{\frac{1}{3}} = 25^{\frac{1}{6}+\frac{1}{3}} = 25^{\frac{1}{2}} = (5^2)^{\frac{1}{2}} = \mathbf{5}$

(6) $3^{\frac{1}{4}} \div 3^{-\frac{7}{4}} = 3^{\frac{1}{4}-\left(-\frac{7}{4}\right)} = 3^2 = \mathbf{9}$

問 9 (1) $\sqrt[3]{2^5} \times \sqrt[6]{4} = 2^{\frac{5}{3}} \times 4^{\frac{1}{6}} = 2^{\frac{5}{3}} \times (2^2)^{\frac{1}{6}}$

$= 2^{\frac{5}{3}} \times 2^{\frac{1}{3}} = 2^{\frac{5}{3}+\frac{1}{3}}$

$= 2^2 = \mathbf{4}$

(2) $\sqrt[3]{5^4} \times \sqrt[3]{25} = \sqrt[3]{5^4} \times \sqrt[3]{5^2} = 5^{\frac{4}{3}} \times 5^{\frac{2}{3}}$

$= 5^{\frac{4}{3}+\frac{2}{3}}$

$= 5^2 = \mathbf{25}$

(3) $\sqrt[6]{27} \div \sqrt[4]{9} = 27^{\frac{1}{6}} \div 9^{\frac{1}{4}} = (3^3)^{\frac{1}{6}} \div (3^2)^{\frac{1}{4}}$

$= 3^{\frac{1}{2}} \div 3^{\frac{1}{2}} = 3^0 = \mathbf{1}$

(4) $\sqrt[3]{81} \div \sqrt[6]{9} = 81^{\frac{1}{3}} \div 9^{\frac{1}{6}} = (3^4)^{\frac{1}{3}} \div (3^2)^{\frac{1}{6}}$
$= 3^{\frac{4}{3}} \div 3^{\frac{1}{3}} = 3^{\frac{4}{3}-\frac{1}{3}}$
$= 3^1 = \mathbf{3}$

練習問題

① (1) $5^{\frac{1}{2}} = \sqrt{\boxed{\mathbf{5}}}$

(2) $6^{\frac{1}{3}} = \sqrt[\boxed{3}]{6}$

(3) $5^{\frac{3}{4}} = \sqrt[\boxed{4}]{5^{\boxed{3}}} = \sqrt[\boxed{4}]{\boxed{\mathbf{125}}}$

(4) $7^{-\frac{3}{4}} = \dfrac{1}{7^{\boxed{\frac{3}{4}}}} = \dfrac{1}{\sqrt[\boxed{4}]{\boxed{\mathbf{343}}}}$

② (1) $3^{\frac{3}{2}} \times 3^{\frac{1}{2}} = 3^{\frac{3}{2}+\frac{1}{2}} = 3^{\frac{4}{2}}$
$= 3^2 = \mathbf{9}$

(2) $(2^{12})^{\frac{1}{4}} = 2^{12\times\frac{1}{4}} = 2^3 = \mathbf{8}$

(3) $125^{-\frac{2}{3}} = (5^3)^{-\frac{2}{3}} = 5^{3\times\left(-\frac{2}{3}\right)}$
$= 5^{-2} = \dfrac{1}{5^2} = \mathbf{\dfrac{1}{25}}$

(4) $16^{\frac{3}{4}} \div 16^{\frac{1}{2}} = 16^{\frac{3}{4}-\frac{2}{4}} = 16^{\frac{1}{4}}$
$= (2^4)^{\frac{1}{4}} = 2^{4\times\frac{1}{4}} = 2^1 = \mathbf{2}$

(5) $27^{\frac{1}{6}} \times 27^{\frac{3}{2}} = 27^{\frac{1}{6}+\frac{9}{6}} = 27^{\frac{10}{6}} = 27^{\frac{5}{3}}$
$= (3^3)^{\frac{5}{3}} = 3^{3\times\frac{5}{3}} = 3^5 = \mathbf{243}$

(6) $5^{\frac{1}{3}} \div 5^{-\frac{8}{3}} = 5^{\frac{1}{3}-\left(-\frac{8}{3}\right)} = 5^3$
$= \mathbf{125}$

③ (1) $\sqrt[4]{3^3} \times \sqrt[8]{9} = 3^{\frac{3}{4}} \times 9^{\frac{1}{8}}$
$= 3^{\frac{3}{4}} \times (3^2)^{\frac{1}{8}} = 3^{\frac{3}{4}} \times 3^{\frac{1}{4}}$
$= 3^{\frac{3}{4}+\frac{1}{4}} = 3^1 = \mathbf{3}$

(2) $\sqrt[5]{36} \times \sqrt[5]{6^8} = 36^{\frac{1}{5}} \times 6^{\frac{8}{5}}$
$= (6^2)^{\frac{1}{5}} \times 6^{\frac{8}{5}} = 6^{\frac{2}{5}} \times 6^{\frac{8}{5}}$
$= 6^{\frac{2}{5}+\frac{8}{5}} = 6^2 = \mathbf{36}$

(3) $\sqrt[3]{32} \div \sqrt[3]{4} = 32^{\frac{1}{3}} \div 4^{\frac{1}{3}}$
$= (2^5)^{\frac{1}{3}} \div (2^2)^{\frac{1}{3}} = 2^{\frac{5}{3}} \div 2^{\frac{2}{3}}$
$= 2^{\frac{5}{3}-\frac{2}{3}} = 2^1 = \mathbf{2}$

(4) $\sqrt[6]{8} \div \sqrt[8]{16} = 8^{\frac{1}{6}} \div 16^{\frac{1}{8}} = (2^3)^{\frac{1}{6}} \div (2^4)^{\frac{1}{8}}$
$= 2^{\frac{1}{2}} \div 2^{\frac{1}{2}} = 2^{\frac{1}{2}-\frac{1}{2}} = 2^0 = \mathbf{1}$

㊳指数関数のグラフ p.92

問 10 ア $\mathbf{\dfrac{1}{3}}$ イ **1** ウ **3**

エ **9** オ **27** カ **9** キ **3**

ク **1** ケ $\mathbf{\dfrac{1}{3}}$

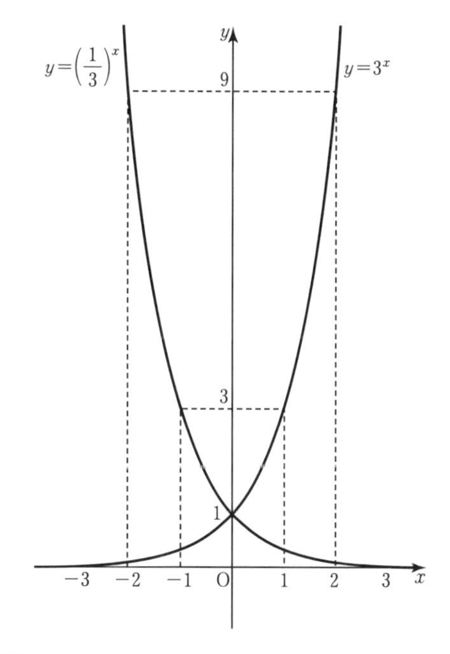

問 11 (1) 底の 3 は，1 より大きく，指数の大小を比べると

$$-1 < 0 < \frac{2}{3}$$

よって $\mathbf{3^{-1} < 3^0 < 3^{\frac{2}{3}}}$

(2) 底の $\dfrac{1}{3}$ は，1 より小さく，指数の大小を比べると

$$-2 < 2 < 3$$

よって $\mathbf{\left(\dfrac{1}{3}\right)^{-2} > \left(\dfrac{1}{3}\right)^2 > \left(\dfrac{1}{3}\right)^3}$

問 12 (1) $8 = 2^3$ だから $2^x = 2^3$

よって $\boldsymbol{x = 3}$

(2) $81 = 3^4$ だから $3^x = 3^4$

よって $\boldsymbol{x = 4}$

(3) $4 = 2^2$，$32 = 2^5$ だから

$2^{2x} = 2^5$ よって $\boldsymbol{x = \dfrac{5}{2}}$

(4) $9 = 3^2$，$27 = 3^3$ だから

$3^{2x} = 3^3$ よって $\boldsymbol{x = \dfrac{3}{2}}$

Exercise p.93

1 (1) $\sqrt[3]{64} = \sqrt[3]{2^6} = 2^{\frac{6}{3}} = 2^2 = \mathbf{4}$

(2) $\sqrt[3]{216} = \sqrt[3]{6^3} = \mathbf{6}$

(3) $\sqrt[4]{\dfrac{16}{81}} = \sqrt[4]{\left(\dfrac{2}{3}\right)^4} = \mathbf{\dfrac{2}{3}}$

2 (1) $2^{\frac{2}{3}} \times 2^{\frac{4}{3}} = 2^{\frac{2}{3}+\frac{4}{3}} = 2^{\frac{6}{3}} = 2^2 = \mathbf{4}$

(2) $(3^4)^{\frac{1}{2}} = 3^{4\times\frac{1}{2}} = 3^2 = \mathbf{9}$

(3) $16^{-\frac{3}{4}} = \dfrac{1}{16^{\frac{3}{4}}} = \dfrac{1}{(2^4)^{\frac{3}{4}}} = \dfrac{1}{2^{4\times\frac{3}{4}}} = \dfrac{1}{2^3} = \mathbf{\dfrac{1}{8}}$

(4) $7^{\frac{1}{3}} \div 7^{\frac{7}{3}} = 7^{\frac{1}{3}-\frac{7}{3}} = 7^{-\frac{6}{3}} = 7^{-2} = \dfrac{1}{7^2} = \mathbf{\dfrac{1}{49}}$

3 (1) $\sqrt{6} \times \sqrt[4]{36} = 6^{\frac{1}{2}} \times \sqrt[4]{6^2} = 6^{\frac{1}{2}} \times 6^{\frac{2}{4}}$
$= 6^{\frac{1}{2}} \times 6^{\frac{1}{2}} = 6^{\frac{1}{2}+\frac{1}{2}} = 6^1 = \mathbf{6}$

(2) $\sqrt[3]{9} \times \sqrt[6]{9} = 9^{\frac{1}{3}} \times 9^{\frac{1}{6}} = 9^{\frac{1}{3}+\frac{1}{6}} = 9^{\frac{3}{6}} = 9^{\frac{1}{2}}$
$= \sqrt{9} = \mathbf{3}$

(3) $\sqrt{8} \div \sqrt[6]{8} = \sqrt{2^3} \div \sqrt[6]{2^3} = 2^{\frac{3}{2}} \div 2^{\frac{3}{6}}$
$= 2^{\frac{3}{2}-\frac{1}{2}} = \mathbf{2}$

4 (1) 底の 5 は，1 より大きく，指数の大小を比べると

$$-\frac{5}{2} < -1 < 4$$

よって $\mathbf{5^{-\frac{5}{2}} < 5^{-1} < 5^4}$

(2) 底の $\dfrac{1}{4}$ は，1 より小さく，指数の大小を比べると

$$-1 < \frac{3}{2} < 2$$

よって $\mathbf{\left(\dfrac{1}{4}\right)^{-1} > \left(\dfrac{1}{4}\right)^{\frac{3}{2}} > \left(\dfrac{1}{4}\right)^2}$

考 $4^x = 2^{6-x}$

$4^x = 2^{2x}$ だから $2^{2x} = 2^{6-x}$

したがって

$2x = 6 - x$ から $\boldsymbol{x = 2}$

㊴対数　p.94

問1 グラフから，およそ **2.6**

問2 (1) $\mathbf{\log_3 81 = 4}$　(2) $\mathbf{\log_5 \dfrac{1}{25} = -2}$

(3) $\mathbf{\log_{10} \sqrt{10} = \dfrac{1}{2}}$　(4) $\mathbf{\log_7 7 = 1}$

問3 (1) $\mathbf{32 = 2^5}$　(2) $\mathbf{16 = \left(\dfrac{1}{2}\right)^{-4}}$

(3) $\mathbf{\sqrt{6} = 6^{\frac{1}{2}}}$　(4) $\mathbf{4 = 4^1}$

問4 (1) $\log_4 16$ は，16 は 4 の何乗になるかを表す値である。

$16 = 4^2$ だから　$\log_4 16 = \mathbf{2}$

(2) $\log_5 125$は，125 は 5 の何乗になるかを表す値である。

$125 = 5^3$ だから　$\log_5 125 = \mathbf{3}$

(3) $\log_3 \dfrac{1}{9}$ は，$\dfrac{1}{9}$ は 3 の何乗になるかを表す値である。

$\dfrac{1}{9} = 3^{-2}$ だから　$\log_3 \dfrac{1}{9} = \mathbf{-2}$

(4) $\log_6 1$ は，1 は 6 の何乗になるかを表す値である。

$1 = 6^0$ だから　$\log_6 1 = \mathbf{0}$

練習問題

① グラフから，およそ **2.8**

② (1) $\mathbf{\log_3 27 = 3}$　(2) $\mathbf{\log_5 \dfrac{1}{125} = -3}$

(3) $\mathbf{\log_7 \sqrt{7} = \dfrac{1}{2}}$　(4) $\mathbf{\log_{13} 13 = 1}$

③ (1) $\mathbf{64 = 2^6}$　(2) $\mathbf{27 = \left(\dfrac{1}{3}\right)^{-3}}$

(3) $\mathbf{\sqrt{3} = 3^{\frac{1}{2}}}$　(4) $\mathbf{8 = 8^1}$

④ (1) $\log_7 49$ は，49 は 7 の何乗になるかを表す値である。

$49 = 7^2$ だから　$\log_7 49 = \mathbf{2}$

(2) $\log_{10} 1000$ は，1000 は 10 の何乗になるかを表す値である。

$1000 = 10^3$ だから　$\log_{10} 1000 = \mathbf{3}$

(3) $\log_4 \dfrac{1}{16}$ は，$\dfrac{1}{16}$は 4 の何乗になるかを表す値である。

$\dfrac{1}{16} = 4^{-2}$ だから　$\log_4 \dfrac{1}{16} = \mathbf{-2}$

(4) $\log_5 1$ は，1 は 5 の何乗になるかを表す値である。

$1 = 5^0$ だから　$\log_5 1 = \mathbf{0}$

㊵対数の性質　p.96

問5 (1) $\log_{12} 2 + \log_{12} 6 = \log_{12}(2 \times 6)$
$= \log_{12} 12 = \mathbf{1}$

(2) $\log_6 4 + \log_6 9 = \log_6(4 \times 9)$
$= \log_6 36 = \log_6 6^2 = 2\log_6 6 = \mathbf{2}$

(3) $\log_3 54 - \log_3 2 = \log_3 \dfrac{54}{2}$
$= \log_3 27 = \log_3 3^3 = 3\log_3 3 = \mathbf{3}$

(4) $\log_3 8 - \log_3 24 = \log_3 \dfrac{8}{24}$
$= \log_3 \dfrac{1}{3} = \log_3 1 - \log_3 3 = 0 - \log_3 3 = \mathbf{-1}$

問 6 (1) $\log_6\sqrt{3}+\log_6\sqrt{12}$

$=\log_6(\sqrt{3}\times\sqrt{12})=\log_6\sqrt{36}$

$=\log_6 6=\mathbf{1}$

(2) $\log_3\sqrt{15}-\log_3\sqrt{5}=\log_3\dfrac{\sqrt{15}}{\sqrt{5}}$

$=\log_3\sqrt{3}$

$=\log_3 3^{\frac{1}{2}}=\mathbf{\dfrac{1}{2}}$

(3) $\log_3 15+\log_3 6-\log_3 10$

$=\log_3\dfrac{15\times 6}{10}$

$=\log_3 9=\log_3 3^2=\mathbf{2}$

(4) $\log_2 12+\log_2 6-2\log_2 3$

$=\log_2 12+\log_2 6-\log_2 3^2$

$=\log_2\dfrac{12\times 6}{9}$

$=\log_2 8=\log_2 2^3=\mathbf{3}$

練習問題

① (1) $\log_9 3+\log_9 27=\log_9(3\times 27)=\log_9 81$

$=\log_9 9^2=2\log_9 9=\mathbf{2}$

(2) $\log_{10}8+\log_{10}125=\log_{10}(8\times 125)=\log_{10}1000$

$=\log_{10}10^3=3\log_{10}10=\mathbf{3}$

(3) $\log_8 2+\log_8 32=\log_8(2\times 32)=\log_8 64$

$=\log_8 8^2=2\log_8 8=\mathbf{2}$

(4) $\log_2 24-\log_2 3=\log_2\dfrac{24}{3}=\log_2 8$

$=\log_2 2^3=3\log_2 2=\mathbf{3}$

(5) $\log_6\sqrt{2}+\log_6\sqrt{3}=\log_6(\sqrt{2}\times\sqrt{3})$

$=\log_6\sqrt{6}$

$=\log_6 6^{\frac{1}{2}}=\mathbf{\dfrac{1}{2}}$

(6) $\log_3\sqrt{18}-\log_3\sqrt{2}=\log_3\dfrac{\sqrt{18}}{\sqrt{2}}$

$=\log_3\sqrt{9}$

$=\log_3 3=\mathbf{1}$

(7) $\log_3 6+\log_3 18-\log_3 4$

$=\log_3\dfrac{6\times 18}{4}$

$=\log_3 27=\log_3 3^3=\mathbf{3}$

(8) $3\log_4 2+\log_4 12-\log_4 6$

$=\log_4 2^3+\log_4 12-\log_4 6$

$=\log_4\dfrac{8\times 12}{6}$

$=\log_4 16=\log_4 4^2=\mathbf{2}$

㊶対数関数のグラフ p.98

問 7 ア **4** イ **3** ウ **2** エ **1** オ **0** カ **−1** キ **−2** ク **−3** ケ **−4**

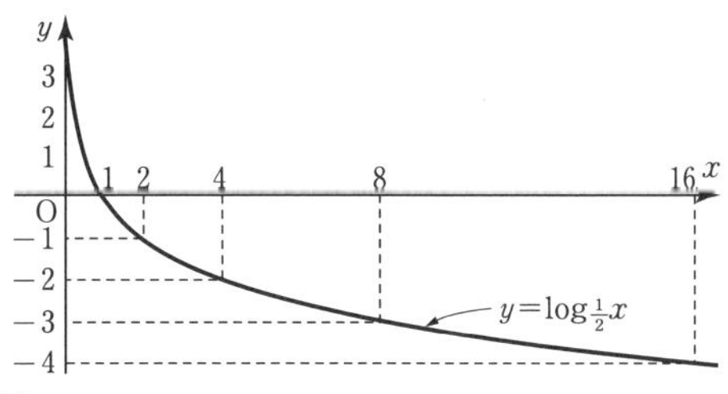

問 8 ア **−3** イ **−2** ウ **−1** エ **0** オ **1** カ **2**

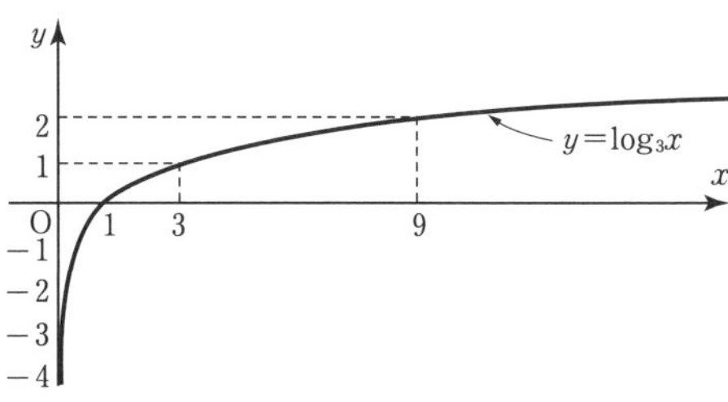

問 9 (1) $\log_2 6$, $\log_2 9$

底の 2 は，1 より大きく，$6<9$ だから

$$\mathbf{\log_2 6<\log_2 9}$$

(2) $\log_3 4$, $\log_3 7$

底の 3 は，1 より大きく，$4<7$ だから

$$\mathbf{\log_3 4<\log_3 7}$$

(3) $\log_{\frac{1}{2}}4$, $\log_{\frac{1}{2}}6$

底の $\dfrac{1}{2}$ は，1 より小さく，$4<6$ だから

$$\mathbf{\log_{\frac{1}{2}}4>\log_{\frac{1}{2}}6}$$

(4) $\log_{\frac{1}{3}}9$, $\log_{\frac{1}{3}}27$

底の $\dfrac{1}{3}$ は，1 より小さく，$9<27$ だから

$$\mathbf{\log_{\frac{1}{3}}9>\log_{\frac{1}{3}}27}$$

㊷常用対数 p.99

問 10 (1) $\log_{10}1.75$

巻末の対数表から $\log_{10}1.75=\mathbf{0.2430}$

(2) $\log_{10}5.36$

巻末の対数表から $\log_{10}5.36=\mathbf{0.7292}$

(3) $\log_{10}2.00$

巻末の対数表から $\log_{10}2.00=\mathbf{0.3010}$

問 11 (1) $\log_{10} 315 = \log_{10}(3.15 \times 100)$
$= \log_{10} 3.15 + \log_{10} 100$
$= 0.4983 + 2$
$= \mathbf{2.4983}$

(2) $\log_{10} 42.6 = \log_{10}(4.26 \times 10)$
$= \log_{10} 4.26 + \log_{10} 10$
$= 0.6294 + 1$
$= \mathbf{1.6294}$

(3) $\log_{10} 0.579 = \log_{10} \dfrac{5.79}{10}$
$= \log_{10} 5.79 - \log_{10} 10$
$= 0.7627 - 1$
$= \mathbf{-0.2373}$

問 12 (1) $\log_{10} 2^{40} = 40\log_{10} 2$
$= 40 \times 0.3010$
$= 12.040$

よって　$2^{40} = 10^{12.040}$
$10^{12} < 2^{12.040} < 10^{13}$ から
$10^{12} < 2^{40} < 10^{13}$

したがって，2^{40} は **13 けたの整数**である。

(2) $\log_{10} 3^{10} = 10\log_{10} 3$
$= 10 \times 0.4771$
$= 4.771$

よって　$3^{10} = 10^{4.771}$
$10^4 < 10^{4.771} < 10^5$ から
$10^4 < 3^{10} < 10^5$

したがって，3^{10} は **5 けたの整数**である。

練習問題

① (1) $\log_{10} 3.14 = \mathbf{0.4969}$

(2) $\log_{10} 6.32 = \mathbf{0.8007}$

(3) $\log_{10} 5.00 = \mathbf{0.6990}$

② (1) $\log_{10} 179 = \log_{10}(1.79 \times 100)$
$= \log_{10} 1.79 + \log_{10} 100$
$= 0.2529 + 2 = \mathbf{2.2529}$

(2) $\log_{10} 52.1 = \log_{10}(5.21 \times 10)$
$= \log_{10} 5.21 + \log_{10} 10$
$= 0.7168 + 1 = \mathbf{1.7168}$

(3) $\log_{10} 0.604 = \log_{10} \dfrac{6.04}{10}$
$= \log_{10} 6.04 - \log_{10} 10$
$= 0.7810 - 1 = \mathbf{-0.219}$

③ (1) $\log_{10} 2^{50} = 50\log_{10} 2$
$= 50 \times 0.3010$
$= 15.050$

よって $2^{50} = 10^{15.050}$
$10^{15} < 10^{15.050} < 10^{16}$ から
$10^{15} < 2^{50} < 10^{16}$

したがって，2^{50} は **16 けたの整数**である。

(2) $\log_{10} 3^{30} = 30\log_{10} 3$
$= 30 \times 0.4771$
$= 14.313$

よって $3^{30} = 10^{14.313}$
$10^{14} < 10^{14.313} < 10^{15}$ から
$10^{14} < 3^{30} < 10^{15}$

したがって，3^{30} は **15 けたの整数**である。

㊸底の変換公式　p.100

問 13 (1) $\log_8 16 = \dfrac{\log_2 16}{\log_2 8} = \dfrac{\log_2 2^4}{\log_2 2^3}$
$= \dfrac{4\log_2 2}{3\log_2 2} = \mathbf{\dfrac{4}{3}}$

(2) $\log_9 3 = \dfrac{\log_3 3}{\log_3 9} = \dfrac{\log_3 3}{\log_3 3^2} = \dfrac{\log_3 3}{2\log_3 3}$
$= \mathbf{\dfrac{1}{2}}$

(3) $\log_3 18 - \log_9 4 = \log_3 18 - \dfrac{\log_3 4}{\log_3 9}$
$= \log_3 18 - \dfrac{2\log_3 2}{2\log_3 3}$
$= \log_3 18 - \log_3 2$
$= \log_3 \dfrac{18}{2} = \log_3 9 = \mathbf{2}$

(4) $\log_{25} 4 - \log_5 10 = \dfrac{\log_5 4}{\log_5 25} - \log_5 10$
$= \dfrac{2\log_5 2}{2\log_5 5} - \log_5 10$
$= \log_5 2 - \log_5 10$
$= \log_5 \dfrac{2}{10} = \log_5 \dfrac{1}{5}$
$= \log_5 5^{-1} = \mathbf{-1}$

練習問題

① (1) $\log_4 32 = \dfrac{\log_2 32}{\log_2 4} = \dfrac{\log_2 2^5}{\log_2 2^2}$
$= \dfrac{5\log_2 2}{2\log_2 2} = \mathbf{\dfrac{5}{2}}$

(2) $\log_{36} 6 = \dfrac{\log_6 6}{\log_6 36} = \dfrac{\log_6 6}{\log_6 6^2}$

$= \dfrac{\log_6 6}{2\log_6 6} = \mathbf{\dfrac{1}{2}}$

(3) $\log_2 6 - \log_8 216 = \log_2 6 - \dfrac{\log_2 216}{\log_2 8}$

$= \log_2 6 - \dfrac{\log_2 6^3}{\log_2 2^3}$

$= \log_2 6 - \dfrac{3\log_2 6}{3\log_2 2}$

$= \log_2 6 - \log_2 6$

$= \mathbf{0}$

(4) $\log_2 24 - \log_4 36 = \log_2 24 - \dfrac{\log_2 36}{\log_2 4}$

$= \log_2 24 - \dfrac{\log_2 6^2}{\log_2 2^2}$

$= \log_2 24 - \dfrac{2\log_2 6}{2\log_2 2}$

$= \log_2 24 - \log_2 6$

$= \log_2 \dfrac{24}{6}$

$= \log_2 4$

$= \mathbf{2}$

Exercise p.101

1 (1) $\log_2 16 = \log_2 2^4 = 4\log_2 2 = \mathbf{4}$

(2) $\log_4 64 = \dfrac{\log_4 64}{\log_4 4} = \dfrac{\log_4 4^3}{\log_4 4}$

$= \dfrac{3\log_4 4}{\log_4 4} = \mathbf{3}$

(3) $\log_3 \dfrac{1}{27} = \log_3 1 - \log_3 27 = 0 - \log_3 3^3$

$= -3\log_3 3 = \mathbf{-3}$

(4) $\log_5 1 = \mathbf{0}$

2 (1) $\log_{10} 5 + \log_{10} 20 = \log_{10}(5 \times 20)$

$= \log_{10} 100 = \log_{10} 10^2$

$= 2\log_{10} 10 = \mathbf{2}$

(2) $\log_4 6 + \log_4 \dfrac{8}{3} = \log_4 \left(6 \times \dfrac{8}{3}\right) = \log_4 16$

$= \log_4 4^2 = 2\log_4 4 = \mathbf{2}$

(3) $\log_2 14 - \log_2 \dfrac{7}{2} = \log_2 \left(14 \div \dfrac{7}{2}\right) = \log_2 4$

$= \log_2 2^2 = 2\log_2 2 = \mathbf{2}$

(4) $\log_5 \sqrt{15} - \log_5 \sqrt{3} = \log_5 \dfrac{\sqrt{15}}{\sqrt{3}} = \log_5 \sqrt{5}$

$= \log_5 5^{\frac{1}{2}} = \dfrac{1}{2}\log_5 5$

$= \mathbf{\dfrac{1}{2}}$

(5) $\log_6 8 + 2\log_6 3 - \log_6 2$

$= \log_6 8 + \log_6 3^2 - \log_6 2$

$= \log_6 (8 \times 9) - \log_6 2$

$= \log_6 \dfrac{72}{2} = \log_6 36$

$= \log_6 6^2 = 2\log_6 6 = \mathbf{2}$

(6) $3\log_4 3 - \log_4 9 + \log_4 \dfrac{1}{3}$

$= \log_4 3^3 - \log_4 9 + \log_4 1 - \log_4 3$

$= \log_4 27 - \log_4 9 - \log_4 3$

$= \log_4 \dfrac{27}{9} - \log_4 3$

$= \log_4 3 - \log_4 3$

$= \mathbf{0}$

3 (1) $\log_2 9$, $\log_2 5$

底の 2 は，1 より大きく $9 > 5$ だから

$\mathbf{\log_2 9 > \log_2 5}$

(2) $\log_3 \dfrac{7}{2}$, $\log_3 4$, $\log_3 2$

底の 3 は，1 より大きく $2 < \dfrac{7}{2} < 4$ だから

$\mathbf{\log_3 2 < \log_3 \dfrac{7}{2} < \log_3 4}$

(3) $\log_{\frac{1}{4}} 5$, $\log_{\frac{1}{4}} 3$

底の $\dfrac{1}{4}$ は，1 より小さく $3 < 5$ だから

$\mathbf{\log_{\frac{1}{4}} 5 < \log_{\frac{1}{4}} 3}$

(4) $\log_{\frac{1}{3}} 2$, $\log_{\frac{1}{3}} \dfrac{7}{4}$, $\log_{\frac{1}{3}} \dfrac{5}{2}$

底の $\dfrac{1}{3}$ は，1 より小さく $\dfrac{7}{4} < 2 < \dfrac{5}{2}$ だから

$\mathbf{\log_{\frac{1}{3}} \dfrac{5}{2} < \log_{\frac{1}{3}} 2 < \log_{\frac{1}{3}} \dfrac{7}{4}}$

4 (1) $\log_{10} 2.54 = \mathbf{0.4048}$

(2) $\log_{10} 8.76 = \mathbf{0.9425}$

(3) $\log_{10} 20 = \log_{10}(2 \times 10) = \log_{10} 2 + \log_{10} 10$

$= 0.3010 + 1 = \mathbf{1.3010}$

(4) $\log_{10} 365 = \log_{10}(3.65 \times 100)$

$= \log_{10} 3.65 + \log_{10} 100$

$= 0.5623 + 2 = \mathbf{2.5623}$

(5) $\log_{10} 0.6 = \log_{10} \dfrac{6}{10} = \log_{10} 6 - \log_{10} 10$

$= 0.7782 - 1 = \mathbf{-0.2218}$

(6) $\log_{10} 0.051 = \log_{10} \dfrac{5.1}{100}$

$= \log_{10} 5.1 - \log_{10} 100$

$= 0.7076 - 2 = \mathbf{-1.2924}$

5 $\log_{10} 3^{20} = 20\log_{10} 3 = 20 \times 0.4771$

$= 9.542$

よって　$3^{20} = 10^{9.542}$

$10^9 < 10^{9.542} < 10^{10}$ から

$10^9 < 3^{20} < 10^{10}$

したがって，3^{20} は **10 けたの整数**である。

考 $\log_2 x + \log_2 (x-2) = 3$

$x > 0$，$x-2 > 0$ だから　$x > 2$

$\log_2 x + \log_2 (x-2) = 3$

$\log_2 x(x-2) = 3$

よって　$x(x-2) = 2^3$ から

$x^2 - 2x - 8 = 0$

$(x-4)(x+2) = 0$

よって　$x = 4,\ -2$

$x > 2$ だから　$\boldsymbol{x = 4}$

㊹平均変化率・微分係数　p.104

問 1 (1) $f(0) = 3 \times 0^2 = \mathbf{0}$

(2) $f(-2) = 3 \times (-2)^2 = 3 \times 4 = \mathbf{12}$

(3) $f(3) = 3 \times 3^2 = 3 \times 9 = \mathbf{27}$

問 2 (1) $\dfrac{f(4)-f(2)}{4-2} = \dfrac{16-4}{4-2} = \mathbf{6}$

(2) $\dfrac{f(1)-f(-2)}{1-(-2)} = \dfrac{1-4}{1+2} = \mathbf{-1}$

問 3 (1) $\lim_{h\to 0}(-7+h) = \mathbf{-7}$

(2) $\lim_{h\to 0} 3(4+h) = \mathbf{12}$

(3) $\lim_{h\to 0} 2(-5+6h) = \mathbf{-10}$

(4) $\lim_{h\to 0}(4+5h+6h^2) = \mathbf{4}$

問 4 $f(3+h)-f(3) = (3+h)^2 - 3^2$

$= 6h + h^2 = h(6+h)$

よって

$f'(3) = \lim_{h\to 0} \dfrac{f(3+h)-f(3)}{h}$

$= \lim_{h\to 0} \dfrac{h(6+h)}{h} = \lim_{h\to 0}(6+h) = \mathbf{6}$

練習問題

① (1) $\dfrac{f(4)-f(2)}{4-2} = \dfrac{32-8}{4-2} = \mathbf{12}$

(2) $\dfrac{f(1)-f(-2)}{1-(-2)} = \dfrac{2-8}{1+2} = \mathbf{-2}$

② (1) $\lim_{h\to 0}(3h-5) = \mathbf{-5}$

(2) $\lim_{h\to 0}(-2h+3) = \mathbf{3}$

(3) $\lim_{h\to 0} 4(h+3) = \mathbf{12}$

(4) $\lim_{h\to 0} 2(3h^2-h-1) = \mathbf{-2}$

③ $f(-1+h)-f(-1) = (-1+h)^2 - (-1)^2$

$= -2h + h^2$

$= h(-2+h)$

よって

$f'(-1) = \lim_{h\to 0} \dfrac{f(-1+h)-f(-1)}{h}$

$= \lim_{h\to 0} \dfrac{h(-2+h)}{h}$

$= \lim_{h\to 0}(-2+h) = \mathbf{-2}$

④ (1) $f(3+h)-f(3) = 3(3+h)^2 - 3\cdot 3^2$

$= 3(6h+h^2) = h(18+3h)$

よって　$f'(3) = \lim_{h\to 0} \dfrac{f(3+h)-f(3)}{h}$

$= \lim_{h\to 0} \dfrac{h(18+3h)}{h}$

$= \lim_{h\to 0}(18+3h) = \mathbf{18}$

(2) $f(-1+h)-f(-1) = 3(-1+h)^2 - 3\cdot(-1)^2$

$= 3(-2h+h^2) = h(-6+3h)$

よって　$f'(-1) = \lim_{h\to 0} \dfrac{f(-1+h)-f(-1)}{h}$

$= \lim_{h\to 0} \dfrac{h(-6+3h)}{h}$

$= \lim_{h\to 0}(-6+3h) = \mathbf{-6}$

㊺導関数　p.106

問 5 $f(x+h)-f(x)$

$= (x+h)^2 - x^2$

$= x^2 + 2xh + h^2 - x^2$

$= 2xh + h^2 = h(2x+h)$

よって　$f'(x) = \lim_{h\to 0} \dfrac{f(x+h)-f(x)}{h}$

$= \lim_{h\to 0} \dfrac{h(2x+h)}{h}$

$= \lim_{h\to 0}(2x+h) = 2x$

問 6 (1) $y' = (6x^2)' = 6 \times (x^2)' = 6 \times 2x = \boldsymbol{12x}$

(2) $y' = (7x^3)' = 7 \times (x^3)' = 7 \times 3x^2 = \boldsymbol{21x^2}$

(3) $y' = (-4x^3)' = -4 \times (x^3)'$

$= -4 \times 3x^2 = \boldsymbol{-12x^2}$

(4) $y' = (x^2-5x)' = (x^2)' - 5 \times (x)'$

$= 2x - 5 \times 1 = \boldsymbol{2x-5}$

(5) $y' = (3x^3+2x^2-6)'$

$= 3 \times (x^3)' + 2 \times (x^2)' - (6)'$

$= 3 \times 3x^2 + 2 \times 2x - 0$

$= \boldsymbol{9x^2+4x}$

(6) $y' = (-x^3 + x + 5)'$

$= -1 \times (x^3)' + (x)' + (5)'$

$= -1 \times 3x^2 + 1 + 0 = \boldsymbol{-3x^2 + 1}$

問 7 (1) $y = (x+2)^2 = x^2 + 4x + 4$ より

$y' = (x^2)' + 4 \times (x)' + (4)' = 2x + 4 \times 1 + 0$

$= \boldsymbol{2x + 4}$

(2) $y = x(5x-2) = 5x^2 - 2x$ より

$y' = 5 \times (x^2)' - 2 \times (x)' = 5 \times 2x - 2 \times 1$

$= \boldsymbol{10x - 2}$

(3) $y = x^2(4x-3) = 4x^3 - 3x^2$ より

$y' = 4 \times (x^3)' - 3 \times (x^2)' = 4 \times 3x^2 - 3 \times 2x$

$= \boldsymbol{12x^2 - 6x}$

(4) $y = (x-2)(2x+3) = 2x^2 - x - 6$ より

$y' = 2 \times (x^2)' - (x)' - (6)'$

$= 2 \times 2x - 1 - 0$

$= \boldsymbol{4x - 1}$

プラス問題 3

(1) $y' = (6x-7)' = 6 \times (x)' - (7)'$

$= 6 \times 1 - 0 = \boldsymbol{6}$

(2) $y' = (3x^2 - 5x + 2)'$

$= 3 \times (x^2)' - 5 \times (x)' + (2)'$

$= 3 \times 2x - 5 \times 1 + 0$

$= \boldsymbol{6x - 5}$

(3) $y' = (x^3 - 3x^2 + x - 5)'$

$= (x^3)' - 3 \times (x^2)' + (x)' - (5)'$

$= 3x^2 - 3 \times 2x + 1 - 0$

$= \boldsymbol{3x^2 - 6x + 1}$

(4) $y' = (-2x^3 + 3x + 4)'$

$= -2 \times (x^3)' + 3 \times (x)' + (4)'$

$= -2 \times 3x^2 + 3 \times 1 + 0$

$= \boldsymbol{-6x^2 + 3}$

(5) $y = x(2x-1) = 2x^2 - x$ より

$y' = (2x^2 - x)'$

$= 2 \times (x^2)' - (x)'$

$= 2 \times 2x - 1$

$= \boldsymbol{4x - 1}$

(6) $y = (3x+2)^2 = 9x^2 + 12x + 4$ より

$y' = (9x^2 + 12x + 4)'$

$= 9 \times (x^2)' + 12 \times (x)' + (4)'$

$= 9 \times 2x + 12 \times 1 + 0$

$= \boldsymbol{18x + 12}$

練習問題

① $f(x+h) - f(x) = 6(x^2 + 2xh + h^2) - 6x^2$

$= 12xh + 6h^2 = h(12x + 6h)$

よって $f'(x) = \lim_{h \to 0} \dfrac{f(x+h) - f(x)}{h}$

$= \lim_{h \to 0} \dfrac{h(12x + 6h)}{h}$

$= \lim_{h \to 0}(12x + 6h) = 12x$

② (1) $y' = (2x^2)' = 2 \times (x^2)' = 2 \times 2x = \boldsymbol{4x}$

(2) $y' = (8x^3)' = 8 \times (x^3)' = 8 \times 3x^2 = \boldsymbol{24x^2}$

(3) $y' = (-5x^3)' = -5 \times (x^3)' = -5 \times 3x^2$

$= \boldsymbol{-15x^2}$

(4) $y' = (x^2 + 4x)' = (x^2)' + 4 \times (x)'$

$= 2x + 4 \times 1 = \boldsymbol{2x + 4}$

(5) $y' = (2x^3 - 4x + 5)' = 2 \times (x^3)' - 4 \times (x)' + (5)'$

$= 2 \times 3x^2 - 4 \times 1 + 0 = \boldsymbol{6x^2 - 4}$

(6) $y' = (-x^3 + 3x^2 + 3)'$

$= -1 \times (x^3)' + 3 \times (x^2)' + (3)'$

$= -1 \times 3x^2 + 3 \times 2x + 0 = \boldsymbol{-3x^2 + 6x}$

③ (1) $y = (x-4)^2 = x^2 - 8x + 16$ より

$y' = (x^2 - 8x + 16)'$

$= (x^2)' - 8 \times (x)' + (16)'$

$= 2x - 8 \times 1 + 0 = \boldsymbol{2x - 8}$

(2) $y = x(2x-3) = 2x^2 - 3x$ より

$y' = (2x^2 - 3x)' = 2 \times (x^2)' - 3 \times (x)'$

$= 2 \times 2x - 3 \times 1 = \boldsymbol{4x - 3}$

(3) $y = x^2(3x-1) = 3x^3 - x^2$ より

$y' = (3x^3 - x^2)' = 3 \times (x^3)' - (x^2)'$

$= 3 \times 3x^2 - 2x = \boldsymbol{9x^2 - 2x}$

(4) $y = (x+1)(2x-1) = 2x^2 + x - 1$ より

$y' = (2x^2 + x - 1)'$

$= 2 \times (x^2)' + (x)' - (1)'$

$= 2 \times 2x + 1 - 0 = \boldsymbol{4x + 1}$

④ (1) $y' = (-4x + 3)' = -4 \times (x)' + (3)'$

$= -4 \times 1 + 0 = \boldsymbol{-4}$

(2) $y' = (3x^2 + 2x + 1)'$

$= 3 \times (x^2)' + 2 \times (x)' + (1)'$

$= 3 \times 2x + 2 \times 1 + 0 = \boldsymbol{6x + 2}$

(3) $y' = (x^3 + 4x^2 - x - 1)'$

$= (x^3)' + 4 \times (x^2)' - (x)' - (1)'$

$= 3x^2 + 4 \times 2x - 1 - 0 = \boldsymbol{3x^2 + 8x - 1}$

(4) $y'=(-3x^3+6x+2)'$

$=-3\times(x^3)'+6\times(x)'+(2)'$

$=-3\times3x^2+6\times1+0=\mathbf{-9x^2+6}$

(5) $y=x(3x+4)=3x^2+4x$ より

$y'=(3x^2+4x)'=3\times(x^2)'+4\times(x)'$

$=3\times2x+4\times1=\mathbf{6x+4}$

(6) $y=(2x+3)^2=4x^2+12x+9$ より

$y'=(4x^2+12x+9)'$

$=4\times(x^2)'+12\times(x)'+(9)'$

$=4\times2x+12\times1+0$

$=\mathbf{8x+12}$

㊻接線 p.108

問 8 $f(x)=-3x^2+x$ とおくと

$f'(x)=-6x+1$

(1) $x=2$ の点における接線の傾きは

$f'(2)=-6\times2+1=\mathbf{-11}$

(2) $x=-1$ の点における接線の傾きは

$f'(-1)=-6\times(-1)+1=\mathbf{7}$

問 9 (1) $f(x)=2x^2$ とおくと $f'(x)=4x$

よって，接線の傾きは

$f'(1)=4\times1=4$

接線は点 $(1,\ 2)$ を通るから，求める接線の方程式は

$y-2=4(x-1)$

整理すると $\mathbf{y=4x-2}$

(2) $f(x)=x^2-4$ とおくと $f'(x)=2x$

よって，接線の傾きは

$f'(1)=2\times1=2$

接線は点 $(1,\ -3)$ を通るから，求める接線の方程式は

$y-(-3)=2(x-1)$

整理すると $\mathbf{y=2x-5}$

(3) $f(x)=2x^2+1$ とおくと $f'(x)=4x$

よって，接線の傾きは

$f'(-1)=4\times(-1)=-4$

接線は点 $(-1,\ 3)$ を通るから，求める接線の方程式は

$y-3=-4\{x-(-1)\}$

整理すると $\mathbf{y=-4x-1}$

(4) $f(x)=x^2-2x$ とおくと $f'(x)=2x-2$

よって，接線の傾きは

$f'(2)=2\times2-2=4-2=2$

接線は点 $(2,\ 0)$ を通るから，求める接線の方程式は

$y-0=2(x-2)$

整理すると $\mathbf{y=2x-4}$

練習問題

① $f(x)=4x^2$ とおくと $f'(x)=8x$

(1) $x=1$ の点における接線の傾きは

$f'(1)=8\times1=\mathbf{8}$

(2) $x=-2$ の点における接線の傾きは

$f'(-2)=8\times(-2)=\mathbf{-16}$

② $f(x)=-3x^2+2x$ とおくと

$f'(x)=-6x+2$

(1) $x=1$ の点における接線の傾きは

$f'(1)=-6\times1+2=\mathbf{-4}$

(2) $x=-2$ の点における接線の傾きは

$f'(-2)=-6\times(-2)+2=\mathbf{14}$

③ (1) $f(x)=3x^2$ とおくと $f'(x)=6x$

よって，接線の傾きは

$f'(1)=6\times1=6$

接線は点 $(1,\ 3)$ を通るから，求める接線の方程式は

$y-3=6(x-1)$

整理すると $\mathbf{y=6x-3}$

(2) $f(x)=x^2+3x$ とおくと $f'(x)=2x+3$

よって，接線の傾きは

$f'(1)=2\times1+3=5$

接線は点 $(1,\ 4)$ を通るから，求める接線の方程式は

$y-4=5(x-1)$

整理すると $\mathbf{y=5x-1}$

(3) $f(x)=2x^2-3$ とおくと $f'(x)=4x$

よって，接線の傾きは

$f'(1)=4\times1=4$

接線は点 $(1,\ -1)$ を通るから，求める接線の方程式は

$y-(-1)=4(x-1)$

整理すると $\mathbf{y=4x-5}$

(4)　$f(x) = x^2 - 3x$ とおくと　$f'(x) = 2x - 3$

よって，接線の傾きは

$f'(3) = 2 \times 3 - 3 = 6 - 3 = 3$

接線は点 $(3,\ 0)$ を通るから，求める接線の方程式は

$y - 0 = 3(x - 3)$

整理すると $\boldsymbol{y = 3x - 9}$

㊼関数の増加・減少　p.110

問 10　$y = -x^2 + 6x$ から

$y' = -2x + 6 = -2(x - 3)$

$y' = 0$ とすると　$x = 3$

よって，$x < 3$ のとき　$y' > 0$

$x > 3$ のとき　$y' < 0$

したがって，**$x < 3$ のとき，y は増加し，**

$x > 3$ のとき，y は減少する。

問 11　(1)　$y' = 2x + 4 = 2(x + 2)$

$y' = 0$ とすると　$x = -2$

よって，増減表は次のようになる。

x	$\cdots$	-2	$\cdots$
y'	$-$	0	$+$
y	↘	-4	↗

したがって，**$x > -2$ のとき，y は増加し，**

$x < -2$ のとき，y は減少する。

(2)　$y' = 3x^2 - 12 = 3(x^2 - 4) = 3(x + 2)(x - 2)$

$y' = 0$ とすると　$x = -2,\ 2$

また，増減表は次のようになる。

x	$\cdots$	-2	$\cdots$	2	$\cdots$
y'	$+$	0	$-$	0	$+$
y	↗	21	↘	-11	↗

したがって

$x < -2,\ 2 < x$ のとき，y は増加し，

$-2 < x < 2$ のとき，y は減少する。

練習問題

①　$y = x^2 - 6x$ から

$y' = 2x - 6 = 2(x - 3)$

$y' = 0$ とすると　$x = 3$

よって，$x < 3$ のとき　$y' < 0$

$x > 3$ のとき　$y' > 0$

したがって，**$x < 3$ のとき，y は減少し，**

$x > 3$ のとき，y は増加する。

②　(1)　$y' = 2x + 6 = 2(x + 3)$

$y' = 0$ とすると　$x = -3$

よって，増減表は次のようになる。

x	$\cdots$	-3	$\cdots$
y'	$-$	0	$+$
y	↘	-9	↗

したがって

$x < -3$ のとき，y は減少し，

$-3 < x$ のとき，y は増加する。

(2)　$y' = -4x + 4 = -4(x - 1)$

$y' = 0$ とすると　$x = 1$

よって，増減表は次のようになる。

x	$\cdots$	1	$\cdots$
y'	$+$	0	$-$
y	↗	3	↘

したがって

$x < 1$ のとき，y は増加し，

$1 < x$ のとき，y は減少する。

(3)　$y' = 3x^2 - 12 = 3(x + 2)(x - 2)$

$y' = 0$ とすると　$x = -2,\ 2$

よって，増減表は次のようになる。

x	$\cdots$	-2	$\cdots$	2	$\cdots$
y'	$+$	0	$-$	0	$+$
y	↗	16	↘	-16	↗

したがって

$x < -2,\ 2 < x$ のとき，y は増加し，

$-2 < x < 2$ のとき，y は減少する。

(4)　$y' = -3x^2 + 6x = -3x(x-2)$

$y' = 0$ とすると　$x = 0,\ 2$

よって，増減表は次のようになる。

x	$\cdots$	0	$\cdots$	2	$\cdots$
y'	$-$	0	$+$	0	$-$
y	↘	1	↗	5	↘

したがって

$x < 0$，$2 < x$ のとき，y は減少し，

$0 < x < 2$ のとき，y は増加する。

㊽関数の極大・極小　p.112

問 12　(1)　$y' = 4x - 4 = 4(x-1)$

$y' = 0$ とすると　$x = 1$

$x = 1$ のとき　$y = -5$

よって，増減表は次のようになる。

x	$\cdots$	1	$\cdots$
y'	$-$	0	$+$
y	↘	-5	↗

したがって

$x = 1$ で極小となり，極小値は -5

極大値はない。

(2)　$y' = -4x + 8 = -4(x-2)$

$y' = 0$ とすると　$x = 2$

$x = 2$ のとき　$y = 8$

よって，増減表は次のようになる。

x	$\cdots$	2	$\cdots$
y'	$+$	0	$-$
y	↗	8	↘

したがって

$x = 2$ で極大となり，極大値は 8

極小値はない。

問 13　(1)　$y' = 6x^2 - 6 = 6(x+1)(x-1)$

$y' = 0$ とすると　$x = -1,\ 1$

$x = -1$ のとき，$y = 5$

$x = 1$ のとき，$y = -3$

よって，増減表は次のようになる。

x	$\cdots$	-1	$\cdots$	1	$\cdots$
y'	$+$	0	$-$	0	$+$
y	↗	5	↘	-3	↗

したがって

$x = -1$ で極大となり，極大値は 5

$x = 1$ で極小となり，極小値は -3

(2)　$y' = -3x^2 + 6x = -3x(x-2)$

$y' = 0$ とすると　$x = 0,\ 2$

$x = 0$ のとき，$y = 1$

$x = 2$ のとき，$y = 5$

よって，増減表は次のようになる。

x	$\cdots$	0	$\cdots$	2	$\cdots$
y'	$-$	0	$+$	0	$-$
y	↘	1	↗	5	↘

したがって

$x = 2$ で極大となり，極大値は 5

$x = 0$ で極小となり，極小値は 1

練習問題

①　(1)　$y' = 6x + 6 = 6(x+1)$

$y' = 0$ とすると　$x = -1$

$x = -1$ のとき $y = -3$

よって，増減表は次のようになる。

x	$\cdots$	-1	$\cdots$
y'	$-$	0	$+$
y	↘	-3	↗

したがって

$x = -1$ で極小となり，極小値は -3

極大値はない。

(2) $y' = -2x + 2 = -2(x-1)$

$y' = 0$ とすると　$x = 1$

$x = 1$ のとき $y = 1$

よって，増減表は次のようになる。

x	$\cdots$	1	$\cdots$
y'	$+$	0	$-$
y	↗	1	↘

したがって

$x = 1$ で極大となり，極大値は 1

極小値はない。

② (1) $y' = 3x^2 - 3 = 3(x+1)(x-1)$

$y' = 0$ とすると　$x = -1,\ 1$

$x = -1$ のとき $y = 0$

$x = 1$ のとき $y = -4$

よって，増減表は次のようになる。

x	$\cdots$	-1	$\cdots$	1	$\cdots$
y'	$+$	0	$-$	0	$+$
y	↗	0	↘	-4	↗

したがって

$x = -1$ で極大となり，極大値は 0

$x = 1$ で極小となり，極小値は -4

(2) $y' = -3x^2 + 12x - 9 = -3(x-1)(x-3)$

$y' = 0$ とすると　$x = 1,\ 3$

$x = 1$ のとき $y = -4$

$x = 3$ のとき $y = 0$

よって，増減表は次のようになる。

x	$\cdots$	1	$\cdots$	3	$\cdots$
y'	$-$	0	$+$	0	$-$
y	↘	-4	↗	0	↘

したがって

$x = 1$ で極小となり，極小値は -4

$x = 3$ で極大となり，極大値は 0

(3) $y' = 3x^2 - 12 = 3(x+2)(x-2)$

$y' = 0$ とすると　$x = -2,\ 2$

$x = -2$ のとき $y = 18$

$x = 2$ のとき $y = -14$

よって，増減表は次のようになる

x	$\cdots$	-2	$\cdots$	2	$\cdots$
y'	$+$	0	$-$	0	$+$
y	↗	18	↘	-14	↗

したがって

$x = -2$ で極大となり，極大値は 18

$x = 2$ で極小となり，極小値は -14

(4) $y' = -6x^2 - 6x + 12 = -6(x+2)(x-1)$

$y' = 0$ とすると　$x = -2,\ 1$

$x = -2$ のとき $y = -20$

$x = 1$ のとき $y = 7$

よって，増減表は次のようになる。

x	$\cdots$	-2	$\cdots$	1	$\cdots$
y'	$-$	0	$+$	0	$-$
y	↘	-20	↗	7	↘

したがって

$x = -2$ で極小となり，極小値は -20

$x = 1$ で極大となり，極大値は 7

㊾関数の極値とグラフ・関数の最大・最小 p.114

問 14 (1) $y' = 3x^2 - 3 = 3(x+1)(x-1)$

$y' = 0$ とすると　$x = -1,\ 1$

$x = -1$ のとき　$y = 1$

$x = 1$ のとき　$y = -3$

よって，増減表は次のようになる。

x	$\cdots$	-1	$\cdots$	1	$\cdots$
y'	$+$	0	$-$	0	$+$
y	↗	1	↘	-3	↗

したがって

$x = -1$ で極大となり，極大値は 1

$x = 1$ で極小となり，極小値は -3

また，グラフは次のようになる。

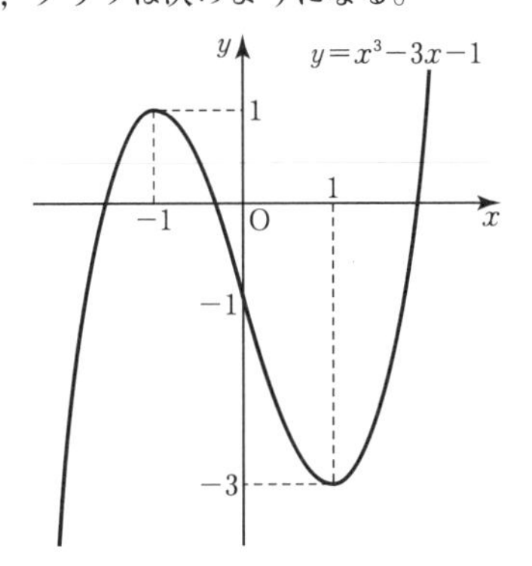

(2) $y' = -6x^2 + 6 = -6(x+1)(x-1)$

$y' = 0$ とすると　$x = -1,\ 1$

$x = -1$ のとき，$y = -3$

$x = 1$ のとき，$y = 5$

よって，増減表は次のようになる。

x	$\cdots$	-1	$\cdots$	1	$\cdots$
y'	$-$	0	$+$	0	$-$
y	↘	-3	↗	5	↘

したがって

$x = -1$ で極小となり，極小値は -3

$x = 1$ で極大となり，極大値は 5

また，グラフは次のようになる。

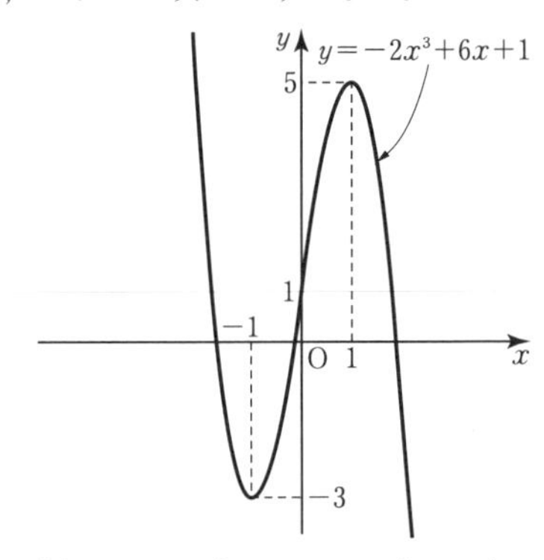

問 15 (1) $y' = 3x^2 + 6x = 3x(x+2)$

$y' = 0$ とすると　$x = -2,\ 0$

$-2 \leqq x \leqq 2$ で y の値を調べると

$x = -2$ のとき

$$y = (-2)^3 + 3 \times (-2)^2 - 2 = 2$$

$x = 0$ のとき $y = -2$

$x = 2$ のとき $y = 2^3 + 3 \times 2^2 - 2 = 18$

よって，増減表は次のようになる。

x	-2	$\cdots$	0	$\cdots$	2
y'	0	$-$	0	$+$	
y	2	↘	-2	↗	18

したがって，**$x = 2$ のとき，最大値は 18**

$x = 0$ のとき，最小値は -2

(2)　$y' = -3x^2 + 12 = -3(x+2)(x-2)$

$y' = 0$ とすると　$x = -2,\ 2$

$-1 \leqq x \leqq 3$ で y の値を調べると

$x = 2$ のとき　$y = -2^3 + 12 \times 2 = 16$

$x = -1$ のとき　$y = -(-1)^3 + 12 \times (-1) = -11$

$x = 3$ のとき　$y = -3^3 + 12 \times 3 = 9$

よって，増減表は次のようになる。

x	-1	$\cdots$	2	$\cdots$	3
y'		$+$	0	$-$	
y	-11	↗	16	↘	9

したがって，**$x = 2$ のとき，最大値は 16**

$x = -1$ のとき，最小値は -11

練習問題

①　(1)　$y' = 3x^2 - 3 = 3(x+1)(x-1)$

$y' = 0$ とすると　$x = -1,\ 1$

$x = -1$ のとき $y = -1$

$x = 1$ のとき $y = -5$

よって，増減表は次のようになる。

x	$\cdots$	-1	$\cdots$	1	$\cdots$
y'	$+$	0	$-$	0	$+$
y	↗	-1	↘	-5	↗

したがって

$x = -1$ で極大となり，極大値は -1

$x = 1$ で極小となり，極小値は -5

また，グラフは次のようになる。

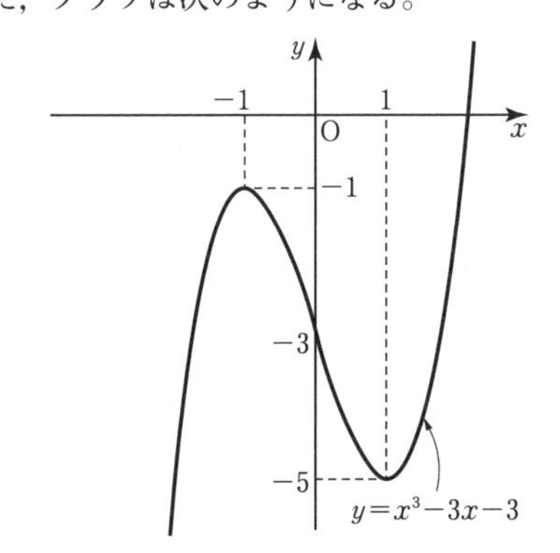

(2)　$y' = -6x^2 + 6 = -6(x+1)(x-1)$

$y' = 0$ とすると　$x = -1,\ 1$

$x = -1$ のとき $y = -4$

$x = 1$ のとき $y = 4$

よって，増減表は次のようになる。

x	$\cdots$	-1	$\cdots$	1	$\cdots$
y'	$-$	0	$+$	0	$-$
y	↘	-4	↗	4	↘

したがって

$x = -1$ で極小となり，極小値は -4

$x = 1$ で極大となり，極大値は 4

また，グラフは次のようになる。

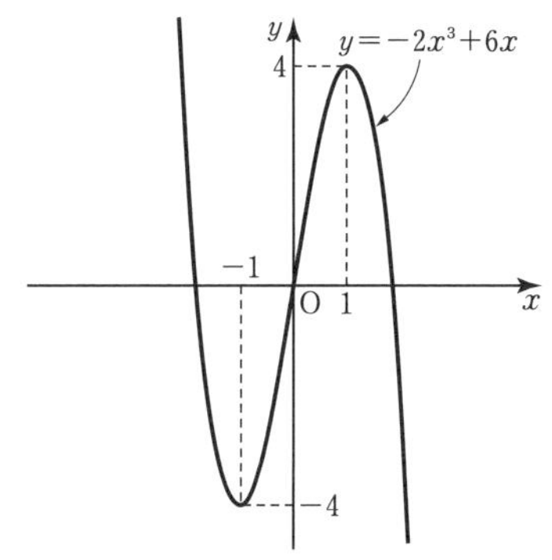

②　(1)　$y' = 3x^2 - 12x + 9 = 3(x^2 - 4x + 3)$

$= 3(x-1)(x-3)$

$y' = 0$ とすると $x = 1,\ 3$

$0 \leqq x \leqq 5$ で y の値を調べると

$x = 0$ のとき　$y = 0$

$x = 1$ のとき　$y = 1^3 - 6 \times 1^2 + 9 \times 1 = 4$

$x = 3$ のとき　$y = 3^3 - 6 \times 3^2 + 9 \times 3 = 0$

$x = 5$ のとき　$y = 5^3 - 6 \times 5^2 + 9 \times 5 = 20$

よって，増減表は次のようになる。

x	0	$\cdots$	1	$\cdots$	3	$\cdots$	5
y'		$+$	0	$-$	0	$+$	
y	0	↗	4	↘	0	↗	20

したがって，**$x = 5$ のとき，最大値は 20**

$x = 0,\ 3$ のとき，最小値は 0

(2) $y' = -3x^2 + 12 = -3(x+2)(x-2)$

$y' = 0$ とすると $x = -2,\ 2$

$-3 \leqq x \leqq 3$ で y の値を調べると

$x = -3$ のとき　$y = -(-3)^3 + 12 \times (-3) - 8 = -17$

$x = -2$ のとき　$y = -(-2)^3 + 12 \times (-2) - 8 = -24$

$x = 2$ のとき　$y = -2^3 + 12 \times 2 - 8 = 8$

$x = 3$ のとき　$y = -3^3 + 12 \times 3 - 8 = 1$

よって，増減表は次のようになる。

x	-3	…	-2	…	2	…	3
y'		$-$	0	$+$	0	$-$	
y	-17	↘	-24	↗	8	↘	1

したがって，**$x = 2$ のとき，最大値は 8**

$x = -2$ のとき，最小値は -24

㊿関数の最大・最小の利用　p.116

問 16　ふたのない箱の高さを $x$cm とすると，縦，横の長さは，ともに $(12-2x)$cm だから，容積 $y$cm^3 は

$$y = x(12-2x)^2 = 4x^3 - 48x^2 + 144x$$

これより　$y' = 12x^2 - 96x + 144$

$= 12(x^2 - 8x + 12)$

$= 12(x-2)(x-6)$

$y' = 0$ とすると　$x = 2,\ 6$

定義域は $0 < x < 6$ だから，増減表は次のようになる。

x	0	…	2	…	6
y'		$+$	0	$-$	
y		↗	128	↘	

よって，$x = 2$ のとき，y の値は最大になる。したがって，求める高さは **2cm**

練習問題

① ふたのない箱の高さを $x$cm とすると，縦，横の長さは，ともに $(18-2x)$cm だから容積 $y$cm^3 は

$$y = x(18-2x)^2 = 4x^3 - 72x^2 + 324x$$

これより $y' = 12x^2 - 144x + 324$

$= 12(x^2 - 12x + 27)$

$= 12(x-3)(x-9)$

$y' = 0$ とすると $x = 3,\ 9$

定義域は $0 < x < 9$ だから，増減表は次のようになる。

x	0	…	3	…	9
y'		$+$	0	$-$	
y		↗	432	↘	

よって，$x = 3$ のとき，y の値は最大になる。したがって，求める高さは **3cm**

Exercise　p.117

1 (1) $\dfrac{f(4)-f(2)}{4-2} = \dfrac{5 \times 4^2 - 5 \times 2^2}{4-2}$

$= \dfrac{80-20}{2} = \mathbf{30}$

(2) $\dfrac{f(2+h)-f(2)}{(2+h)-2}$

$= \dfrac{5(2+h)^2 - 5 \times 2^2}{h}$

$= \dfrac{20h + 5h^2}{h} = \dfrac{h(20+5h)}{h}$

$= \mathbf{20 + 5h}$

(3) $f'(2) = \displaystyle\lim_{h \to 0} \frac{f(2+h)-f(2)}{h}$

$= \displaystyle\lim_{h \to 0}(20+5h) = \mathbf{20}$

2 (1) $y' = 3 \times 1 - 0 = \mathbf{3}$

(2) $y' = 2x + 7 \times 1 = \mathbf{2x + 7}$

(3) $y' = -3 \times 2x + 5 \times 1 + 0 = \mathbf{-6x + 5}$

(4) $y' = -\dfrac{2}{3} \times 3x^2 + 2x - 0$

$= \mathbf{-2x^2 + 2x}$

(5) $y = 2x^3 - x^2$

よって　$y' = 2 \times 3x^2 - 2x = \mathbf{6x^2 - 2x}$

(6) $y = 3x^3 - 4x^2 + 9x - 12$

よって　$y' = 3 \times 3x^2 - 4 \times 2x + 9 \times 1 - 0$

$= \mathbf{9x^2 - 8x + 9}$

3 (1) $f(x)=-x^2+5x$ とおくと

$f'(x)=-2x+5$

これから，接線の傾きは

$f'(1)=-2\times1+5=3$

接線は点 $(1,\ 4)$ を通るから，接線の方程式は

$y-4=3(x-1)$

よって　$\boldsymbol{y=3x+1}$

(2) $f'(x)=-2x+5$ から，接線の傾きは

$f'(3)=-2\times3+5=-1$

接線は点 $(3,\ 6)$ を通るから，接線の方程式は

$y-6=-(x-3)$

よって　$\boldsymbol{y=-x+9}$

4 (1) $y'=4x+4=4(x+1)$

$y'=0$ とすると　$x=-1$

$x=-1$ のとき

$y=-2$

よって，増減表は次のようになる。

x	$\cdots$	-1	$\cdots$
y'	$-$	0	$+$
y	↘	-2	↗

したがって

$x=-1$ で極小となり，極小値は -2

極大値はない。

また，グラフは次のようになる。

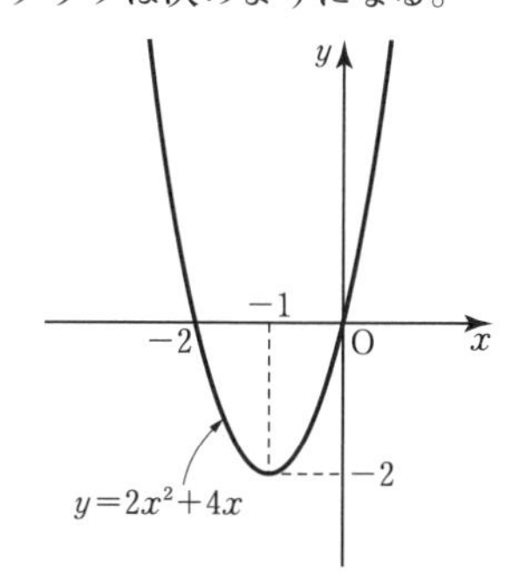

(2) $y'=3x^2-3=3(x+1)(x-1)$

$y'=0$ とすると　$x=-1,\ 1$

$x=-1$ のとき　$y=5$

$x=1$ のとき　$y=1$

よって，増減表は次のようになる。

x	$\cdots$	-1	$\cdots$	1	$\cdots$
y'	$+$	0	$-$	0	$+$
y	↗	5	↘	1	↗

したがって

$x=-1$ で極大となり，極大値は 5

$x=1$ で極小となり，極小値は 1

また，グラフは次のようになる。

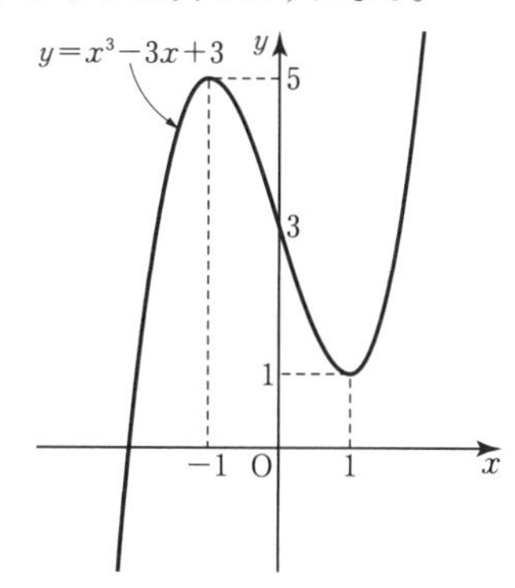

(3) $y'=6x^2-6x=6x(x-1)$

$y'=0$ とすると　$x=0,\ 1$

$x=0$ のとき　$y=0$

$x=1$ のとき　$y=-1$

よって，増減表は次のようになる。

x	$\cdots$	0	$\cdots$	1	$\cdots$
y'	$+$	0	$-$	0	$+$
y	↗	0	↘	-1	↗

したがって

$x=0$ で極大となり，極大値は 0

$x=1$ で極小となり，極小値は -1

また，グラフは次のようになる。

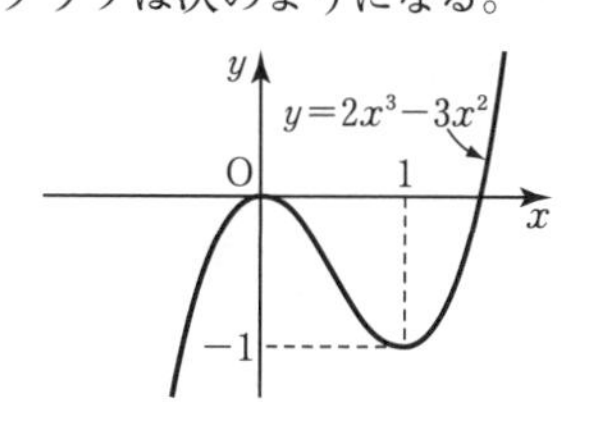

(4) $y' = -6x^2 + 6x + 12$

$= -6(x+1)(x-2)$

$y' = 0$ とすると　$x = -1,\ 2$

$x = -1$ のとき　$y = -7$

$x = 2$ のとき　$y = 20$

よって，増減表は次のようになる。

x	$\cdots$	-1	$\cdots$	2	$\cdots$
y'	$-$	0	$+$	0	$-$
y	↘	-7	↗	20	↘

したがって

$x = 2$ で極大となり，極大値は 20

$x = -1$ で極小となり，極小値は -7

また，グラフは次のようになる。

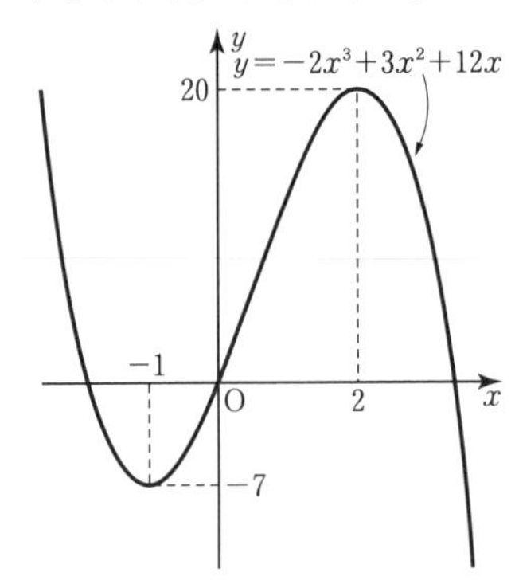

5 (1) $y' = 6x^2 - 6 = 6(x+1)(x-1)$

$y' = 0$ とすると　$x = -1,\ 1$

$x = -1$ のとき　$y = 4$

$x = 1$ のとき　$y = -4$

よって，増減表は次のようになる。

x	$\cdots$	-1	$\cdots$	1	$\cdots$
y'	$+$	0	$-$	0	$+$
y	↗	4	↘	-4	↗

したがって

$x = -1$ で極大となり，極大値は 4

$x = 1$ で極小となり，極小値は -4

また，グラフは次のようになる。

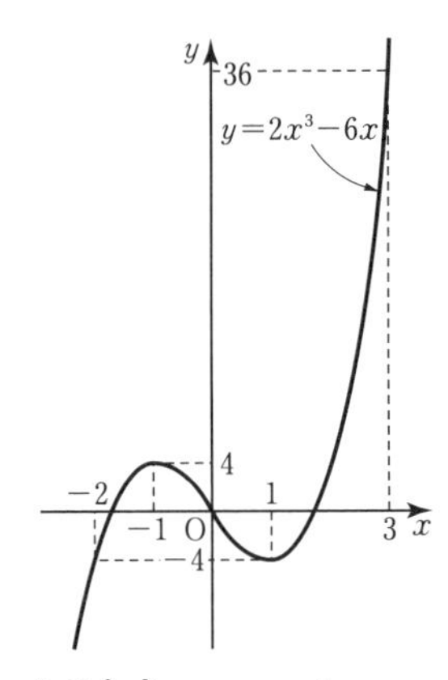

(2) $x = -2$ のとき　$y = -4$

$x = 3$ のとき　$y = 36$

だから，増減表は次のようになる。

x	-2	$\cdots$	-1	$\cdots$	1	$\cdots$	3
y'		$+$	0	$-$	0	$+$	
y	-4	↗	4	↘	-4	↗	36

よって

$x = 3$ のとき，最大値は 36

$x = -2,\ 1$ のとき，最小値は -4

6 ふたのない箱の高さを $x$cm とすると，箱の底面は，縦が $(10-2x)$cm 横が $(16-2x)$cm の長方形だから容積 $y$cm^3 は

$y = x \times (10-2x)(16-2x)$

$= 4x^3 - 52x^2 + 160x$

これより $y' = 12x^2 - 104x + 160$

$= 4(3x^2 - 26x + 40)$

$= 4(x-2)(3x-20)$

$y' = 0$ とすると $x = 2,\ \dfrac{20}{3}$

定義域は $0 < x < 5$ だから，

増減表は次のようになる。

x	0	$\cdots$	2	$\cdots$	5
y'		$+$	0	$-$	
y		↗	144	↘	

よって，$x = 2$ のとき，y の値は最大になる。したがって，求める高さは **2cm**

⑤① 不定積分　p.120

問1　(1)　順に，$6x$，$6x$

(2)　順に，$-8x$，$-8x$

(3)　順に，$6x^2$，$6x^2$

(4)　順に，$-3x^2$，$-3x^2$

以下，C はすべて積分定数とする。

問2　(1)　$\int x^3dx=\dfrac{x^4}{4}+C$

(2)　$\int x^4dx=\dfrac{x^5}{5}+C$

(3)　$\int x^6dx=\dfrac{x^7}{7}+C$

(4)　$\int x^8dx=\dfrac{x^9}{9}+C$

問3　(1)　$\int 7x\,dx=7\int x\,dx=7\times\dfrac{x^2}{2}+C$

$=\dfrac{7}{2}x^2+C$

(2)　$\int(-4x^2)dx=-4\int x^2dx=-4\times\dfrac{x^3}{3}+C$

$=-\dfrac{4}{3}x^3+C$

(3)　$\int 5\,dx=5\int 1\,dx=5x+C$

(4)　$\int(x^2+x)dx=\int x^2dx+\int x\,dx$

$=\dfrac{x^3}{3}+\dfrac{x^2}{2}+C$

問4　(1)　$\int(4x-5)dx=4\int x\,dx-5\int 1\,dx$

$=4\times\dfrac{x^2}{2}-5x+C$

$=2x^2-5x+C$

(2)　$\int(3x+2)dx=3\int x\,dx+2\int 1\,dx$

$=3\times\dfrac{x^2}{2}+2x+C$

$=\dfrac{3}{2}x^2+2x+C$

(3)　$\int(9x^2+6x-2)dx$

$=9\int x^2dx+6\int x\,dx-2\int 1\,dx$

$=9\times\dfrac{x^3}{3}+6\times\dfrac{x^2}{2}-2x+C$

$=3x^3+3x^2-2x+C$

(4)　$\int(2x^2-3)dx=2\int x^2dx-3\int 1\,dx$

$=2\times\dfrac{x^3}{3}-3x+C$

$=\dfrac{2}{3}x^3-3x+C$

(5)　$\int(4x^2+3x-1)dx$

$=4\int x^2dx+3\int x\,dx-\int 1\,dx$

$=4\times\dfrac{x^3}{3}+3\times\dfrac{x^2}{2}-x+C$

$=\dfrac{4}{3}x^3+\dfrac{3}{2}x^2-x+C$

(6)　$\int(-x^2-5x+4)dx$

$=-\int x^2dx-5\int x\,dx+4\int 1\,dx$

$=-\dfrac{x^3}{3}-5\times\dfrac{x^2}{2}+4x+C$

$=-\dfrac{x^3}{3}-\dfrac{5}{2}x^2+4x+C$

練習問題

①　(1)　$\int 9x\,dx=9\int x\,dx$

$=9\times\dfrac{x^2}{2}+C=\dfrac{9}{2}x^2+C$

(2)　$\int(-6x)dx=-6\int x\,dx$

$=-6\times\dfrac{x^2}{2}+C=-3x^2+C$

(3)　$\int 3\,dx=3\int 1\,dx=3x+C$

(4)　$\int(-4)dx=-4\int 1\,dx=-4x+C$

(5)　$\int 6x^2dx=6\int x^2dx=6\times\dfrac{x^3}{3}+C=2x^3+C$

(6)　$\int(-2x^2)dx=-2\int x^2dx$

$=-2\times\dfrac{x^3}{3}+C=-\dfrac{2}{3}x^3+C$

②　(1)　$\int(2x-3)dx=2\int x\,dx-3\int 1\,dx$

$=2\times\dfrac{x^2}{2}-3x+C$

$=x^2-3x+C$

(2)　$\int(5x+4)dx=5\int x\,dx+4\int 1\,dx$

$=5\times\dfrac{x^2}{2}+4x+C$

$=\dfrac{5}{2}x^2+4x+C$

(3) $\int(x^2-3x+3)dx$

$=\int x^2dx-3\int x\,dx+3\int 1\,dx$

$=\frac{x^3}{3}-3\times\frac{x^2}{2}+3x+C$

$=\boldsymbol{\frac{x^3}{3}-\frac{3}{2}x^2+3x+C}$

(4) $\int(-x^2+2x)dx=-\int x^2dx+2\int x\,dx$

$=-\frac{x^3}{3}+2\times\frac{x^2}{2}+C$

$=\boldsymbol{-\frac{x^3}{3}+x^2+C}$

㊾不定積分の計算 p.122

問 5 (1) $\int x(3x-1)dx=\int(3x^2-x)dx$

$=3\int x^2dx-\int x\,dx=\boldsymbol{x^3-\frac{x^2}{2}+C}$

(2) $\int(x+2)^2dx=\int(x^2+4x+4)dx$

$=\int x^2dx+4\int x\,dx+4\int 1\,dx$

$=\boldsymbol{\frac{x^3}{3}+2x^2+4x+C}$

(3) $\int(x+2)(x-4)dx$

$=\int(x^2-2x-8)dx$

$=\int x^2dx-2\int x\,dx-8\int 1\,dx$

$=\boldsymbol{\frac{x^3}{3}-x^2-8x+C}$

(4) $\int(3x-4)^2dx=\int(9x^2-24x+16)dx$

$=9\int x^2dx-24\int x\,dx+16\int 1\,dx$

$=\boldsymbol{3x^3-12x^2+16x+C}$

問 6 $F(x)=\int f(x)dx=\int(4x-5)dx$

$=2x^2-5x+C$

ここで，$F(1)=0$ だから

$2\times1^2-5\times1+C=0$

$2-5+C=0$

$C=3$

よって，求める関数 $F(x)$ は

$\boldsymbol{F(x)=2x^2-5x+3}$

練習問題

① (1) $\int x(3x-2)dx=\int(3x^2-2x)dx$

$=3\int x^2dx-2\int x\,dx=\boldsymbol{x^3-x^2+C}$

(2) $\int(x-2)^2dx$

$=\int(x^2-4x+4)dx$

$=\int x^2dx-4\int x\,dx+4\int 1\,dx$

$=\boldsymbol{\frac{1}{3}x^3-2x^2+4x+C}$

(3) $\int(x-1)(x+3)dx=\int(x^2+2x-3)dx$

$=\int x^2dx+2\int x\,dx-3\int 1\,dx$

$=\boldsymbol{\frac{1}{3}x^3+x^2-3x+C}$

(4) $\int(2x+1)(2x-1)dx=\int(4x^2-1)dx$

$=4\int x^2dx-\int 1\,dx=\boldsymbol{\frac{4}{3}x^3-x+C}$

(5) $\int(3x+2)^2dx=\int(9x^2+12x+4)dx$

$=9\int x^2dx+12\int x\,dx+4\int 1\,dx$

$=\boldsymbol{3x^3+6x^2+4x+C}$

(6) $\int(3x-1)^2dx$

$=\int(9x^2-6x+1)dx$

$=9\int x^2dx-6\int x\,dx+\int 1\,dx$

$=\boldsymbol{3x^3-3x^2+x+C}$

② $F(x)=\int f(x)dx=\int(6x+1)dx$

$=3x^2+x+C$

ここで，$F(1)=0$ だから

$3\times1^2+1+C=0$

$4+C=0$

$C=-4$

よって，求める関数 $F(x)$ は

$\boldsymbol{F(x)=3x^2+x-4}$

㊿定積分 p.124

問 7 (1) $\int_1^5 x\,dx=\left[\frac{x^2}{2}\right]_1^5=\frac{1}{2}\left[x^2\right]_1^5$

$=\frac{1}{2}(5^2-1^2)=\boldsymbol{12}$

(2) $\displaystyle\int_{-2}^{2} x\,dx = \left[\frac{x^2}{2}\right]_{-2}^{2} = \frac{1}{2}\left[x^2\right]_{-2}^{2}$

$\displaystyle= \frac{1}{2}\{2^2-(-2)^2\} = \mathbf{0}$

(3) $\displaystyle\int_{0}^{3} x^2dx = \left[\frac{x^3}{3}\right]_{0}^{3} = \frac{1}{3}\left[x^3\right]_{0}^{3} = \frac{1}{3}(3^3-0^3)$

$= \mathbf{9}$

(4) $\displaystyle\int_{-1}^{1} x^2dx = \left[\frac{x^3}{3}\right]_{-1}^{1} = \frac{1}{3}\left[x^3\right]_{-1}^{1}$

$\displaystyle= \frac{1}{3}\{1^3-(-1)^3\} = \mathbf{\frac{2}{3}}$

(5) $\displaystyle\int_{-3}^{-1} x^2dx = \left[\frac{x^3}{3}\right]_{-3}^{-1} = \frac{1}{3}\left[x^3\right]_{-3}^{-1}$

$\displaystyle= \frac{1}{3}\{(-1)^3-(-3)^3\} = \mathbf{\frac{26}{3}}$

(6) $\displaystyle\int_{-2}^{1} 3\,dx = \left[3x\right]_{-2}^{1} = 3\left[x\right]_{-2}^{1}$

$= 3\{1-(-2)\} = \mathbf{9}$

問 8 (1) $\displaystyle\int_{1}^{2} 4x\,dx = 4\left[\frac{x^2}{2}\right]_{1}^{2} = 2\left[x^2\right]_{1}^{2}$

$= 2(2^2-1^2) = \mathbf{6}$

(2) $\displaystyle\int_{0}^{1} 6x^2dx = 6\left[\frac{x^3}{3}\right]_{0}^{1} = 2\left[x^3\right]_{0}^{1}$

$= 2\{1^3-(0)^3\} = \mathbf{2}$

(3) $\displaystyle\int_{2}^{4} (2x-5)dx = 2\left[\frac{x^2}{2}\right]_{2}^{4} - 5\left[x\right]_{2}^{4}$

$= \left[x^2\right]_{2}^{4} - 5\left[x\right]_{2}^{4} = (4^2-2^2)-5(4-2) = \mathbf{2}$

(4) $\displaystyle\int_{0}^{1} (3x^2-4x+2)dx$

$\displaystyle= 3\left[\frac{x^3}{3}\right]_{0}^{1} - 4\left[\frac{x^2}{2}\right]_{0}^{1} + 2\left[x\right]_{0}^{1}$

$= \left[x^3\right]_{0}^{1} - 2\left[x^2\right]_{0}^{1} + 2\left[x\right]_{0}^{1}$

$= (1-0)-2(1-0)+2(1-0) = \mathbf{1}$

(5) $\displaystyle\int_{1}^{3} (x^2+x)dx = \left[\frac{x^3}{3}\right]_{1}^{3} + \left[\frac{x^2}{2}\right]_{1}^{3}$

$\displaystyle= \frac{1}{3}\left[x^3\right]_{1}^{3} + \frac{1}{2}\left[x^2\right]_{1}^{3}$

$\displaystyle= \frac{1}{3}(27-1) + \frac{1}{2}(9-1) = \mathbf{\frac{38}{3}}$

(6) $\displaystyle\int_{-1}^{3} (2x^2-x-3)dx$

$\displaystyle= 2\left[\frac{x^3}{3}\right]_{-1}^{3} - \left[\frac{x^2}{2}\right]_{-1}^{3} - 3\left[x\right]_{-1}^{3}$

$\displaystyle= \frac{2}{3}\left[x^3\right]_{-1}^{3} - \frac{1}{2}\left[x^2\right]_{-1}^{3} - 3\left[x\right]_{-1}^{3}$

$\displaystyle= \frac{2}{3}(27+1) - \frac{1}{2}(9-1) - 3(3+1) = \mathbf{\frac{8}{3}}$

(7) $\displaystyle\int_{-2}^{2} (2x^2-3)dx$

$\displaystyle= 2\left[\frac{x^3}{3}\right]_{-2}^{2} - 3\left[x\right]_{-2}^{2}$

$\displaystyle= \frac{2}{3}\left[x^3\right]_{-2}^{2} - 3\left[x\right]_{-2}^{2}$

$\displaystyle= \frac{2}{3}(8+8) - 3(2+2) = -\mathbf{\frac{4}{3}}$

(8) $\displaystyle\int_{-1}^{1} (-3x^2+x)dx$

$\displaystyle= -3\left[\frac{x^3}{3}\right]_{-1}^{1} + \left[\frac{x^2}{2}\right]_{-1}^{1}$

$\displaystyle= -\left[x^3\right]_{-1}^{1} + \frac{1}{2}\left[x^2\right]_{-1}^{1}$

$\displaystyle= -(1+1) + \frac{1}{2}(1-1) = -\mathbf{2}$

(9) $\displaystyle\int_{0}^{1} x(x-1)dx$

$\displaystyle= \int_{0}^{1} (x^2-x)dx$

$\displaystyle= \left[\frac{x^3}{3}\right]_{0}^{1} - \left[\frac{x^2}{2}\right]_{0}^{1}$

$\displaystyle= \frac{1}{3}\left[x^3\right]_{0}^{1} - \frac{1}{2}\left[x^2\right]_{0}^{1}$

$\displaystyle= \frac{1}{3}(1-0) - \frac{1}{2}(1-0) = -\mathbf{\frac{1}{6}}$

(10) $\displaystyle\int_{1}^{2} (x+1)(x-3)dx$

$\displaystyle= \int_{1}^{2} (x^2-2x-3)dx$

$\displaystyle= \left[\frac{x^3}{3}\right]_{1}^{2} - 2\left[\frac{x^2}{2}\right]_{1}^{2} - 3\left[x\right]_{1}^{2}$

$\displaystyle= \frac{1}{3}\left[x^3\right]_{1}^{2} - \left[x^2\right]_{1}^{2} - 3\left[x\right]_{1}^{2}$

$\displaystyle= \frac{1}{3}(8-1) - (4-1) - 3(2-1) = -\mathbf{\frac{11}{3}}$

練習問題

① (1) $\displaystyle\int_{1}^{2} x\,dx = \frac{1}{2}\left[x^2\right]_{1}^{2} = \frac{1}{2}(4-1) = \mathbf{\frac{3}{2}}$

(2) $\displaystyle\int_{-2}^{2} x^2dx = \frac{1}{3}\left[x^3\right]_{-2}^{2} = \frac{1}{3}(8+8) = \mathbf{\frac{16}{3}}$

(3) $\displaystyle\int_{-1}^{2} 2\,dx = 2\left[x\right]_{-1}^{2} = 2(2+1) = \mathbf{6}$

(4) $\displaystyle\int_{1}^{2} 6x\,dx = 6\left[\frac{x^2}{2}\right]_{1}^{2} = 3(4-1) = \mathbf{9}$

(5) $\displaystyle\int_{-2}^{3} 9x^2dx = 9\left[\frac{x^3}{3}\right]_{-2}^{3} = 3(27+8) = \mathbf{105}$

(6) $\displaystyle\int_{1}^{2} (2x+3)dx = \left[x^2\right]_{1}^{2} + 3\left[x\right]_{1}^{2}$

$= (4-1)+3(2-1)$

$= \mathbf{6}$

(7) $\int_1^3 (3x^2-2x+4)dx$

$=\Big[x^3\Big]_1^3-\Big[x^2\Big]_1^3+4\Big[x\Big]_1^3$

$=(27-1)-(9-1)+4(3-1)=\mathbf{26}$

(8) $\int_0^2 (x^2+1)dx=\frac{1}{3}\Big[x^3\Big]_0^2+\Big[x\Big]_0^2$

$=\frac{1}{3}(8-0)+(2-0)=\mathbf{\frac{14}{3}}$

(9) $\int_{-1}^1 (4x^2-12x+9)dx$

$=\frac{4}{3}\Big[x^3\Big]_{-1}^1-6\Big[x^2\Big]_{-1}^1+9\Big[x\Big]_{-1}^1$

$=\frac{4}{3}(1+1)-6(1-1)+9(1+1)=\mathbf{\frac{62}{3}}$

(10) $\int_{-5}^1 (x+5)(x-1)dx=\int_{-5}^1 (x^2+4x-5)dx$

$=\frac{1}{3}\Big[x^3\Big]_{-5}^1+2\Big[x^2\Big]_{-5}^1-5\Big[x\Big]_{-5}^1$

$=\frac{1}{3}(1+125)+2(1-25)-5(1+5)$

$=\mathbf{-36}$

54 面積 p.126

問 9 $S=6^2-3^2=\mathbf{27}$

問 10 (1) $S=\int_1^3 (2x+1)dx=\Big[x^2\Big]_1^3+\Big[x\Big]_1^3$

$=(9-1)+(3-1)=\mathbf{10}$

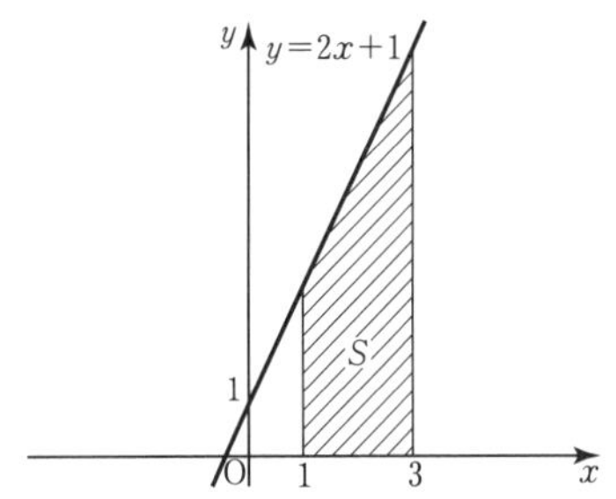

(2) $S=\int_1^2 x^2dx=\frac{1}{3}\Big[x^3\Big]_1^2$

$=\frac{1}{3}(8-1)=\mathbf{\frac{7}{3}}$

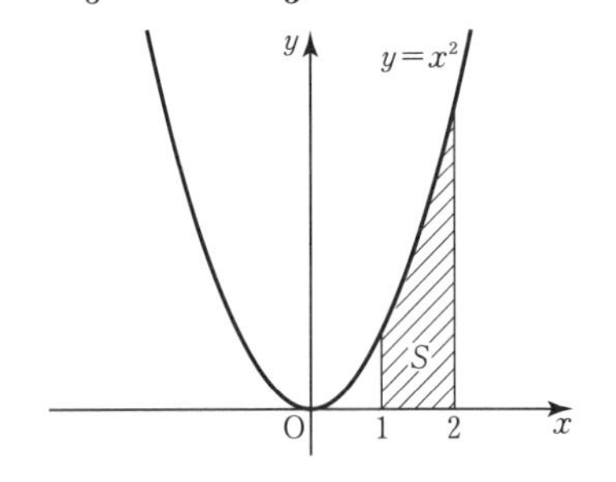

(3) $S=\int_{-1}^2 (x^2+1)dx=\frac{1}{3}\Big[x^3\Big]_{-1}^2+\Big[x\Big]_{-1}^2$

$=\frac{1}{3}(8+1)+(2+1)=\mathbf{6}$

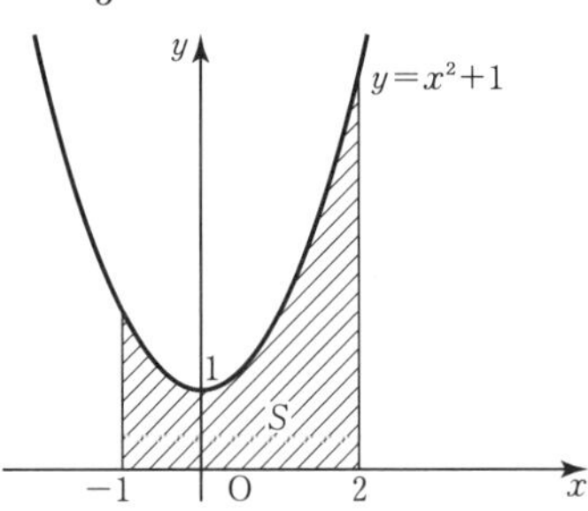

問 11 放物線 $y=x^2-2x$ と x 軸との交点の x 座標は，$x^2-2x=0$ から　$x=0,\ 2$

$0 \leqq x \leqq 2$ の範囲で $x^2-2x \leqq 0$ だから，この放物線は x 軸より下側にある。よって

$S=\int_0^2 \{-(x^2-2x)\}dx=\int_0^2 (-x^2+2x)dx$

$=-\frac{1}{3}\Big[x^3\Big]_0^2+\Big[x^2\Big]_0^2=-\frac{1}{3}(8-0)+(4-0)$

$=\mathbf{\frac{4}{3}}$

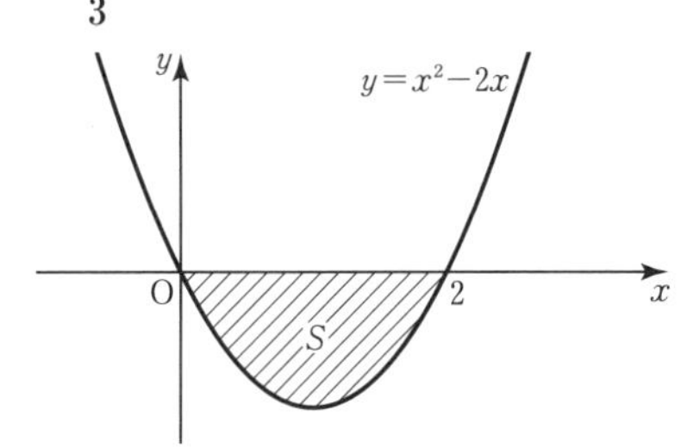

練習問題

① (1) $S=\int_2^5 (x-1)dx=\frac{1}{2}\Big[x^2\Big]_2^5-\Big[x\Big]_2^5$

$=\frac{1}{2}(25-4)-(5-2)=\mathbf{\frac{15}{2}}$

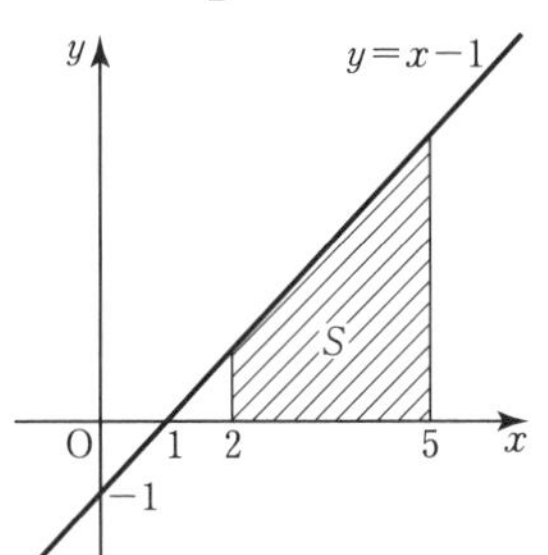

(2) $S=\int_0^2 x^2dx$

$=\frac{1}{3}\Big[x^3\Big]_0^2=\frac{1}{3}(8-0)=\mathbf{\frac{8}{3}}$

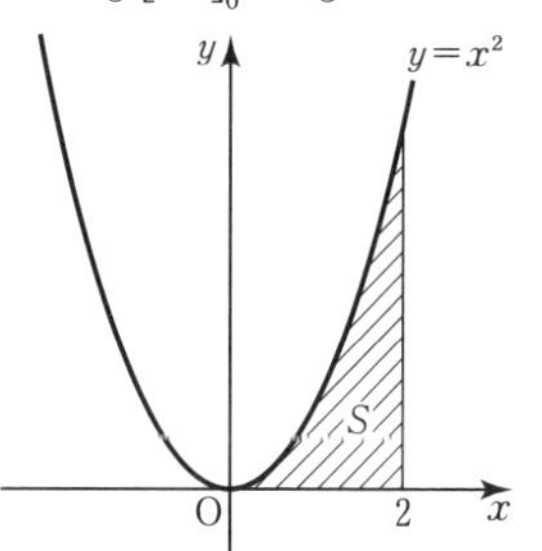

(3) $S=\int_{-1}^3 (x^2+2)dx=\frac{1}{3}\Big[x^3\Big]_{-1}^3+2\Big[x\Big]_{-1}^3$

$=\frac{1}{3}(27+1)+2(3+1)=\mathbf{\frac{52}{3}}$

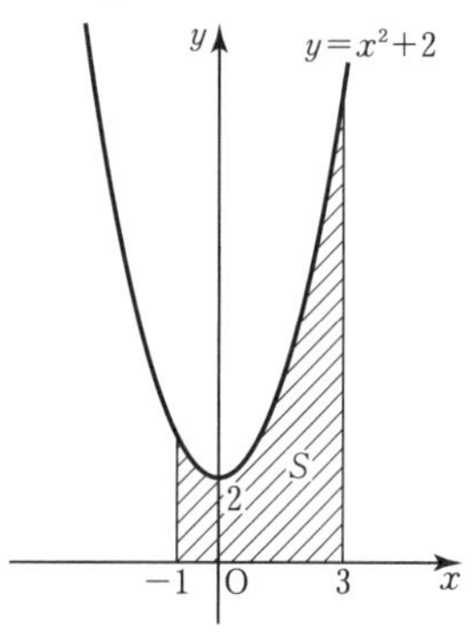

② 放物線 $y=x^2-4x$ と x 軸との交点の x 座標は，

$x^2-4x=0$ から　$x=0,\ 4$

$0\leqq x\leqq 4$ の範囲で $x^2-4x\leqq 0$ だから，この放物線は x 軸より下側にある。よって

$S=\int_0^4\{-(x^2-4x)\}dx$

$=\int_0^4(-x^2+4x)dx=-\frac{1}{3}\Big[x^3\Big]_0^4+2\Big[x^2\Big]_0^4$

$=-\frac{1}{3}(64-0)+2(16-0)=\mathbf{\frac{32}{3}}$

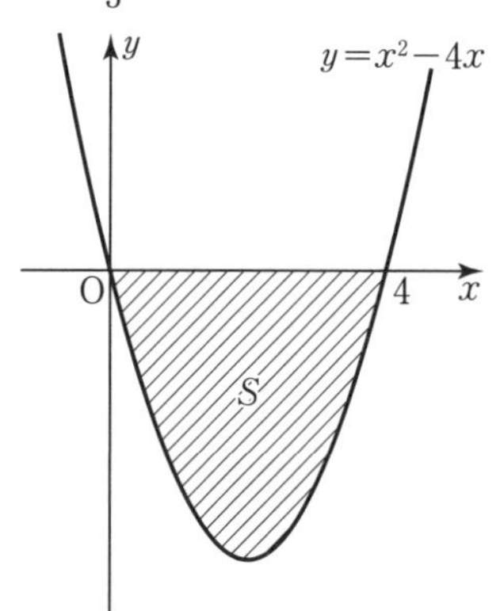

㊺いろいろな図形の面積　p.128

問 12　求める面積 S は

$S=\int_0^2\{(x^2+5)-(-x^2+4)\}dx$

$=\int_0^2(2x^2+1)dx$

$=\frac{2}{3}\Big[x^3\Big]_0^2+\Big[x\Big]_0^2$

$=\frac{2}{3}(8-0)+(2-0)$

$=\mathbf{\frac{22}{3}}$

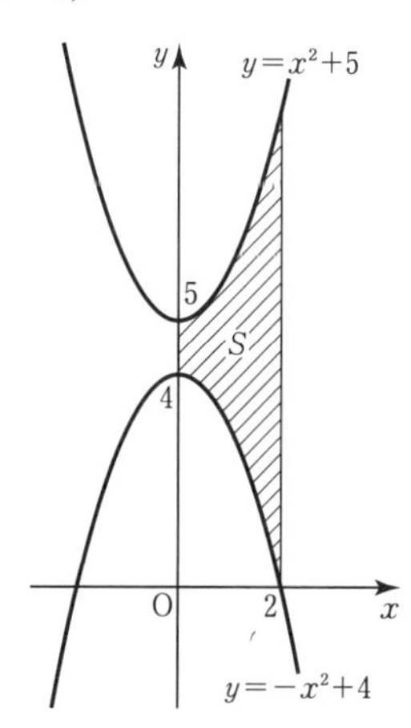

問 13　(1)　放物線 $y=x^2$ と直線 $y=-2x+3$ との交点の x 座標は

$x^2=-2x+3$　から　$x=-3,\ 1$

$-3\leqq x\leqq 1$ の範囲で，直線 $y=-2x+3$ が放物線 $y=x^2$ より上側にあるから，$-2x+3\geqq x^2$

よって，求める面積 S は

$S=\int_{-3}^1\{(-2x+3)-x^2\}dx$

$=\int_{-3}^1(-x^2-2x+3)dx$

$=-\frac{1}{3}\Big[x^3\Big]_{-3}^1-\Big[x^2\Big]_{-3}^1+3\Big[x\Big]_{-3}^1$

$=-\frac{1}{3}(1+27)-(1-9)+3(1+3)=\mathbf{\frac{32}{3}}$

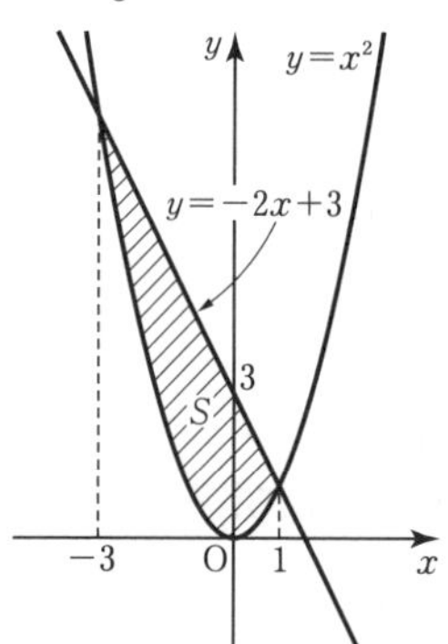

(2)　放物線 $y=x^2$ と放物線 $y=-x^2+8$ との交点の x 座標は

$$x^2=-x^2+8 \quad \text{から} \quad x=-2,\ 2$$

$-2 \leqq x \leqq 2$ の範囲で，放物線 $y=-x^2+8$ が放物線 $y=x^2$ より上側にあるから，$-x^2+8 \geqq x^2$

よって，求める面積 S は

$$S=\int_{-2}^{2}\{(-x^2+8)-x^2\}dx$$

$$=\int_{-2}^{2}(-2x^2+8)dx=-\frac{2}{3}\Big[x^3\Big]_{-2}^{2}+8\Big[x\Big]_{-2}^{2}$$

$$=-\frac{2}{3}(8+8)+8(2+2)=\boldsymbol{\frac{64}{3}}$$

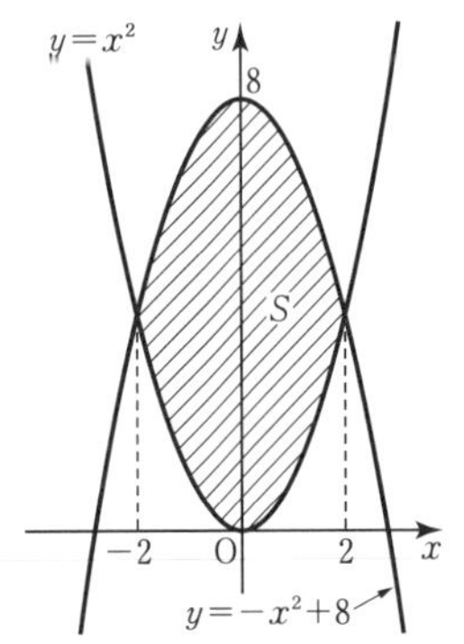

練習問題

① (1)　求める面積 S は

$$S=\int_{0}^{1}\{(x^2+5)-(-x^2+4)\}dx$$

$$=\int_{0}^{1}(2x^2+1)dx$$

$$=\frac{2}{3}\Big[x^3\Big]_{0}^{1}+\Big[x\Big]_{0}^{1}$$

$$=\frac{2}{3}(1-0)+(1-0)$$

$$=\boldsymbol{\frac{5}{3}}$$

(2)　放物線 $y=-x^2$ と直線 $y=-x-2$ との交点の x 座標は

$$-x^2=-x-2 \quad \text{を解いて} \quad x=-1,\ 2$$

$-1 \leqq x \leqq 2$ の範囲で，放物線 $y=-x^2$ が直線 $y=-x-2$ より上側にあるから，$-x^2 \geqq -x-2$

よって，求める面積 S は

$$S=\int_{-1}^{2}\{-x^2-(-x-2)\}dx$$

$$=\int_{-1}^{2}(-x^2+x+2)dx$$

$$=-\frac{1}{3}\Big[x^3\Big]_{-1}^{2}+\frac{1}{2}\Big[x^2\Big]_{-1}^{2}+2\Big[x\Big]_{-1}^{2}$$

$$=-\frac{1}{3}(8+1)+\frac{1}{2}(4-1)+2(2+1)$$

$$=\boldsymbol{\frac{9}{2}}$$

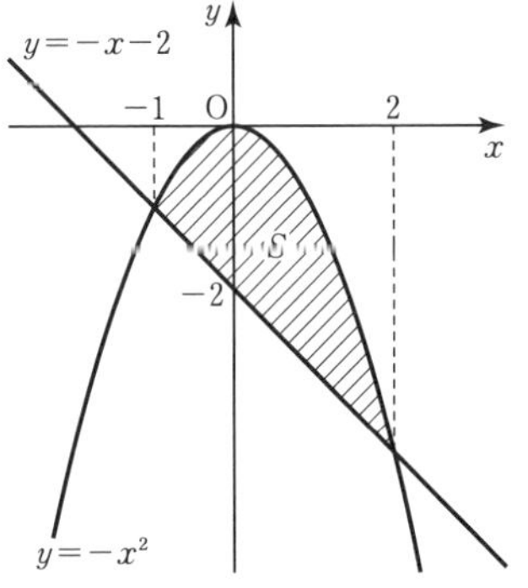

(3)　放物線 $y=-x^2-2x$ と放物線 $y=x^2$ との交点の x 座標は

$$-x^2-2x=x^2 \quad \text{を解いて} \quad x=0,\ -1$$

$-1 \leqq x \leqq 0$ の範囲で，放物線 $y=-x^2-2x$ が放物線 $y=x^2$ より上側にあるから，$-x^2-2x \geqq x^2$

よって，求める面積 S は

$$S=\int_{-1}^{0}(-x^2-2x-x^2)dx$$

$$=\int_{-1}^{0}(-2x^2-2x)dx$$

$$=-\frac{2}{3}\Big[x^3\Big]_{-1}^{0}-\Big[x^2\Big]_{-1}^{0}$$

$$=-\frac{2}{3}(0+1)-(0-1)$$

$$=\boldsymbol{\frac{1}{3}}$$

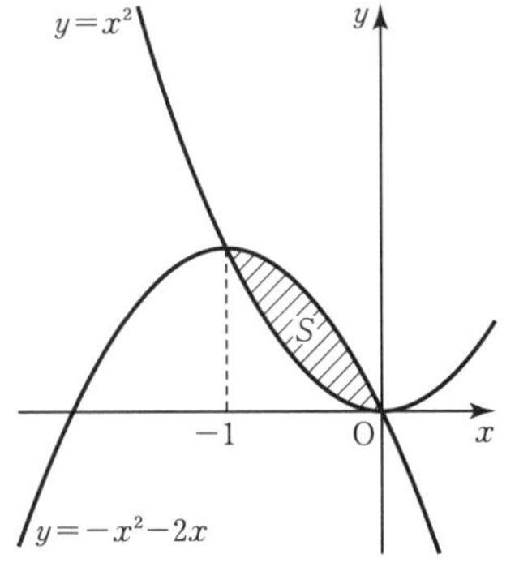

Exercise　p.130

1 (1) $\int 10x\,dx = 10\int x\,dx = 10\times\frac{x^2}{2}+C$

$= \boldsymbol{5x^2+C}$

(2) $\int 9x^2dx = 9\int x^2dx = 9\times\frac{x^3}{3}+C$

$= \boldsymbol{3x^3+C}$

(3) $\int(-5x)dx = -5\int x\,dx = -5\times\frac{x^2}{2}+C$

$= \boldsymbol{-\frac{5}{2}x^2+C}$

(4) $\int \frac{3}{5}x^2dx = \frac{3}{5}\int x^2dx = \frac{3}{5}\times\frac{x^3}{3}+C$

$= \boldsymbol{\frac{x^3}{5}+C}$

(5) $\int(6x^2-4x+3)dx$

$= 6\int x^2dx - 4\int x\,dx + 3\int 1\,dx$

$= 6\times\frac{x^3}{3} - 4\times\frac{x^2}{2} + 3\times x + C$

$= \boldsymbol{2x^3-2x^2+3x+C}$

(6) $\int(1+2x)(1-3x)dx$

$= \int(-6x^2-x+1)dx$

$= -6\int x^2dx - \int x\,dx + \int 1\,dx$

$= -6\times\frac{x^3}{3} - \frac{x^2}{2} + x + C$

$= \boldsymbol{-2x^3-\frac{x^2}{2}+x+C}$

2 (1) $\int_1^4 2x\,dx = 2\left[\frac{x^2}{2}\right]_1^4 = \left[x^2\right]_1^4$

$= 16-1 = \boldsymbol{15}$

(2) $\int_0^2 (3x-1)dx = \frac{3}{2}\left[x^2\right]_0^2 - \left[x\right]_0^2$

$= \frac{3}{2}(4-0)-(2-0)$

$= \boldsymbol{4}$

(3) $\int_{-1}^2 (x+5)dx = \frac{1}{2}\left[x^2\right]_{-1}^2 + 5\left[x\right]_{-1}^2$

$= \frac{1}{2}(4-1)+5(2+1)$

$= \boldsymbol{\frac{33}{2}}$

(4) $\int_{-1}^1 (2x+1)dx = \left[x^2\right]_{-1}^1 + \left[x\right]_{-1}^1$

$= (1-1)+(1+1)$

$= \boldsymbol{2}$

(5) $\int_2^3 (x^2-3x+1)dx$

$= \frac{1}{3}\left[x^3\right]_2^3 - \frac{3}{2}\left[x^2\right]_2^3 + \left[x\right]_2^3$

$= \frac{1}{3}(27-8) - \frac{3}{2}(9-4) + (3-2)$

$= \boldsymbol{-\frac{1}{6}}$

(6) $\int_{-1}^1 (x-2)(x+4)dx$

$-\int_{-1}^1 (x^2+2x-8)dx$

$= \frac{1}{3}\left[x^3\right]_{-1}^1 + \left[x^2\right]_{-1}^1 - 8\left[x\right]_{-1}^1$

$= \frac{1}{3}(1+1)+(1-1)-8(1+1)$

$= \boldsymbol{-\frac{46}{3}}$

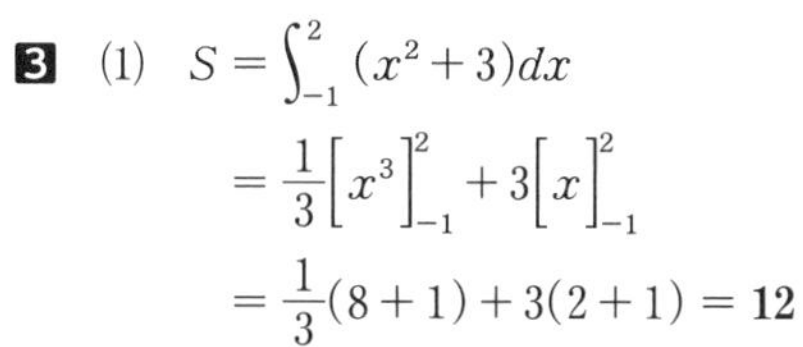

3 (1) $S = \int_{-1}^2 (x^2+3)dx$

$= \frac{1}{3}\left[x^3\right]_{-1}^2 + 3\left[x\right]_{-1}^2$

$= \frac{1}{3}(8+1)+3(2+1) = \boldsymbol{12}$

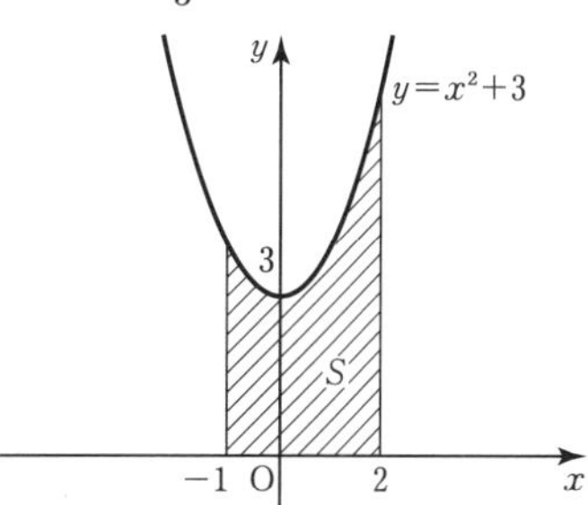

(2) 放物線と x 軸との交点の x 座標は

$-x^2-x+2=0$ から　$x=-2,\ 1$

$-2 \leqq x \leqq 1$ の範囲で $-x^2+x+2 \geqq 0$ だから，この放物線は x 軸より上側にある。よって

$S = \int_{-2}^1 (-x^2-x+2)dx$

$= -\frac{1}{3}\left[x^3\right]_{-2}^1 - \frac{1}{2}\left[x^2\right]_{-2}^1 + 2\left[x\right]_{-2}^1$

$= -\frac{1}{3}(1+8) - \frac{1}{2}(1-4) + 2(1+2) = \boldsymbol{\frac{9}{2}}$

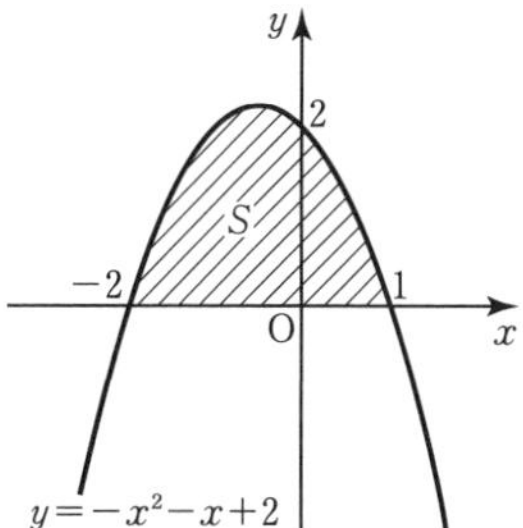

(3) $0 \leqq x \leqq 1$ の範囲で $-\frac{1}{2}x^2+2 \leqq 0$ だから，この放物線は x 軸より下側にある。よって

$$S=\int_0^1\left\{-\left(\frac{1}{2}x^2-2\right)\right\}dx$$
$$=\int_0^1\left(-\frac{1}{2}x^2+2\right)dx$$
$$=-\frac{1}{2}\left[\frac{x^3}{3}\right]_0^1+2\left[x\right]_0^1$$
$$=-\frac{1}{6}\left[x^3\right]_0^1+2\left[x\right]_0^1$$
$$=-\frac{1}{6}(1-0)+2(1-0)$$
$$=\boldsymbol{\frac{11}{6}}$$

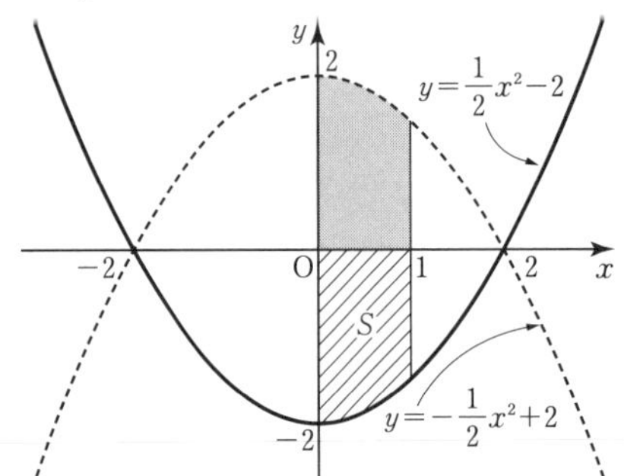

4 (1) $-1 \leqq x \leqq 2$ の範囲で $x+5 \geqq -x^2+4$ だから

求める面積 S は

$$S=\int_{-1}^2\{(x+5)-(-x^2+4)\}dx$$
$$=\int_{-1}^2(x^2+x+1)dx$$
$$=\frac{1}{3}\left[x^3\right]_{-1}^2+\frac{1}{2}\left[x^2\right]_{-1}^2+\left[x\right]_{-1}^2$$
$$=\frac{1}{3}(8+1)+\frac{1}{2}(4-1)+(2+1)$$
$$=\boldsymbol{\frac{15}{2}}$$

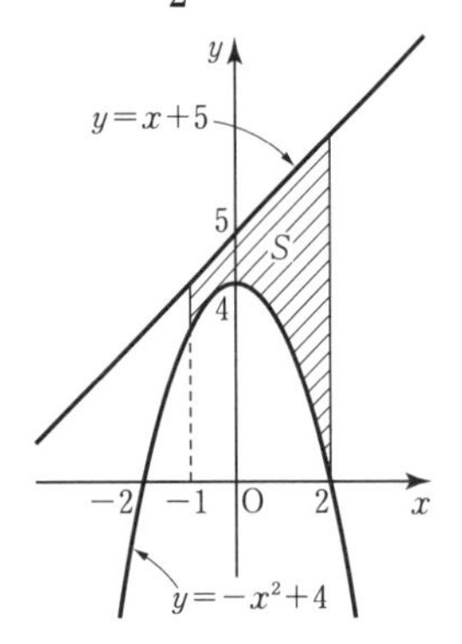

(2) 放物線 $y=x^2+2x$ と直線 $y=-x$ との交点の x 座標は

$x^2+2x=-x$ から　$x=-3,\ 0$

$-3 \leqq x \leqq 0$ の範囲で，直線 $y=-x$ は放物線 $y=x^2+2x$ より上側にあるから，$-x \geqq x^2+2x$

よって，求める面積 S は

$$S=\int_{-3}^0\{(-x)-(x^2+2x)\}dx$$
$$=\int_{-3}^0(-x^2-3x)dx$$
$$=-\frac{1}{3}\left[x^3\right]_{-3}^0-\frac{3}{2}\left[x^2\right]_{-3}^0$$
$$=-\frac{1}{3}(0+27)-\frac{3}{2}(0-9)$$
$$=\boldsymbol{\frac{9}{2}}$$

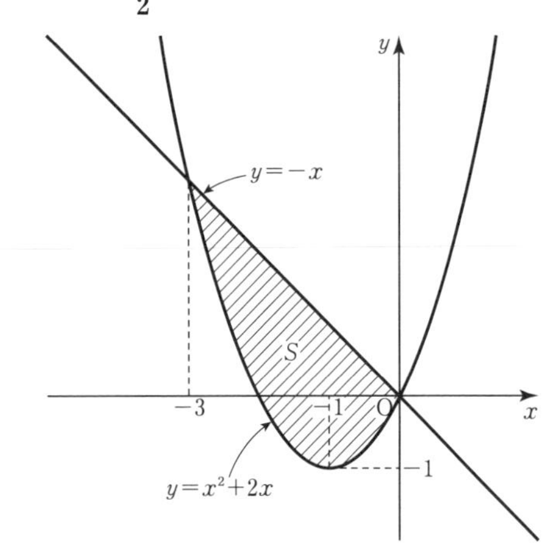

考

$$S=\int_{-1}^1\{-(x^2-1)\}dx+\int_1^3(x^2-1)dx$$
$$=-\frac{1}{3}\left[x^3\right]_{-1}^1+\left[x\right]_{-1}^1+\frac{1}{3}\left[x^3\right]_1^3-\left[x\right]_1^3$$
$$=-\frac{1}{3}\{1^3-(-1)^3\}+\{1-(-1)\}+\frac{1}{3}(3^3-1^3)-(3-1)$$
$$=-\frac{1}{3}(1+1)+(1+1)+\frac{1}{3}(27-1)-(3-1)$$
$$=-\frac{2}{3}+2+\frac{26}{3}-2$$
$$=\frac{24}{3}$$
$$=\boldsymbol{8}$$

練習問題

① 次の式を因数分解しなさい。

(1) $8x^2+2x$

(2) $4a^2b-6ab^2$

(3) x^2-25

(4) $16x^2-9$

(5) x^2+6x+9

(6) $25x^2-10x+1$

(7) x^2-7x+6

(8) x^2-x-20

(9) $3x^2+5x+2$

(10) $2x^2-3x-5$

② 次の式を因数分解しなさい。

(1) x^3+27

(2) x^3-27

(3) $8x^3+125$

(4) $27x^3-1$

検

③ 二項定理 [教科書 p. 14〜15]

p.14 問 5　パスカルの三角形を用いて，次の式を展開しなさい。

(1)　$(a+b)^6$

(2)　$(a+b)^7$

p.15 問 6　二項定理を用いて，$(a+b)^5$ を展開しなさい。

練習問題

① パスカルの三角形を用いて，次の式を展開しなさい。

(1) $(a+b)^8$

(2) $(a+b)^9$

② 二項定理を用いて，$(a+b)^8$ を展開しなさい。

検

④分数式 [教科書 p. 16〜18]

p.16 **問 7** 次の分数式を約分しなさい。

(1) $\dfrac{2y}{3xy}$　　(2) $\dfrac{2ab^3}{4a^2b}$

(3) $\dfrac{x-1}{x(x-1)}$　　(4) $\dfrac{x+3}{x^2+3x}$

(5) $\dfrac{x^2+3x+2}{2(x+2)}$　　(6) $\dfrac{x^2-6x+9}{x^2-2x-3}$

p.17 **問 8** 次の計算をしなさい。

(1) $\dfrac{x+3}{x-1}\times\dfrac{x-3}{x+3}$　　(2) $\dfrac{x^2-3x+2}{x^2-x-2}\times\dfrac{x+2}{x-1}$

p.17 **問 9** 次の計算をしなさい。

(1) $\dfrac{x-2}{x+1}\div\dfrac{x+2}{x+1}$　　(2) $\dfrac{x+2}{x}\div\dfrac{x^2+5x+6}{x^2+3x}$

p.18 **問 10** 次の計算をしなさい。

(1) $\dfrac{2a-b}{a+b}+\dfrac{a+3b}{a+b}$　　(2) $\dfrac{x}{x^2-4}-\dfrac{2}{x^2-4}$

p.18 **問 11** 次の計算をしなさい。

(1) $\dfrac{5}{x}+\dfrac{7}{y}$　　(2) $\dfrac{1}{2x}-\dfrac{4}{3y}$

(3) $\dfrac{2}{x+2}+\dfrac{1}{x-1}$　　(4) $\dfrac{1}{x-3}-\dfrac{1}{x+2}$

練習問題

① 次の分数式を約分しなさい。

(1) $\dfrac{7x}{5xy}$　　(2) $\dfrac{6a^5b}{2a^3b^2}$

(3) $\dfrac{x}{x^2+2x}$　　(4) $\dfrac{x^2+x}{x^2-1}$

(5) $\dfrac{x^2+5x+6}{x^2-2x-8}$　　(6) $\dfrac{x^2-x-2}{x^2-4x+4}$

② 次の計算をしなさい。

(1) $\dfrac{x-1}{x-2}\times\dfrac{x-2}{x-3}$　　(2) $\dfrac{x^2+3x+2}{x^2-x-6}\times\dfrac{x+3}{x+1}$

③ 次の計算をしなさい。

(1) $\dfrac{2x+1}{x-5}\div\dfrac{2x+1}{x+4}$　　(2) $\dfrac{x+2}{x-5}\div\dfrac{x^2+9x+14}{x^2-7x+10}$

④ 次の計算をしなさい。

(1) $\dfrac{3x}{x+2}+\dfrac{6}{x+2}$　　(2) $\dfrac{2x}{x^2-1}-\dfrac{2}{x^2-1}$

⑤ 次の計算をしなさい。

(1) $\dfrac{2}{a}+\dfrac{4}{b}$　　(2) $\dfrac{3}{2x}-\dfrac{1}{y}$

(3) $\dfrac{1}{x+3}+\dfrac{2}{x-2}$　　(4) $\dfrac{4}{x+1}-\dfrac{3}{x-1}$

検

Exercise [教科書 p. 19]

1 次の式を展開しなさい。

(1) $(2x+y)^3$

(2) $(3x-2y)^3$

2 次の式を因数分解しなさい。

(1) x^3+8y^3

(2) $64x^3-27y^3$

up

3 $(a+2)^5$ を展開しなさい。

4 次の分数式を約分しなさい。

(1) $\dfrac{4ab^3}{6a^3b^2c}$

(2) $\dfrac{x^2+x}{x^2+3x+2}$

up (3) $\dfrac{x^2-1}{x^3-1}$

5 次の計算をしなさい。

(1) $\dfrac{a^2b}{(3c)^2}\times\dfrac{6c}{(ab)^2}$

(2) $\dfrac{a}{a^2-1}\times(a-1)$

(3) $\dfrac{4a}{(-2b)^2}\div\left(\dfrac{a}{b}\right)^2$

up (4) $\dfrac{x+1}{x}\div\dfrac{(x+1)^2}{x^2-x}\times\dfrac{x+1}{x-1}$

6 次の計算をしなさい。

(1) $\dfrac{x}{x-2}+\dfrac{2x+1}{x-2}$

(2) $\dfrac{2a+1}{a^2+3}-\dfrac{a-1}{a^2+3}$

(3) $\dfrac{3a}{a^2-4}+\dfrac{a+8}{a^2-4}$

(4) $\dfrac{4x-7}{x^2-9}-\dfrac{2x-1}{x^2-9}$

7 次の計算をしなさい。

(1) $\dfrac{2}{x+3}+\dfrac{1}{x-2}$

(2) $\dfrac{1}{x}-\dfrac{1}{x(x+1)}$

(3) $a-\dfrac{a}{a+1}$

up (4) $\dfrac{1}{a(a+1)}+\dfrac{1}{(a+1)(a+2)}$

考えてみよう！ $(x+y)^3+8$ を因数分解する方法を考えてみよう。

また，実際に因数分解してみよう。

検

⑤ 複素数 [教科書 p. 20〜23]

p.20 **問 1** 次の□にあてはまる数を入れなさい。

(1) -7 の平方根は□と□

(2) -16 の平方根は□と□

p.21 **問 2** 次の数を i を用いて表しなさい。

(1) $\sqrt{-2}$　(2) $\sqrt{-4}$　(3) $-\sqrt{-8}$

p.21 **問 3** 次の方程式を解きなさい。

(1) $x^2=-10$　(2) $x^2=-81$

(3) $x^2+7=0$　(4) $x^2+25=0$

p.22 **問 4** 次の等式が成り立つような，実数 x，y を求めなさい。

(1) $(x+2)+(y-3)i=5+3i$　(2) $(2x-4)+(y+1)i=6i$

p.22 **問 5** 次の計算をしなさい。

(1) $3i+5i$　(2) $4i-3i+2i$

(3) $(7+2i)+(3-5i)$　(4) $(-3+4i)-(1-5i)$

(5) $-2i\times4i$　(6) $2i(5+i)$

(7) $(3+2i)(1+i)$　(8) $(3-5i)(1-3i)$

(9) $(2+3i)^2$　(10) $(2+3i)(2-3i)$

p.23 **問 6** 次の複素数と共役な複素数を求めなさい。

(1) $4+3i$　(2) $5-2i$

(3) $-3+i$　(4) $7i$

p.23 **問 7** 次の計算をしなさい。

(1) $(3+4i)\div(1+2i)$　(2) $(1-4i)\div(2-i)$

(3) $\dfrac{3+i}{2-5i}$　(4) $\dfrac{5-3i}{4+i}$

練習問題

① 次の□にあてはまる数を入れなさい。

(1) -5 の平方根は□と□

(2) -25 の平方根は□と□

② 次の数を i を用いて表しなさい。

(1) $\sqrt{-3}$　(2) $\sqrt{-9}$　(3) $-\sqrt{-5}$

③ 次の方程式を解きなさい。

(1) $x^2=-11$　(2) $x^2=-4$

(3) $x^2+2=0$　(4) $x^2+36=0$

④ 次の等式が成り立つような，実数 x，y を求めなさい。

(1) $(x-1)+(y+2)i=3+4i$　(2) $(2x+8)+(y-1)i=3i$

⑤ 次の計算をしなさい。

(1) $4i-2i$　(2) $5i-4i+3i$

(3) $(8+2i)+(-3+i)$　(4) $(-2-3i)-(1-6i)$

(5) $-3i\times 2i$　(6) $i(2i-3)$

(7) $(1+3i)(5+2i)$　(8) $(4-3i)(3-4i)$

(9) $(3-2i)^2$　(10) $(4+2i)(4-2i)$

⑥ 次の複素数と共役な複素数を求めなさい。

(1) $3+5i$　(2) $1+\sqrt{2}\,i$

(3) $-4-i$　(4) $-3i$

⑦ 次の計算をしなさい。

(1) $(5-5i)\div(1-2i)$　(2) $(8-i)\div(2+i)$

(3) $\dfrac{12+5i}{3-2i}$　(4) $\dfrac{3+4i}{-4+3i}$

検

⑥ 2 次方程式 [教科書 p. 24～25]

p.24 **問 8**　次の 2 次方程式を，解の公式を用いて解きなさい。

(1) $x^2+7x+3=0$　　(2) $x^2-5x+2=0$

(3) $x^2-2x+1=0$　　(4) $16x^2+8x+1=0$

(5) $2x^2+7x+8=0$　　(6) $x^2-4x+5=0$

p.25 **問 9**　次の 2 次方程式の解を判別しなさい。

(1) $x^2+7x+5=0$　　(2) $3x^2-5x+7=0$

(3) $25x^2-10x+1=0$

p.25 **問 10**　2 次方程式 $3x^2+6x-k=0$ が異なる 2 つの虚数解をもつような定数 k の値の範囲を求めなさい。

練習問題

① 次の2次方程式を，解の公式を用いて解きなさい。

(1) $x^2 + 5x + 2 = 0$

(2) $x^2 - 4x + 1 = 0$

(3) $x^2 - 4x + 4 = 0$

(4) $25x^2 + 10x + 1 = 0$

(5) $2x^2 - 3x + 5 = 0$

(6) $x^2 - 6x + 10 = 0$

② 次の2次方程式の解を判別しなさい。

(1) $x^2 + 3x + 1 = 0$

(2) $2x^2 - 5x + 6 = 0$

(3) $16x^2 - 8x + 1 = 0$

③ 2次方程式 $2x^2 - 4x + k = 0$ が異なる2つの虚数解をもつような定数 k の値の範囲を求めなさい。

検

⑦解と係数の関係 [教科書 p. 26～28]

p.27 **問 11** 次の 2 次方程式の 2 つの解の和と積を求めなさい。

(1) $3x^2+6x+2=0$　　(2) $2x^2-4x+1=0$

(3) $x^2+2x-3=0$　　(4) $3x^2-2x-6=0$

p.27 **問 12** 2 次方程式 $x^2-3x+4=0$ の 2 つの解を α, β とするとき，次の式の値を求めなさい。

(1) $\alpha^2\beta+\alpha\beta^2$

(2) $(\alpha+1)(\beta+1)$

(3) $\alpha^2+\beta^2$

p.28 **問 13** 次の 2 つの数を解とする 2 次方程式を求めなさい。

(1) 4，6　　(2) 3，-5

(3) $2+\sqrt{3}$，$2-\sqrt{3}$　　(4) $1+3i$，$1-3i$

練習問題

① 次の2次方程式の2つの解の和と積を求めなさい。

(1) $x^2 + 5x - 6 = 0$　(2) $x^2 - 3x - 1 = 0$

(3) $2x^2 - 4x + 3 = 0$　(4) $3x^2 + x - 6 = 0$

② 2次方程式 $x^2 - 2x + 3 = 0$ の2つの解を α，β とするとき，次の式の値を求めなさい。

(1) $\alpha^2\beta + \alpha\beta^2$

(2) $(\alpha + 1)(\beta + 1)$

(3) $\alpha^2 + \beta^2$

③ 次の2つの数を解とする2次方程式を求めなさい。

(1) 5，7　(2) 2，-4

(3) $3 + \sqrt{2}$，$3 - \sqrt{2}$　(4) $2 + 3i$，$2 - 3i$

検

Exercise [教科書 p. 29]

1 $(3x-1)+(y+2)i=2+4i$ が成り立つような，実数 x，y を求めなさい。

2 次の計算をしなさい。

(1) $(2-5i)+(-5+4i)$

(2) $(-4-3i)-(-7+2i)$

(3) $(1+3i)(3-2i)$

(4) $\dfrac{5+i}{5-i}$

3 次の 2 次方程式を解きなさい。

(1) $3x^2-4x-4=0$

(2) $4x^2+20x+25=0$

(3) $x^2-8x+4=0$

(4) $2x^2+3x+2=0$

4 次の 2 次方程式の解を判別しなさい。

(1) $x^2-7x+1=0$

(2) $2x^2-4x+3=0$

(3) $x^2+4x+4=0$

(4) $-4x^2+9x-2=0$

5 2次方程式 $x^2+kx+16=0$ の解が重解となるような定数 k の値を求めなさい。
また，そのときの重解を求めなさい。

6 次の2次方程式の2つの解の和と積を求めなさい。

(1) $4x^2+x-8=0$　　(2) $x^2-x-5=0$

7 2次方程式 $x^2+2x+5=0$ の2つの解を α, β とするとき，次の式の値を求めなさい。

(1) $\alpha+\beta$　　(2) $\alpha\beta$

(3) $\alpha^2\beta+\alpha\beta^2$　　(4) $\alpha^2+\beta^2$

(5) $(\alpha-\beta)^2$

(6) $\dfrac{\beta}{\alpha}+\dfrac{\alpha}{\beta}$

8 次の2つの数を解とする2次方程式を求めなさい。

(1) $3+\sqrt{7}$, $3-\sqrt{7}$　　(2) $4+i$, $4-i$

考えてみよう！ 2次方程式 $x^2+ax+b=0$ の解の1つが $1+2i$ であるとき，定数 a, b の値を求める方法を考えてみよう。また，実際に求めてみよう。

検

⑧ 整式の除法 [教科書 p. 30〜31]

p.30 **問 1** 次の計算をして，商と余りを求めなさい。

(1) $(2x^2+5x+7)\div(x+1)$ (2) $(x^3+4x^2+2x-3)\div(x+2)$

商＿＿＿＿＿＿ 余り＿＿＿＿＿ 商＿＿＿＿＿＿ 余り＿＿＿＿＿

(3) $(4x^3-2x+7)\div(x^2-2x+4)$

商＿＿＿＿＿＿ 余り＿＿＿＿＿

p.31 **問 2** 整式 $A=3x^2+2x-4$ をある整式 B でわったら，商 Q が $x+2$，余り R が 4 となった。整式 B を求めなさい。

練習問題

① 次の計算をして，商と余りを求めなさい。

(1) $(3x^2+5x+3)\div(x+2)$

商＿＿＿＿＿＿ 余り＿＿＿＿＿

(2) $(8x^2+2x-5)\div(2x-1)$

商＿＿＿＿＿＿ 余り＿＿＿＿＿

(3) $(x^3+2x^2-7x+6)\div(x-1)$

商＿＿＿＿＿＿ 余り＿＿＿＿＿

(4) $(2x^3-x^2+2x-6)\div(x^2-x+1)$

商＿＿＿＿＿＿ 余り＿＿＿＿＿

② 整式 $A=2x^2+5x-4$ をある整式 B でわったら，商 Q が $x+4$，余り R が 8 となった。整式 B を求めなさい。

検

⑨ 剰余の定理と因数定理 [教科書 p. 32〜33]

p.32 **問 3** $P(x)=x^3-2x-3$ のとき，次の値を求めなさい。

(1) $P(1)$

(2) $P(3)$

(3) $P(-1)$

p.32 **問 4** $P(x)=x^3+4x^2+2x-4$ を次の式でわったときの余りを求めなさい。

(1) $x-1$

(2) $x+2$

p.33 **問 5** 次の式の中から，整式 $P(x)=x^3-3x^2-6x+8$ の因数であるものをすべて選びなさい。

① $x-1$　② $x+1$　③ $x-2$　④ $x+2$

p.33 **問 6** 次の式を因数分解しなさい。

(1) x^3+x^2+x-3　(2) x^3-x^2-4

練習問題

① $P(x) = x^3 + 3x^2 - 4$ のとき，次の値を求めなさい。

(1)　$P(2)$

(2)　$P(-1)$

(3)　$P(-2)$

② $P(x) = x^3 + 2x^2 - 5x - 6$ を次の式でわったときの余りを求めなさい。

(1)　$x - 1$

(2)　$x + 3$

③ 次の式の中から，整式 $P(x) = x^3 + 4x^2 + x - 6$ の因数であるものをすべて選びなさい。

①　$x - 1$　　②　$x + 1$　　③　$x - 2$　　④　$x + 2$

④ 次の式を因数分解しなさい。

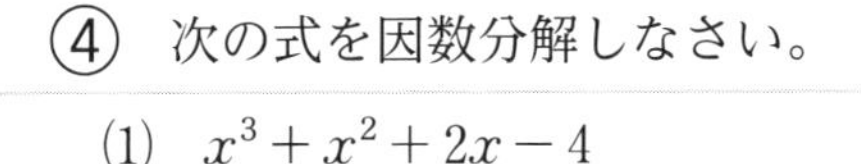

(1)　$x^3 + x^2 + 2x - 4$　　(2)　$2x^3 + x^2 + 3x + 4$

検

⑩ 高次方程式 [教科書 p. 34〜35]

p.34 問 7　次の方程式を解きなさい。

(1)　$x^3 - 5x^2 + 6x = 0$

(2)　$x^3 - x^2 - 6x = 0$

(3)　$x^4 - 6x^2 + 8 = 0$

(4)　$x^4 - 8x^2 - 9 = 0$

p.35 問 8　次の方程式を解きなさい。

(1)　$x^3 + 2x^2 - x - 2 = 0$

(2)　$x^3 + 2x^2 - 5x - 6 = 0$

(3)　$x^3 - 5x^2 + 7x - 2 = 0$

(4)　$x^3 - 3x^2 + 4x - 2 = 0$

練習問題

① 次の方程式を解きなさい。

(1) $x^3 - 2x^2 - 3x = 0$

(2) $x^3 + 7x^2 + 12x = 0$

(3) $x^4 - 3x^2 + 2 = 0$

(4) $x^4 - 16x^2 + 64 = 0$

② 次の方程式を解きなさい。

(1) $x^3 - x^2 - 9x + 9 = 0$

(2) $x^3 - 3x + 2 = 0$

(3) $x^3 - 9x - 10 = 0$

(4) $x^3 + 2x^2 + 4x + 3 = 0$

検

⑪ 高次方程式の応用 [教科書 p. 36]

p.36 **問 9** 縦の長さが 10cm，横の長さが 14cm の長方形の厚紙の 4 すみから，右の図のように 1 辺 $x$cm の正方形を切り取り，残りを折り曲げてふたのない箱をつくる。この箱の容積が 96cm^3 のとき，x の値を求めなさい。

練習問題

① 縦の長さが 12 cm，横の長さが 18 cm の長方形の厚紙の 4 すみから，右の図のように 1 辺 x cm の正方形を切り取り，残りを折り曲げてふたのない箱をつくる。この箱の容積が 160 cm^3 のとき，x の値を求めなさい。

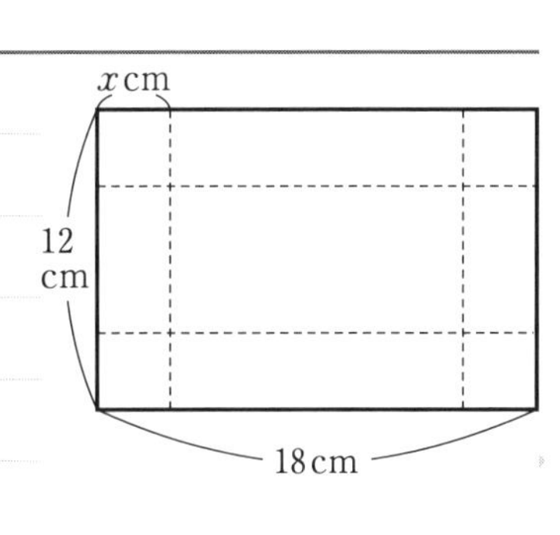

検

Exercise [教科書 p. 37]

1 次の計算をして，商と余りを求めなさい。

(1) $(x^3+3x^2-5x+4)\div(x+2)$

(2) $(3x^3-7x+6)\div(x^2+x-3)$

2 整式 $4x^3-2x^2+5$ をある整式 B でわったら，商が $4x-6$，余りが $10x-1$ となった。整式 B を求めなさい。

3 $P(x)=2x^3-3x+1$ を次の式でわったときの余りを求めなさい。

(1) $x-2$

(2) $x+3$

(3) $x-1$

4 $P(x)=x^3+x+6k$ について，次の問いに答えなさい。ただし，k は定数とする。

(1) $P(x)$ を $x+3$ でわったときの余りを求めなさい。

(2) $P(x)$ が $x+3$ でわり切れるとき，定数 k の値を求めなさい。

5 因数分解の公式を利用して，次の方程式を解きなさい。

(1) $x^3-3x^2+2x=0$

(2) $x^3+x^2-2x=0$

(3) $x^4-25x^2=0$

(4) $9x^4-16x^2=0$

検

6 因数定理を利用して，次の方程式を解きなさい。

(1) $x^3+4x^2+x-6=0$

(2) $2x^3+x^2-13x+6=0$

(3) $x^3-4x-3=0$

(4) $x^3+3x^2+4x+2=0$

考えてみよう！ 縦の長さが 3cm，横の長さが 4cm，高さが 5cm の直方体がある。この直方体の各辺を同じ長さだけ伸ばしたら，体積が 2 倍になった。

このとき，伸ばした長さを求める方法を考えてみよう。

また，実際に求めてみよう。

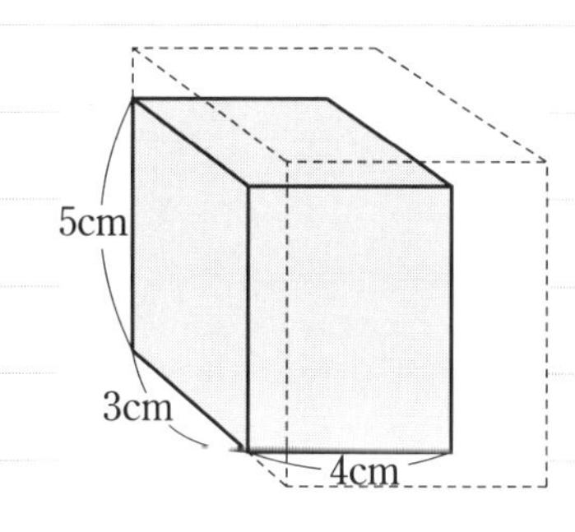

⑫ 等式の証明 [教科書 p. 38〜39]

p.38 **問 1** 次の等式を証明しなさい。

(1) $(2x+y)^2+(x-2y)^2=5(x^2+y^2)$

(2) $(x+3y)^2-12xy=(x-3y)^2$

(3) $(a^2+1)(b^2+1)=(ab-1)^2+(a+b)^2$

p.39 **問 2** $a+b=1$ のとき，次の等式を証明しなさい。

$$a^2+b^2=1-2ab$$

p.39 **問 3** $\dfrac{a}{b}=\dfrac{c}{d}$ のとき，$\dfrac{a-c}{b-d}=\dfrac{a+c}{b+d}$ が成り立つことを証明しなさい。

練習問題

① 次の等式を証明しなさい。

(1) $(x+3y)^2+(3x-y)^2=10(x^2+y^2)$

(2) $(x+4y)^2-16xy=(x-4y)^2$

(3) $(a^2-1)(b^2-1)=(ab-1)^2-(a-b)^2$

② $a+b=1$ のとき，$a^2+b=b^2+a$ が成り立つことを証明しなさい。

③ $\dfrac{a}{b}=\dfrac{c}{d}$ のとき，$\dfrac{a+2c}{b+2d}=\dfrac{a}{b}$ が成り立つことを証明しなさい。

検

⑬不等式の証明 [教科書 p. 40～41]

p.40 **問 4** 次の不等式を証明しなさい。

(1) $x^2 + 25 \geqq 10x$

(2) $4a^2 + 9b^2 \geqq 12ab$

p.40 **問 5** 右の表を完成させなさい。

a	b	$\frac{a+b}{2}$	$\sqrt{ab}$
1	1	1	1
1	4	2.5	2
2	2	2	2
2	8		
4	4		
9	4		
12	3		

p.41 **問 6** $a > 0$ のとき，$a + \frac{4}{a} \geqq 4$ が成り立つことを証明しなさい。

練習問題

① 次の不等式を証明しなさい。

(1) $x^2 + 9 \geqq 6x$

(2) $9a^2 + b^2 \geqq 6ab$

② 次の 2 つの数 a, b について，相加平均と相乗平均を求めなさい。

(1) $a = 36$, $b = 4$

(2) $a = 15$, $b = 15$

③ $a > 0$ のとき，$a + \dfrac{9}{a} \geqq 6$ が成り立つことを証明しなさい。

検

⑭ 直線上の点の座標と内分・外分 [教科書 p. 44～47]

p.44 **問 1** 次の 2 点間の距離を求めなさい。

(1) A(7), B(3)　　(2) C(−1), D(2)

(3) P(−5), Q(−2)　　(4) O(0), R($-\sqrt{2}$)

p.45 **問 2** 右の図で，点 Q(4)，R(7) はそれぞれ線分 AB をどのような比に内分するか調べなさい。

p.45 **問 3** 3 点 A(1)，B(5)，C(11) のとき，次の点を下の図にかきなさい。

(1) 線分 AB を 1：3 に内分する点 P　　(2) 線分 BC を 2：1 に内分する点 Q

(3) 線分 BC の中点 M　　(4) 線分 AC の中点 N

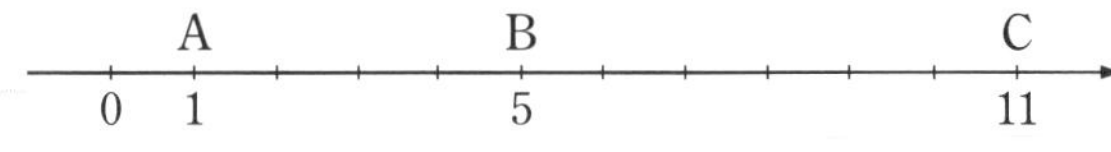

p.46 **問 4** 2 点 A(−3)，B(7) のとき，次の点の座標を求めなさい。

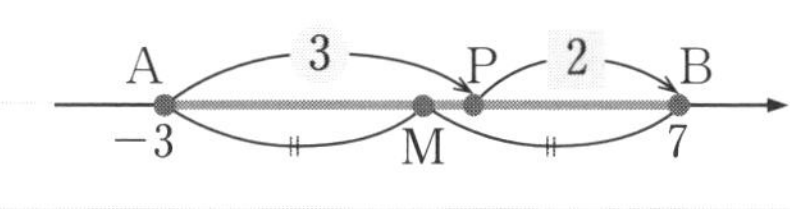

(1) 線分 AB を 3：2 に内分する点 P の座標 x

(2) 線分 AB の中点 M の座標 x

p.47 **問 5** 右の図で，点 R(5) は線分 AB をどのような比に外分するか調べなさい。

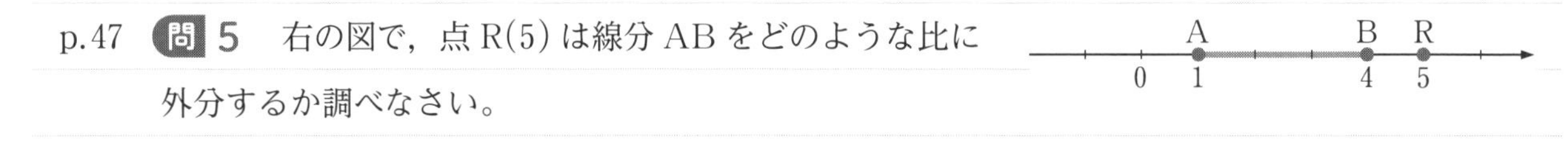

p.47 **問 6** 2 点 A(−2)，B(4) のとき，次の点の座標を求めなさい。

(1) 線分 AB を 2：1 に外分する点 P の座標 x

(2) 線分 AB を 3：5 に外分する点 Q の座標 x

練習問題

① 次の2点間の距離を求めなさい。

(1) A(9), B(4)　　(2) A(8), B(−3)

(3) C(−6), D(−2)　　(4) O(0), R($-\sqrt{5}$)

② 2点 A(−5), B(3) のとき，点 Q(−3), R(−1) はそれぞれ線分 AB をどのような比に内分するか調べなさい。

③ 3点 A(−6), B(−1), C(6) のとき，次の点を下の図にかきなさい。

(1) 線分 AB を 2：3 に内分する点 P　　(2) 線分 AB を 4：1 に内分する点 Q

(3) 線分 AC の中点 M

④ 3点 A(−3), B(5), C(9) のとき，次の点の座標を求めなさい。

(1) 線分 AB を 1：3 に内分する点 P の座標 x　　(2) 線分 AB を 3：1 に内分する点 Q の座標 x

(3) 線分 BC の中点 M の座標 x　　(4) 線分 AB の中点 N の座標 x

⑤ 2点 A(2), B(5) のとき，点 C(8), 点 D(−1) はそれぞれ線分 AB をどのような比に外分するか調べなさい。

⑥ 2点 A(1), B(5) のとき，次の点の座標を求めなさい。

(1) 線分 AB を 3：1 に外分する点 P の座標 x

(2) 線分 AB を 1：3 に外分する点 Q の座標 x

検

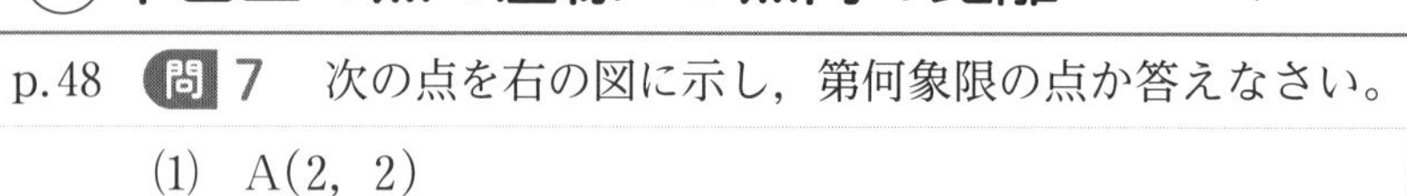

⑮平面上の点の座標・2点間の距離 [教科書 p. 48～49]

p.48 **問 7** 次の点を右の図に示し，第何象限の点か答えなさい。

(1) A(2, 2)

(2) B(−4, −2)

(3) C(3, −1)

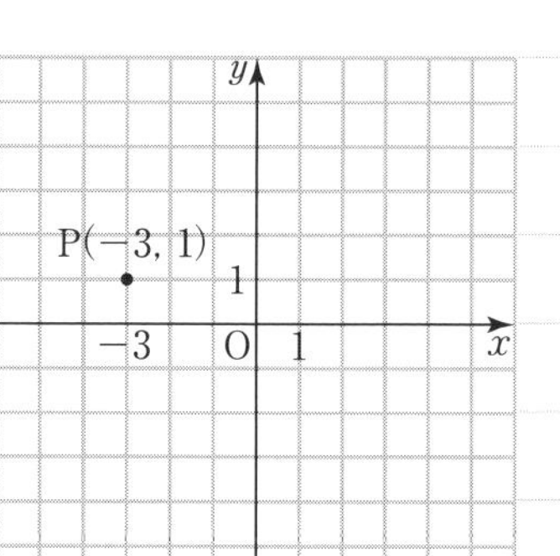

p.49 **問 8** 次の 2 点間の距離を求めなさい。

(1) A(4, 2), B(8, 5)　　(2) C(−4, 1), D(−2, 0)

(3) E(−2, −5), F(−6, 3)　　(4) O(0, 0), P(2, −3)

p.49 **問 9** 2 点 A(0, 1), B(2, 3) から等しい距離にある x 軸上の点 P の座標を求めなさい。

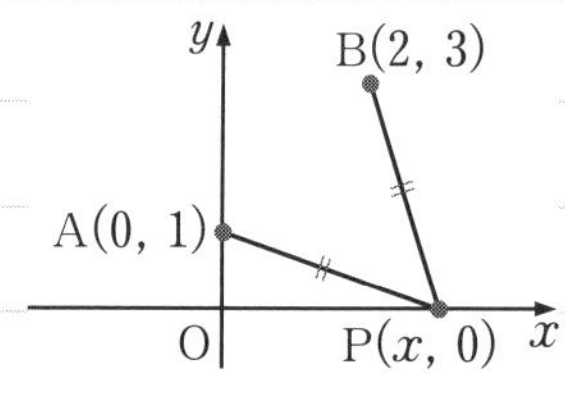

練習問題

① 次の点を右の図に示し，第何象限の点か答えなさい。

(1) A(−5, 3)　　(2) B(4, −1)

(3) C(3, 4)　　(4) D(−3, −2)

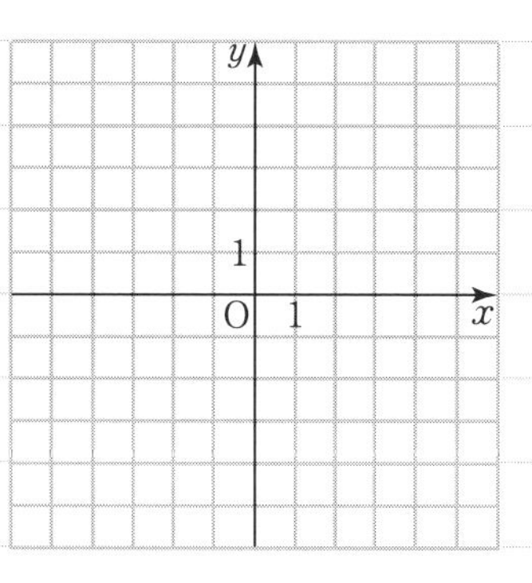

② 次の2点間の距離を求めなさい。

(1) A(6, 2)，B(8, 5)　　(2) C(−1, −1)，D(2, 2)

(3) E(−4, 5)，F(−1, 1)　　(4) O(0, 0)，P(−3, 4)

③ 2点 A(0, 3)，B(8, 5) から等しい距離にある x 軸上の点 P の座標を求めなさい。

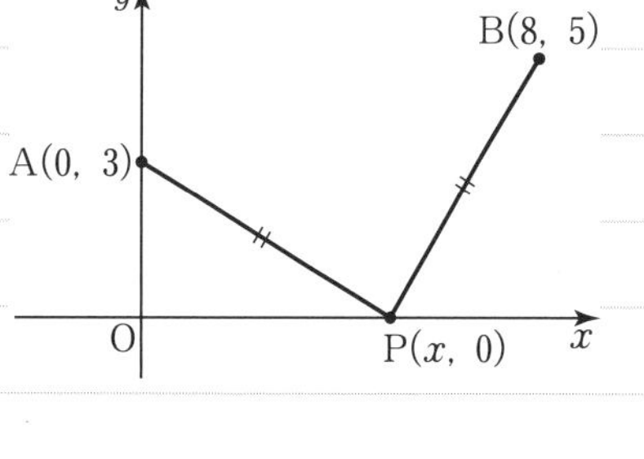

検

⑯平面上の内分点・外分点・三角形の重心の座標 [教科書 p. 50～52]

p.51 **問 10** 2点 A$(-2,\ 5)$, B$(4,\ -1)$ のとき，次の点の座標を求めなさい。

(1) 線分 AB を 2：1 に内分する点 P の座標 $(x,\ y)$

(2) 線分 AB の中点 M の座標 $(x,\ y)$

p.51 **問 11** 2点 A$(1,\ 2)$, B$(5,\ 4)$ のとき，線分 AB を 3：1 に外分する点 P の座標 $(x,\ y)$ を求めなさい。

p.52 **問 12** 3点 A$(2,\ 5)$, B$(-3,\ -2)$, C$(4,\ 3)$ を頂点とする △ABC の重心 G の座標 $(x,\ y)$ を求めなさい。

練習問題

① 2点A(3, −2), B(−3, 7)のとき，次の点の座標を求めなさい。

(1) 線分ABを2：1に内分する点Pの座標 $(x,\ y)$

(2) 線分ABを1：2に内分する点Qの座標 $(x,\ y)$

(3) 線分ABの中点Mの座標 $(x,\ y)$

② 2点A(−1, 3), B(4, 8)および2点C(3, −2), D(−3, 7)について，次の点の座標を求めなさい。

(1) 線分ABを3：2に外分する点Pの座標 $(x,\ y)$

(2) 線分CDを1：2に外分する点Qの座標 $(x,\ y)$

③ 3点A(1, 1), B(5, 2), C(3, 6)を頂点とする△ABCの重心Gの座標 $(x,\ y)$ を求めなさい。

検

Exercise [教科書 p. 53]

1 数直線上に2点A(-5)，B(7)がある。線分ABの中点をP，線分ABを$1:5$に内分する点をQとするとき，次のものを求めなさい。

(1) 点Pの座標　　(2) 点Qの座標

(3) 2点P，Q間の距離

2 次の2点間の距離を求めなさい。

(1) A$(2,\ 3)$，B$(-4,\ -5)$　　(2) C$(0,\ -\sqrt{3})$，D$(2,\ \sqrt{3})$

(3) O$(0,\ 0)$，B$(-4,\ 3)$

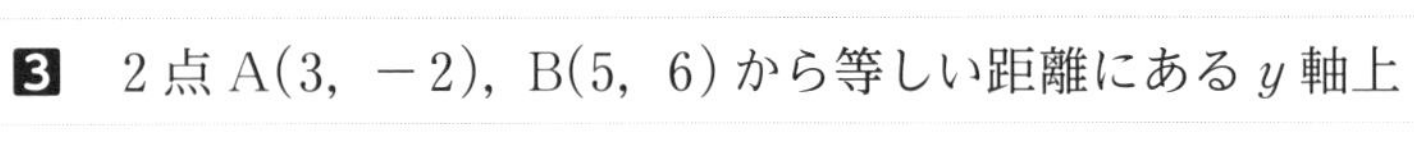

3 2点A$(3,\ -2)$，B$(5,\ 6)$から等しい距離にあるy軸上の点Pの座標を求めなさい。

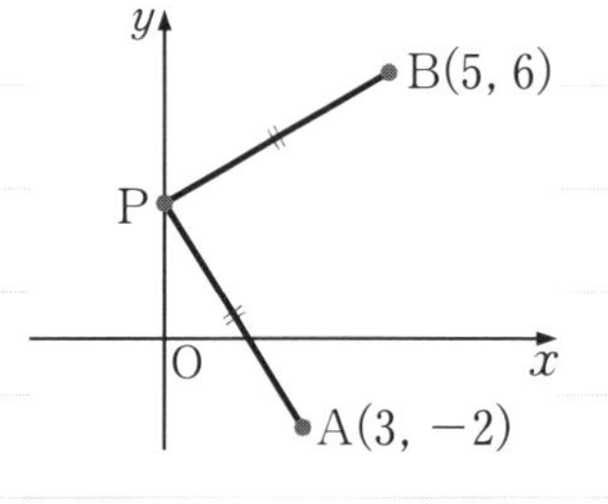

4　3点 A(3, 8)，B(−7, −2)，C(1, −6) があるとき，次の点の座標を求めなさい。

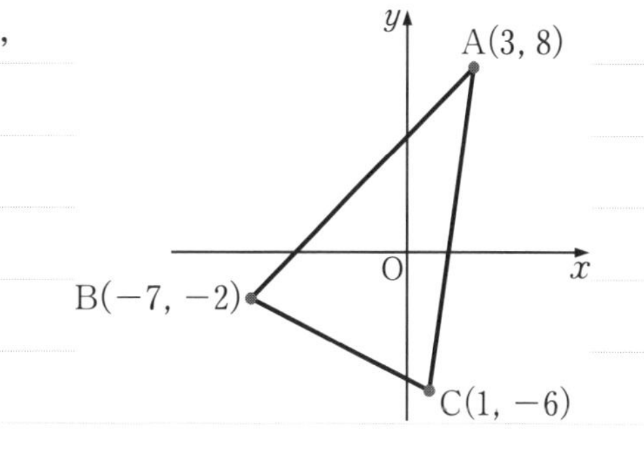

(1)　線分 AB を 2：3 に内分する点 P

(2)　線分 BC を 3：2 に外分する点 Q

(3)　△ABC の重心 G

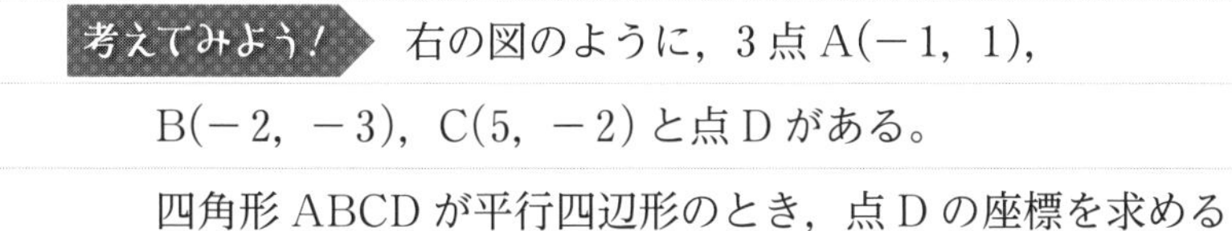

考えてみよう!　右の図のように，3点 A(−1, 1)，B(−2, −3)，C(5, −2) と点 D がある。

四角形 ABCD が平行四辺形のとき，点 D の座標を求める方法を考えてみよう。

また，実際に求めてみよう。

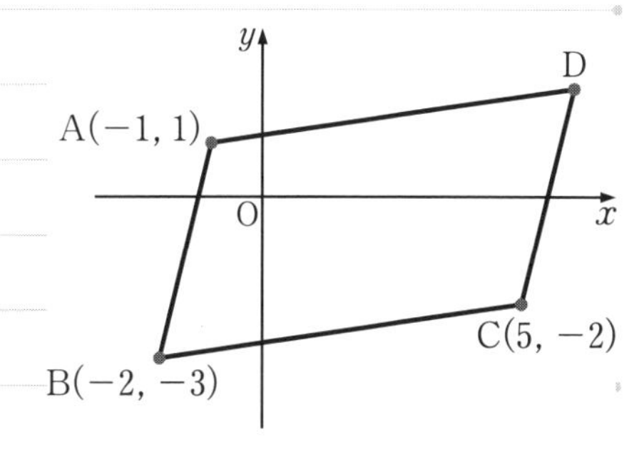

検

⑰ 直線の方程式(1) [教科書 p. 54〜55]

p.54 **問 1** 次の方程式の表す直線を，右の図にかきなさい。

(1) $y=3x-1$

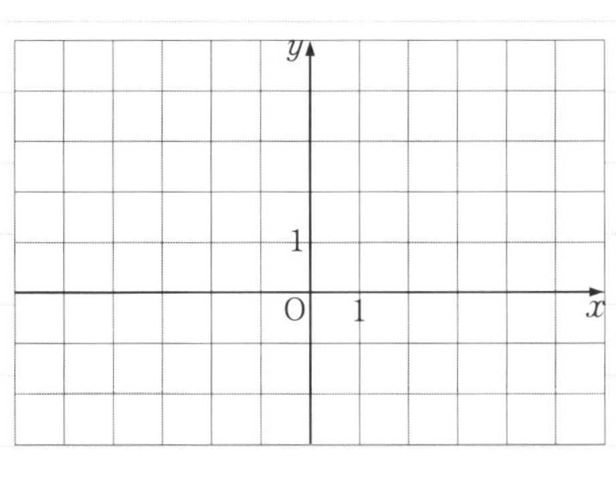

(2) $y=-x+4$

(3) $y=\frac{2}{3}x+1$

p.55 **問 2** 次の直線の方程式を求めなさい。

(1) 点 $(4,\ 1)$ を通り，傾きが 2 の直線

(2) 点 $(2,\ -3)$ を通り，傾きが -4 の直線

(3) 点 $(-4,\ -2)$ を通り，傾きが $\frac{1}{2}$ の直線

(4) 点 $(6,\ 0)$ を通り，傾きが $-\frac{2}{3}$ の直線

練習問題

① 次の方程式の表す直線を，傾きと切片を求めて，右の図にかきなさい。

(1)　$y=3x+2$

傾き＿＿＿＿＿＿＿＿　切片＿＿＿＿＿＿＿＿

(2)　$y=-x+5$

傾き＿＿＿＿＿＿＿＿　切片＿＿＿＿＿＿＿＿

(3)　$y=\dfrac{2}{3}x-4$

傾き＿＿＿＿＿＿＿＿　切片＿＿＿＿＿＿＿＿

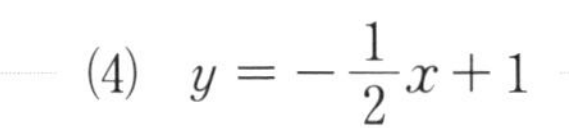

(4)　$y=-\dfrac{1}{2}x+1$

傾き＿＿＿＿＿＿＿＿　切片＿＿＿＿＿＿＿＿

② 次の直線の方程式を求めなさい。

(1)　点$(3,\ 2)$を通り，傾きが4の直線

(2)　点$(2,\ -1)$を通り，傾きが-3の直線

(3)　点$(4,\ 2)$を通り，傾きが$-\dfrac{1}{2}$の直線

(4)　点$(-3,\ 4)$を通り，傾きが$\dfrac{2}{3}$の直線

検

⑱直線の方程式(2) [教科書 p. 56〜57]

p.56 **問3** 次の2点を通る直線の方程式を求めなさい。

(1) (1, 4), (3, 8)　　(2) (1, 5), (4, −1)

(3) (−4, 0), (2, 3)　　(4) (3, −1), (−2, 4)

p.57 **問4** 次の2点を通る直線の方程式を求めなさい。

(1) (−1, 3), (4, 3)　　(2) (2, −1), (2, 5)

p.57 **問5** 次の方程式の表す直線を，右の図にかきなさい。

(1) $-2x+y-3=0$

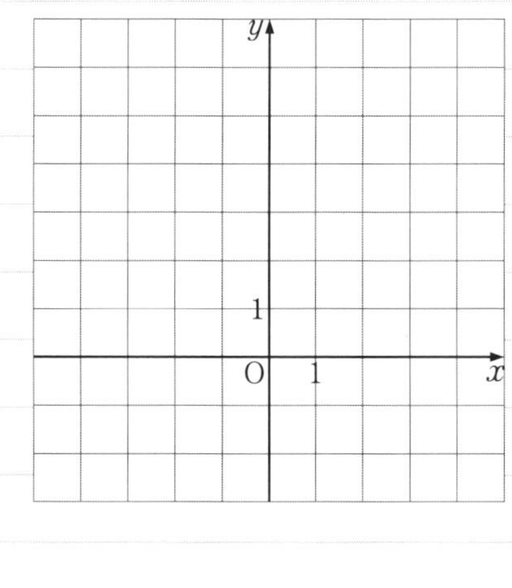

(2) $2x+3y-6=0$

(3) $y-1=0$

(4) $x+2=0$

練習問題

① 次の2点を通る直線の方程式を求めなさい。

(1) $(3,\ 2)$, $(5,\ 6)$

(2) $(2,\ 3)$, $(-3,\ 8)$

(3) $(6,\ 0)$, $(4,\ -1)$

(4) $(3,\ 2)$, $(-6,\ 8)$

(5) $(-2,\ 6)$, $(4,\ 6)$

(6) $(-1,\ 5)$, $(-1,\ -10)$

② 次の方程式の表す直線を，右の図にかきなさい。

(1) $2x + y - 5 = 0$

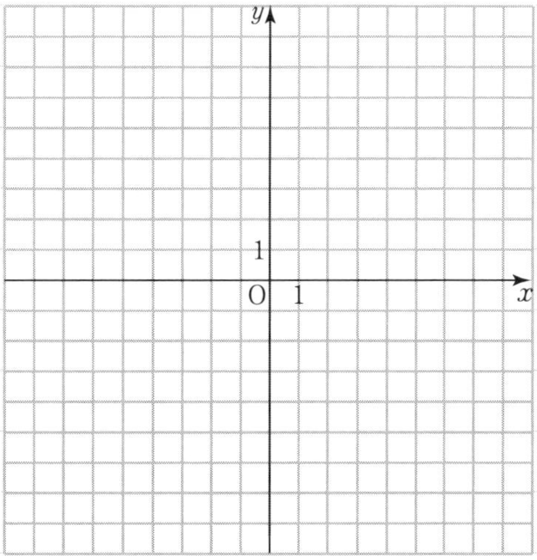

(2) $2x - 3y - 12 = 0$

(3) $y = 4$

(4) $x + 3 = 0$

y
1
O 1
x

検

⑲ 2 直線の交点の座標 [教科書 p. 58]

p.58 問 6 次の 2 直線の交点の座標を求めなさい。

(1) $y = x - 7$, $y = -2x + 5$

(2) $y = -x + 4$, $y = 3x - 4$

(3) $y = -x + 3$, $3x - 2y - 9 = 0$

(4) $3x + y + 2 = 0$, $x + y - 2 = 0$

練習問題

① 次の2直線の交点の座標を求めなさい。

(1)　$y = x - 3$,　$y = -x + 1$

(2)　$y = -2x + 12$,　$y = 3x + 2$

(3)　$y = 2x - 5$,　$2x - 3y - 3 = 0$

(4)　$2x + y - 1 = 0$,　$x - 2y - 8 = 0$

検

⑳平行・垂直な2直線 [教科書 p. 59〜61]

p.59 **問 7**　次の直線のうち，平行なものはどれとどれか答えなさい。

① $y=3x-1$　　② $y=-\frac{1}{2}x+3$

③ $x+2y-2=0$　　④ $3x-y+5=0$

p.59 **問 8**　次の直線の方程式を求めなさい。

(1) 点 $(2,\ 1)$ を通り，直線 $y=3x+1$ に平行な直線

(2) 点 $(-5,\ 8)$ を通り，直線 $y=-2x+3$ に平行な直線

(3) 点 $(2,\ 0)$ を通り，直線 $x+y-4=0$ に平行な直線

p.61 **問 9**　次の□にあてはまる数を入れなさい。

(1) 2直線 $y=2x$，$y=\square x+1$ は垂直である。

(2) 2直線 $y=-\frac{1}{5}x+1$，$y=\square x+2$ は垂直である。

(3) 2直線 $y=\square x-2$，$y=-\frac{4}{3}x+3$ は垂直である。

練習問題

① 次の直線のうち，平行なものはどれとどれか答えなさい。

① $y = 5x + 2$　　② $x + 3y - 1 = 0$

③ $5x - y - 8 = 0$　　④ $y = -\frac{1}{3}x - 6$

② 次の直線の方程式を求めなさい。

(1) 点 $(1,\ 1)$ を通り，直線 $y = 2x + 5$ に平行な直線

(2) 点 $(3,\ -1)$ を通り，直線 $y = -x + 3$ に平行な直線

(3) 点 $(-3,\ 2)$ を通り，直線 $x - 3y - 3 = 0$ に平行な直線

③ 次の□にあてはまる数を入れなさい。

(1) 2直線 $y = 3x - 1$，$y = \square x + 2$ は垂直である。

(2) 2直線 $y = -\frac{3}{4}x + 1$，$y = \square x - 3$ は垂直である。

(3) 2直線 $y = \square x - 3$，$y = -\frac{5}{2}x + 4$ は垂直である。

検

㉑ 垂直な 2 直線・原点と直線の距離 [教科書 p. 61〜62]

p.61 問 10　次の直線の方程式を求めなさい。

(1)　点 $(4,\ 2)$ を通り，直線 $y = -4x + 5$ に垂直な直線

(2)　点 $(-3,\ 1)$ を通り，直線 $y = \dfrac{3}{2}x + 1$ に垂直な直線

p.62 問 11　原点 O と直線 $y = 2x + 5$ の距離を求めなさい。

練習問題

① 次の直線の方程式を求めなさい。

(1) 点 $(1,\ 2)$ を通り，直線 $y=\dfrac{1}{2}x-1$ に垂直な直線

(2) 点 $(-3,\ 1)$ を通り，直線 $y=\dfrac{3}{2}x+2$ に垂直な直線

② 原点Oと直線 $y=x+3$ の距離を求めなさい。

検

Exercise [教科書 p. 63]

1 次の図の直線 l の方程式を求めなさい。

(1)

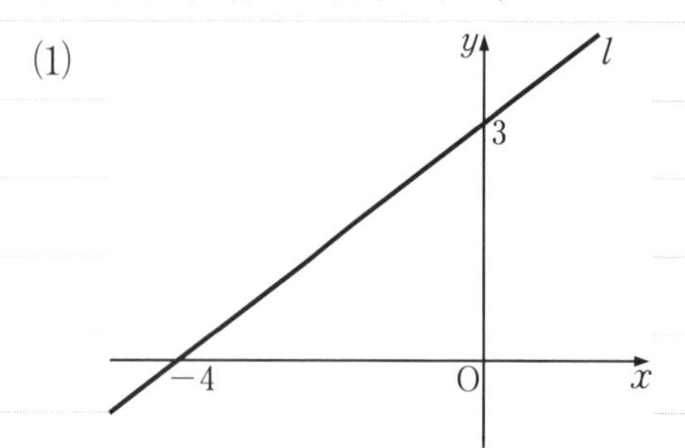

(2)

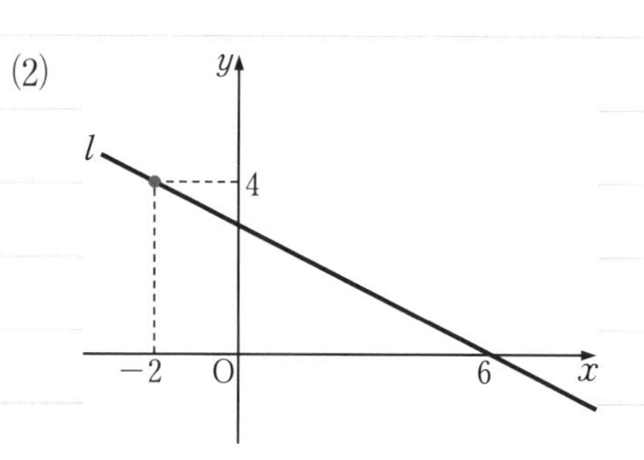

2 次の直線の方程式を求めなさい。

(1) 点 $(-4,\ 2)$ を通り，傾きが -2 の直線

(2) 点 $(2,\ -1)$ を通り，直線 $y=4x+1$ に平行な直線

(3) 点 $(6,\ 5)$ を通り，直線 $y=-2x+3$ に垂直な直線

(4) 2 点 $(1,\ 6)$，$(4,\ 5)$ を通る直線

(5) 2 点 $(-1,\ 4)$，$(3,\ 4)$ を通る直線

(6) 2 点 $(1,\ 5)$，$(1,\ -2)$ を通る直線

3 2直線 $x+y-5=0$，$x-3y+3=0$ について，次の問いに答えなさい。

(1) この2直線の交点の座標を求めなさい。

(2) (1)で求めた交点を通り，直線 $x+2y-2=0$ に平行な直線と垂直な直線の方程式をそれぞれ求めなさい。

考えてみよう！ 2点 A$(-3,\ 6)$，B$(1,\ -2)$ を結ぶ線分 AB の垂直2等分線の方程式を求める方法を考えてみよう。また，実際に求めてみよう。

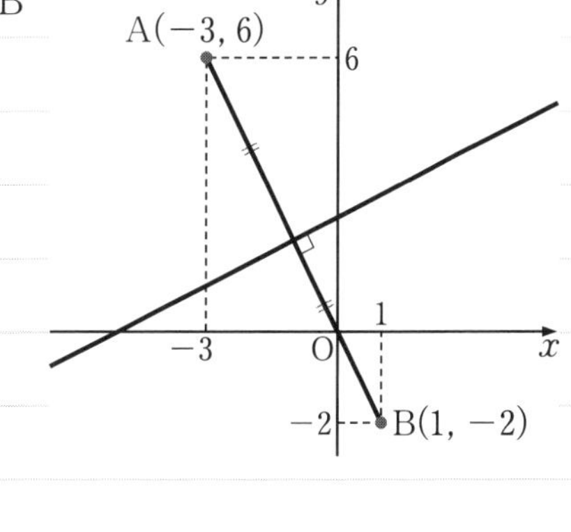

㉒円の方程式(1) [教科書 p. 64〜66]

p.65 **問 1**　次の円の方程式を求めなさい。

(1)　中心が点 $(-5,\ 2)$，半径 2 の円　　(2)　中心が点 $(-4,\ -1)$，半径 3 の円

(3)　中心が点 $(3,\ -4)$，半径 $2\sqrt{2}$ の円　　(4)　原点を中心とする半径 $\sqrt{5}$ の円

p.65 **問 2**　次の方程式が表す円の中心の座標と半径を求めなさい。

(1)　$(x-1)^2+(y-3)^2=16$　　(2)　$(x-4)^2+(y+5)^2=3$

(3)　$(x-2)^2+y^2=100$　　(4)　$x^2+y^2=10$

p.66 **問 3**　点 $(2,\ 5)$ を中心として，y 軸に接する円の方程式を求めなさい。

p.66 **問 4**　次の 2 点 A，B を直径の両端とする円の方程式を求めなさい。

(1)　$\mathrm{A}(-3,\ 0)$，$\mathrm{B}(1,\ 2)$　　(2)　$\mathrm{A}(-1,\ 1)$，$\mathrm{B}(5,\ -3)$

練習問題

① 次の円の方程式を求めなさい。

(1) 中心が点$(2,\ -3)$，半径5の円

(2) 中心が点$(-6,\ -5)$，半径3の円

(3) 中心が点$(-3,\ 4)$，半径$2\sqrt{3}$の円

(4) 原点を中心とする半径$\sqrt{3}$の円

② 次の方程式が表す円の中心の座標と半径を求めなさい。

(1) $(x-3)^2+(y-5)^2=16$

(2) $(x+1)^2+(y-3)^2=8$

(3) $x^2+(y+3)^2=9$

(4) $x^2+y^2=36$

③ 点$(-3,\ 5)$を中心として，x軸に接する円の方程式を求めなさい。

④ 次の2点A，Bを直径の両端とする円の方程式を求めなさい。

(1) $A(-2,\ -1)$，$B(2,\ 3)$

(2) $A(-5,\ 1)$，$B(3,\ 7)$

検

㉓円の方程式(2) [教科書 p. 67]

p.67 **問 5**　次の方程式が表す円の中心の座標と半径を求めなさい。

(1)　$x^2+y^2+6x+2y-15=0$　　(2)　$x^2+y^2+8x-6y=0$

(3)　$x^2+y^2-4x+10y+25=0$　　(4)　$x^2+y^2-2x-8=0$

p.67 **プラス問題1**　次の方程式が表す円の中心の座標と半径を求めなさい。

(1)　$x^2+y^2-4x+2y-4=0$　　(2)　$x^2+y^2+10x-2y-10=0$

(3)　$x^2+y^2-2x-8y+11=0$　　(4)　$x^2+y^2+6y-7=0$

練習問題

① 次の方程式が表す円の中心の座標と半径を求めなさい。

(1) $x^2+y^2-6x-4y-3=0$

(2) $x^2+y^2+10x-6y+9=0$

(3) $x^2+y^2-2x+8y+8=0$

(4) $x^2+y^2-6y+5=0$

(5) $x^2+y^2-4x-2y+4=0$

(6) $x^2+y^2+6x-8y-11=0$

(7) $x^2+y^2-2x+4y-11=0$

(8) $x^2+y^2-4x-6y-12=0$

検

㉔円と直線の関係 [教科書 p. 68〜69]

p.68 **問 6** 次の円と直線の共有点の座標を求めなさい。

(1) $x^2+y^2=25$, $y=x+1$ (2) $x^2+y^2=2$, $y=x-2$

p.69 **問 7** 次の円と直線の共有点の個数を調べなさい。

(1) $x^2+y^2=10$, $y=x+4$ (2) $x^2+y^2=4$, $y=x-3$

(3) $x^2+y^2=5$, $y=2x+5$

練習問題

① 次の円と直線の共有点の座標を求めなさい。

(1) $x^2 + y^2 = 25,\ y = -x + 1$

(2) $x^2 + y^2 = 10,\ y = x - 2$

(3) $x^2 + y^2 = 5,\ y = -2x + 5$

(4) $x^2 + y^2 = 8,\ y = x - 4$

② 次の円と直線の共有点の個数を調べなさい。

(1) $x^2 + y^2 = 5,\ y = -x + 1$

(2) $x^2 + y^2 = 10,\ y = -3x + 10$

検

㉕軌跡 [教科書 p. 70]

p.70 問 8　原点 O と点 A(3, 0) に対して，PO：PA = 1：2 となる点 P の軌跡を求めなさい。

練習問題

① 原点 O と点 A(5, 0) に対して，PO：PA = 3：2 となる点 P の軌跡を求めなさい。

Exercise ［教科書 p. 71］

1　次の方程式が表す円の中心の座標と半径を求めなさい。

(1)　$(x-3)^2+(y+2)^2=9$

(2)　$x^2+y^2-2x+6y-26=0$

(3)　$x^2+y^2+4x-8y+11=0$

2　点 $(-4,\ 3)$ を中心として，x 軸に接する円と，y 軸に接する円をそれぞれ(1)，(2)に図示し，それらの方程式を求めなさい。

(1)

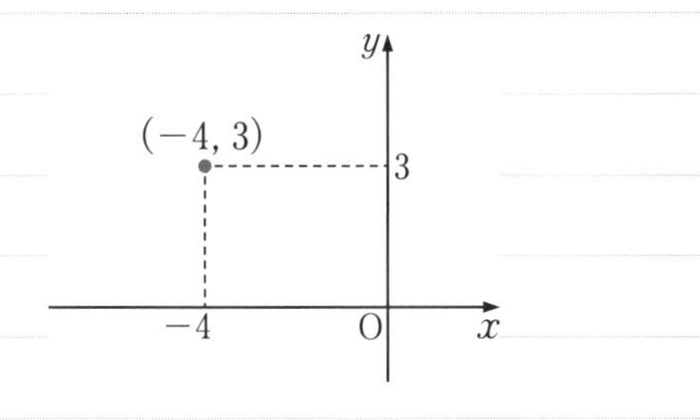

(x 軸に接する円)

(2)

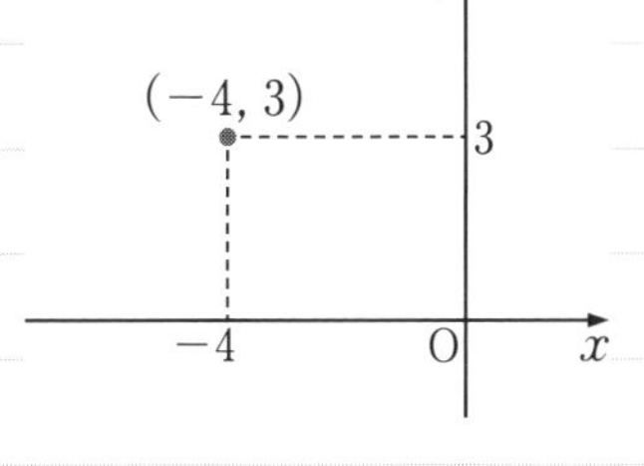

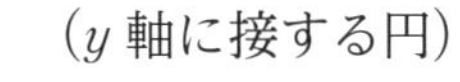
(y 軸に接する円)

検

3 次の円の方程式を求めなさい。

(1) 点 $(-2,\ 2)$ を中心として，x 軸，y 軸の両方に接する円

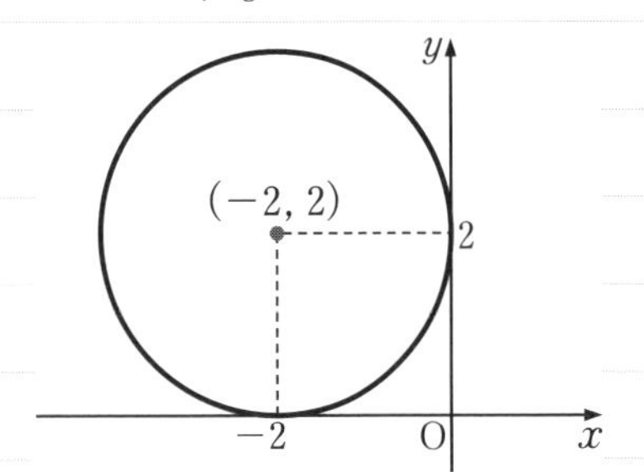

up (2) 点 $(3,\ -1)$ を中心として，点 $(6,\ 3)$ を通る円

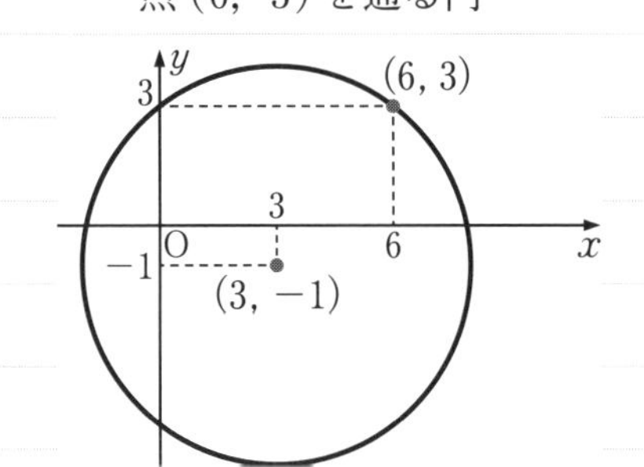

4 次の円と直線の共有点の個数を調べなさい。

(1) $x^2+y^2=2,\ y=x+1$

(2) $x^2+y^2=18,\ y=x-6$

(3) $x^2+y^2=4$, $y=-x-4$

5 原点Oと点A(8, 0)に対して，PO : PA = 1 : 3となる点Pの軌跡を求めなさい。

考えてみよう！ 円 $x^2+y^2=5$ 上の点 $(1,\ 2)$ における接線の方程式を求める方法を考えてみよう。また，実際に求めてみよう。

検

㉖円で分けられる領域 [教科書 p. 72～73]

p.73 問 1　次の不等式の表す領域について，□にあてはまる数やことばを入れなさい。

(1) $x^2+y^2<4$

原点を中心とする

半径□の円の□部

ただし，境界線を□。

(2) $x^2+y^2 \geqq 9$

原点を中心とする

半径□の円の□部

ただし，境界線を□。

p.73 問 2　次の不等式の表す領域を図示し，□にあてはまることばを入れなさい。

(1) $x^2+y^2 \leqq 16$

ただし，境界線を□。

(2) $(x+2)^2+(y-3)^2>4$

ただし，境界線を□。

練習問題

① 次の不等式の表す領域を図示し，□にあてはまることばを入れなさい。

(1) $x^2+y^2<25$

ただし，境界線を□。

(2) $(x-3)^2+(y+2)^2 \geqq 16$

ただし，境界線を□。

㉗ 直線で分けられる領域 [教科書 p. 74〜75]

p.75 **問 3**　次の不等式の表す領域を図示し，□にあてはまることばを入れなさい。

(1)　$y < -x + 1$

ただし，境界線を□。

(2)　$y \geqq 2x - 3$

ただし，境界線を□。

p.75 **問 4**　次の不等式の表す領域を図示し，□にあてはまることばを入れなさい。

(1)　$x + y \leqq 4$

ただし，境界線を□。

(2)　$2x - y - 1 < 0$

ただし，境界線を□。

練習問題

① 次の不等式の表す領域を図示し，□にあてはまることばを入れなさい。

(1)　$2x - y < 4$

ただし，境界線を□。

(2)　$2x + y - 1 \leqq 0$

ただし，境界線を□。

検

㉘連立不等式の表す領域 [教科書 p. 76〜77]

p.77 **問 5** 次の連立不等式の表す領域を図示し，□にあてはまることばを入れなさい。

(1) $\begin{cases} y \geqq x+1 \\ y \leqq -2x+4 \end{cases}$

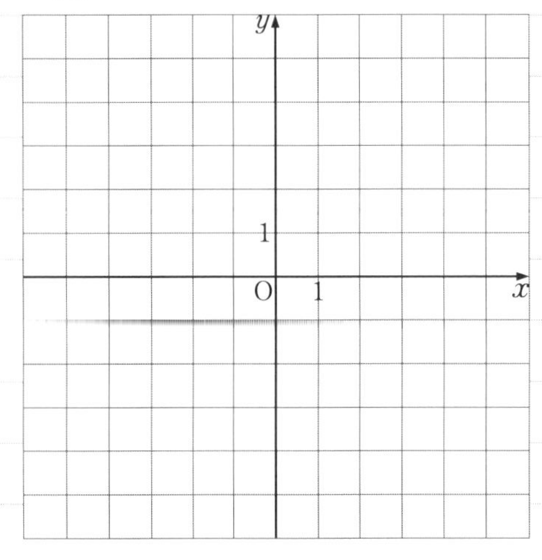

ただし，境界線を□。

(2) $\begin{cases} x^2+y^2 < 16 \\ y < -x+1 \end{cases}$

ただし，境界線を□。

p.77 **プラス問題②** 次の連立不等式の表す領域を図示し，□にあてはまることばを入れなさい。

(1) $\begin{cases} y > -x+3 \\ y < x \end{cases}$

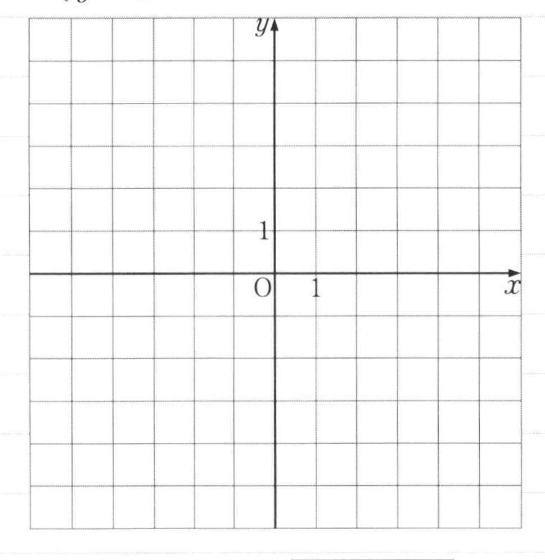

ただし，境界線を□。

(2) 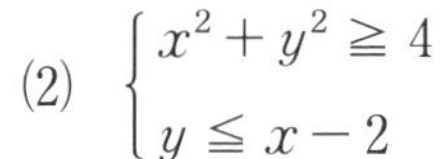
$\begin{cases} x^2+y^2 \geqq 4 \\ y \leqq x-2 \end{cases}$

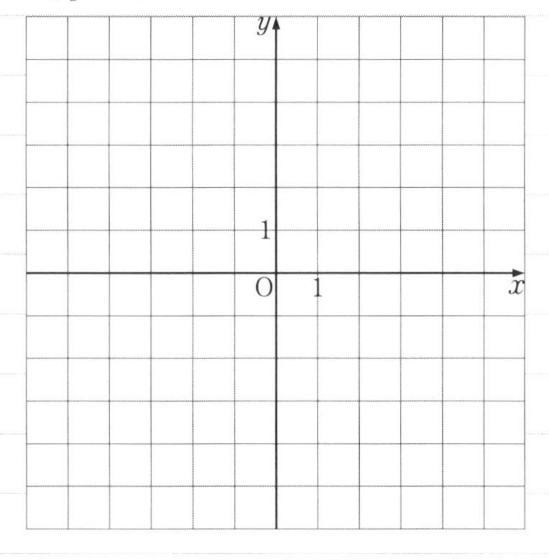

ただし，境界線を□。

Exercise [教科書 p. 78]

1 次の不等式の表す領域を図示しなさい。

(1) $x^2+y^2>25$

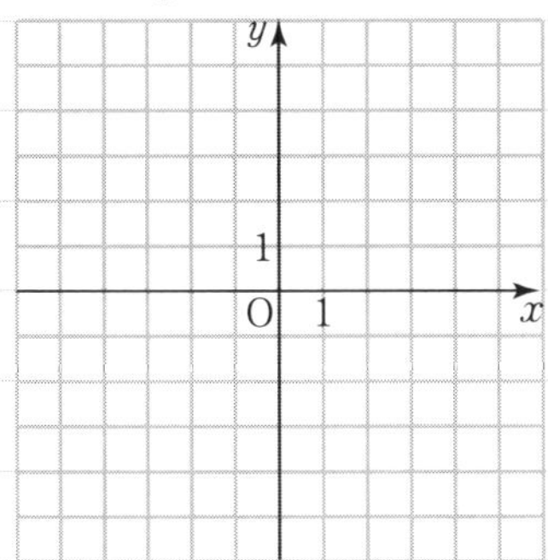

(2) $(x+1)^2+(y-2)^2<9$

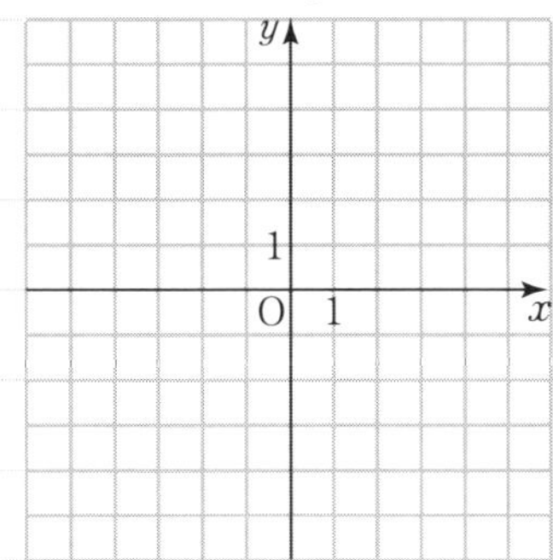

(3) $x^2+(y-5)^2 \leqq 16$

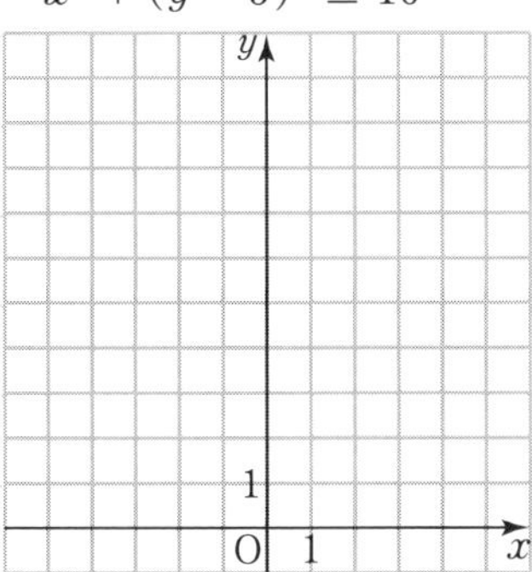

(4) $x^2+4x+y^2 \geqq 0$

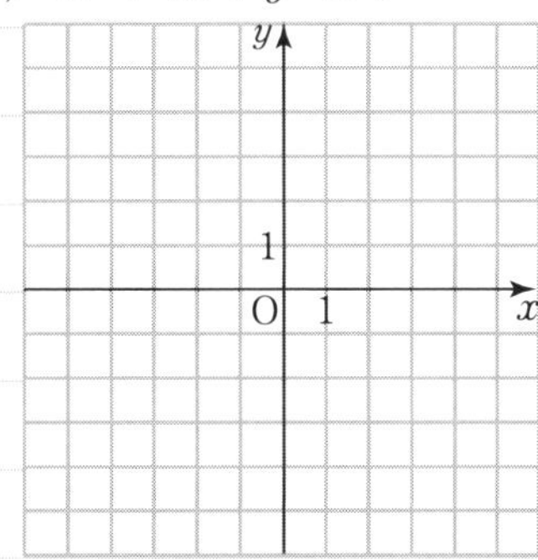

2 次の不等式の表す領域を図示しなさい。

(1) $y>x-2$

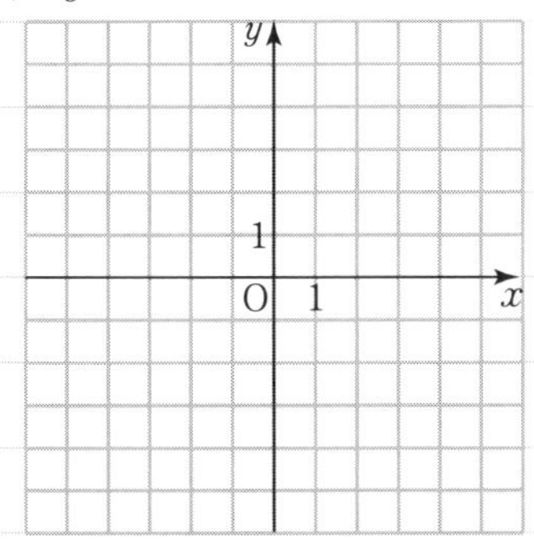

(2) $y<-2x+2$

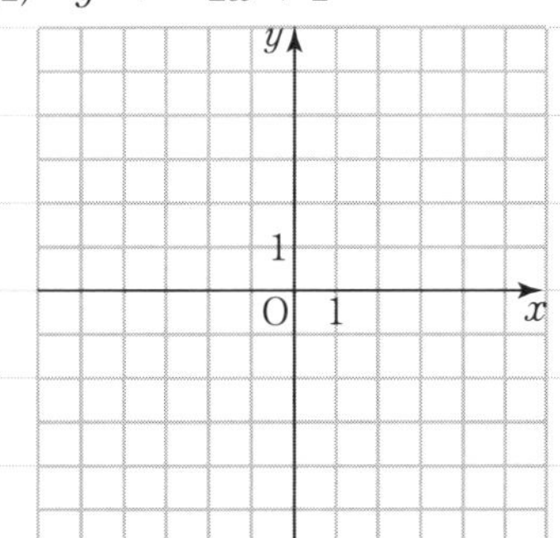

(3) $x+y \leqq 3$

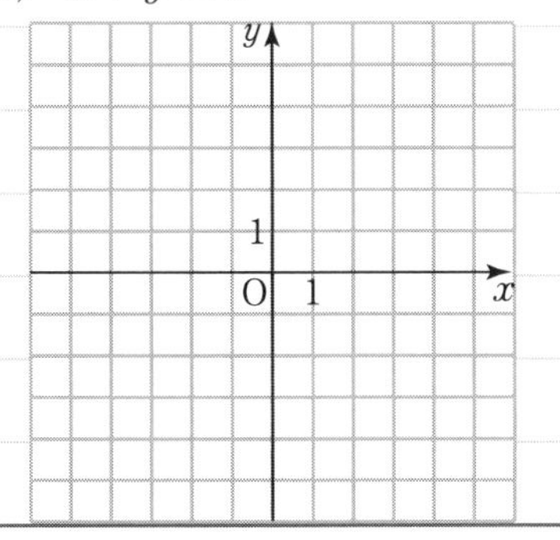

(4) $3x-2y \geqq 6$

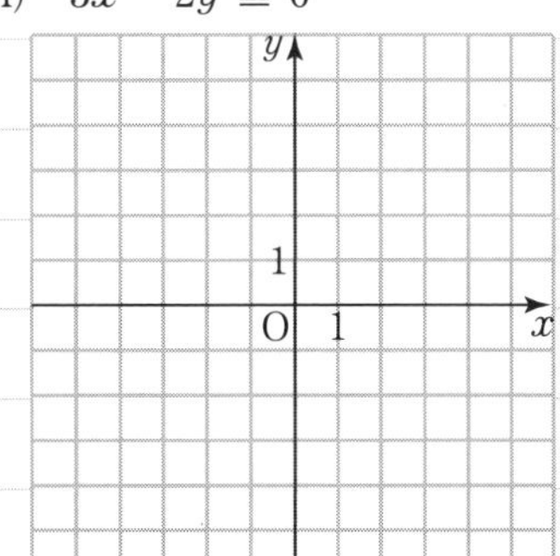

検

3 次の連立不等式の表す領域を図示しなさい。

(1) $\begin{cases} y < x \\ y > -x \end{cases}$

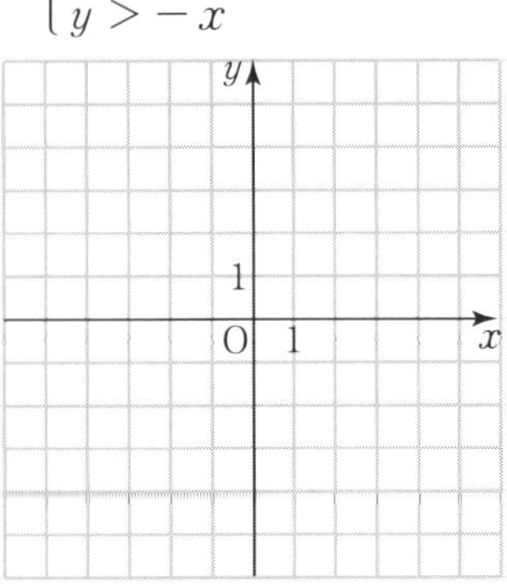

(2) $\begin{cases} y \geqq -2x + 4 \\ x - 2y + 3 \leqq 0 \end{cases}$

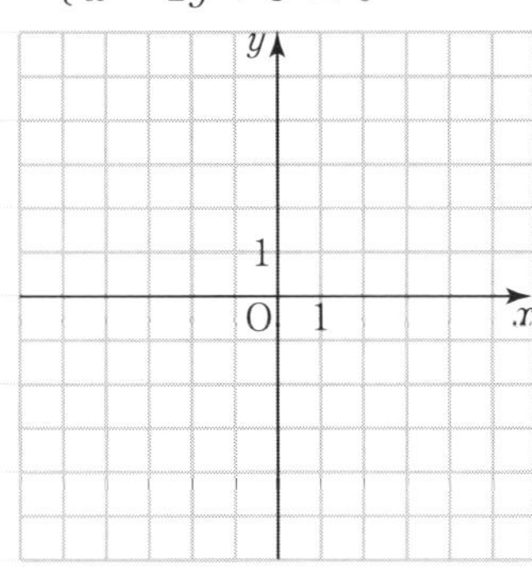

(3) $\begin{cases} (x+1)^2 + (y-1)^2 \geqq 9 \\ y \geqq x - 1 \end{cases}$

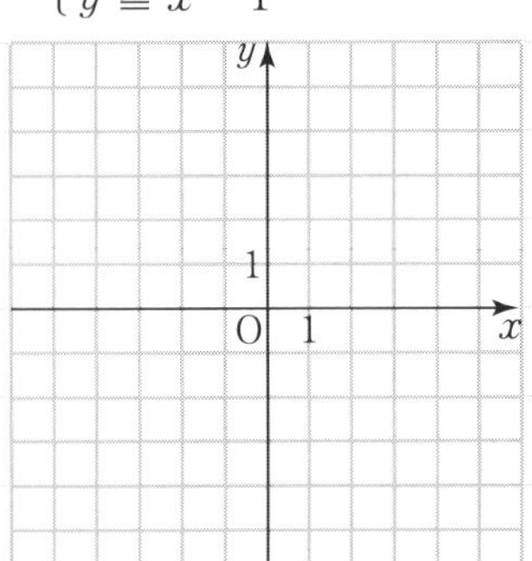

(4) $\begin{cases} x^2 + y^2 > 1 \\ x^2 + y^2 < 4 \end{cases}$

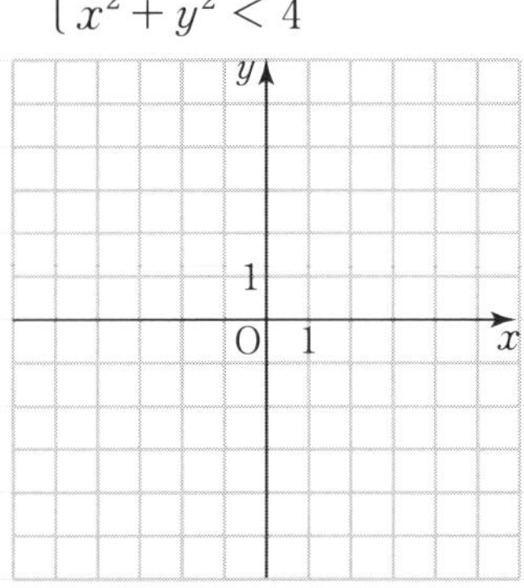

up

4 次の連立不等式の表す領域を図示しなさい。

$$\begin{cases} y > 0 \\ y < x + 2 \\ x^2 + y^2 < 4 \end{cases}$$

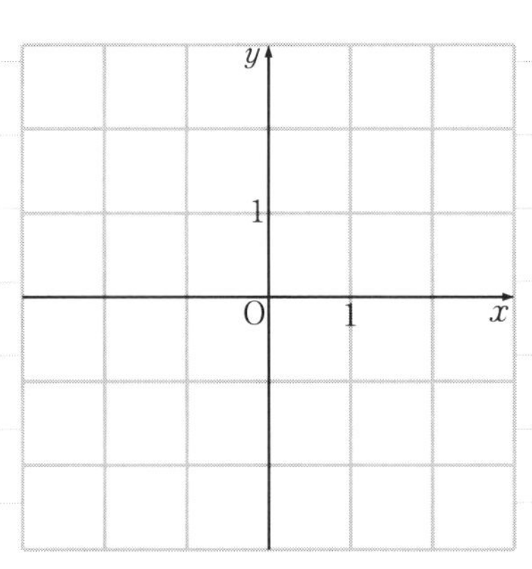

5 次の連立不等式の表す領域が図の斜線部分となるように，□にあてはまる式を入れなさい。

ただし，境界線を含まない。

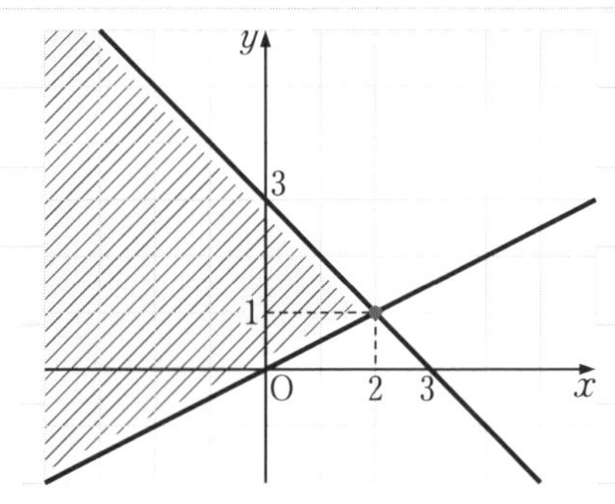

考えてみよう！　不等式 $(x-y-3)(2x+y-3)<0$ の表す領域を図示する方法を考えてみよう。

また，実際に図示してみよう。

検

㉙一般角・三角関数 [教科書 p. 82〜85]

p.83 **問 1** 次の角の動径 OP を図示しなさい。

(1) 240°　(2) 495°　(3) -300°

O X　O X　O X

p.83 **問 2** 次の角について□にあてはまる数を入れ，$\theta + 360^\circ \times n$ の形で表しなさい。

ただし，$0^\circ \leqq \theta < 360^\circ$ とする。

(1) $510^\circ = \square^\circ + 360^\circ \times \square$

(2) $750^\circ = \square^\circ + 360^\circ \times \square$

(3) $1100^\circ = \square^\circ + 360^\circ \times \square$

(4) $-675^\circ = \square^\circ + 360^\circ \times (-\square)$

p.85 **問 3** 次の角 θ について，$\sin\theta$，$\cos\theta$，$\tan\theta$ の値を求めなさい。

(1) $\theta = 210^\circ$　(2) $\theta = 225^\circ$　(3) $\theta = -60^\circ$

p.85 **問 4** 320°，-210° は，それぞれ第何象限の角か答えなさい。

練習問題

① 次の角の動径 OP を図示しなさい。

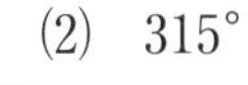

(1)　150°　　(2)　315°　　(3)　$-330°$

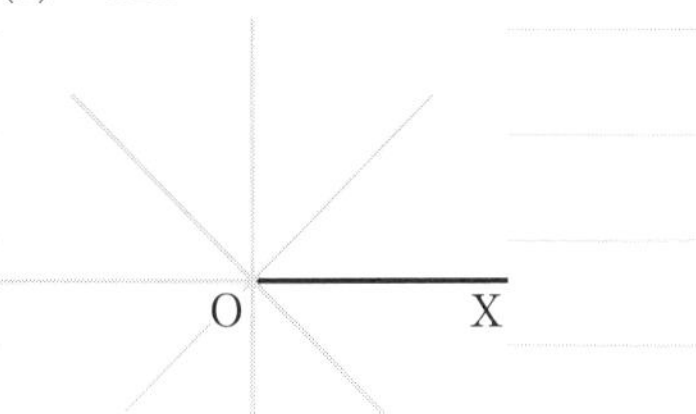

O　X　　O　X

② 次の角について□にあてはまる数を入れ，$\theta + 360° \times n$ の形で表しなさい。

ただし，$0° \leqq \theta < 360°$ とする。

(1)　$480° = \square° + 360° \times \square$

(2)　$800° = \square° + 360° \times \square$

(3)　$1200° = \square° + 360° \times \square$

(4)　$-750° = \square° + 360° \times (-\square)$

③ 次の角 θ について，$\sin\theta$，$\cos\theta$，$\tan\theta$ の値を求めなさい。

(1)　$\theta = 240°$　　(2)　$\theta = 300°$　　(3)　$\theta = -45°$

④ 225°，$-315°$ は，それぞれ第何象限の角か答えなさい。

検

㉚三角関数の相互関係・三角関数の性質 [教科書 p. 86〜89]

p.87 **問 5** θが第4象限の角で，$\cos\theta = \dfrac{4}{5}$ のとき，$\sin\theta$ と $\tan\theta$ の値を求めなさい。

p.88 **問 6** 次の三角関数の値を求めなさい。

(1) $\sin 405°$

(2) $\cos 390°$

(3) $\tan 420°$

p.89 **問 7** 三角関数の表を用いて，次の値を求めなさい。

(1) $\sin(-20°)$

(2) $\cos(-18°)$

(3) $\tan(-70°)$

p.89 **問 8** 三角関数の表を用いて，次の値を求めなさい。

(1) $\sin 190°$

(2) $\cos 200°$

(3) $\tan 215°$

練習問題

① 次の三角関数の値を求めなさい。

(1) θ が第3象限の角で，$\cos\theta = -\dfrac{3}{5}$ のとき，$\sin\theta$ と $\tan\theta$

(2) θ が第4象限の角で，$\sin\theta = -\dfrac{12}{13}$ のとき，$\cos\theta$ と $\tan\theta$

(3) θ が第4象限の角で，$\cos\theta = \dfrac{2}{3}$ のとき，$\sin\theta$ と $\tan\theta$

(4) θ が第3象限の角で，$\sin\theta = -\dfrac{3}{4}$ のとき，$\cos\theta$ と $\tan\theta$

② 次の三角関数の値を求めなさい。

(1) $\sin 390^\circ$　(2) $\cos 420^\circ$

(3) $\tan 405^\circ$

③ 三角関数の表を用いて，次の値を求めなさい。

(1) $\sin(-11^\circ)$　(2) $\cos(-80^\circ)$

(3) $\tan 257^\circ$

検

㉛ $y = \sin\theta$ のグラフ ［教科書 p. 90～91］

p.91 **問 9**　$y = 3\sin\theta$ のグラフを下の図にかきなさい。

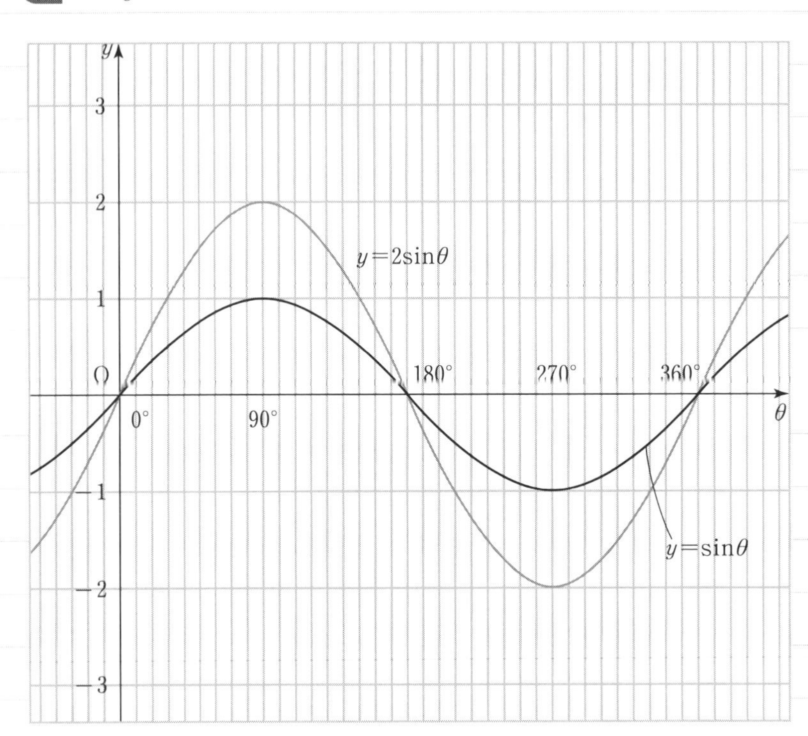

p.91 **問 10**　$0^\circ \leqq \theta \leqq 360^\circ$ の範囲で，$y = \sin\dfrac{\theta}{2}$ のグラフを下の図にかきなさい。

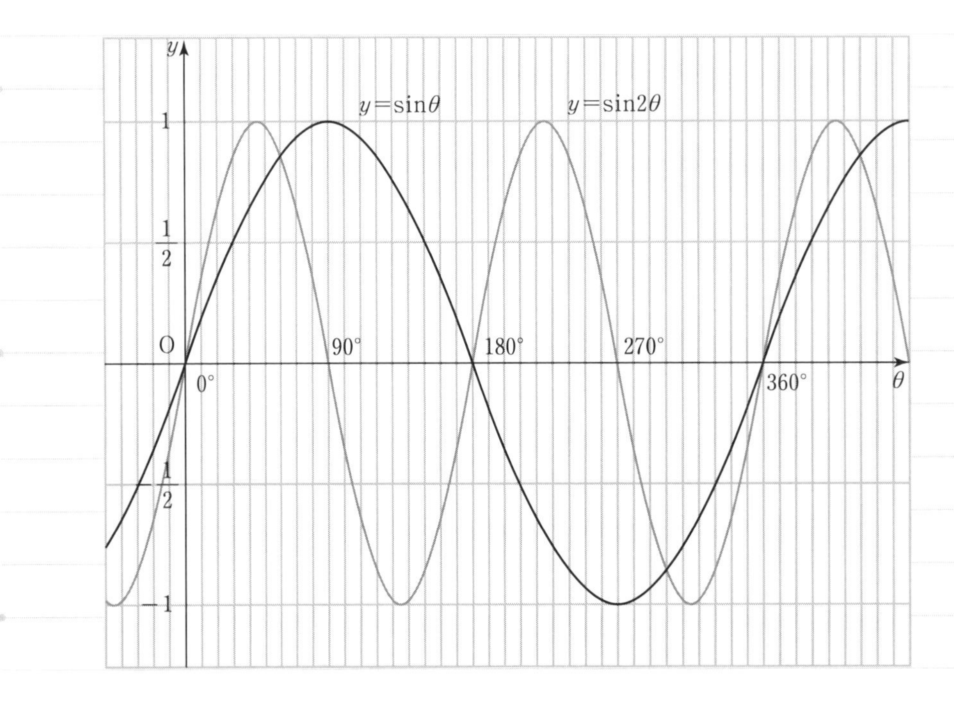

練習問題

① $y=\dfrac{1}{2}\sin\theta$ のグラフを下の図にかきなさい（教科書 p.95 Exercise 4(1)と同じです）。

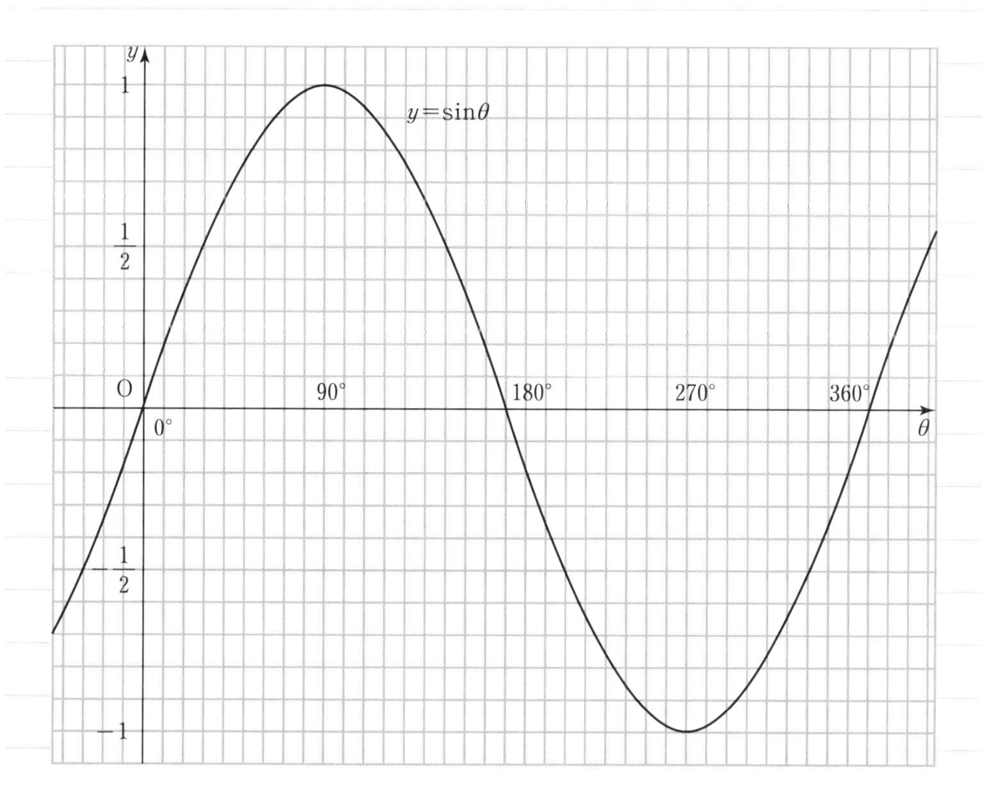

② $0^\circ \leqq \theta \leqq 360^\circ$ の範囲で，$y=\sin 3\theta$ のグラフを下の図にかきなさい。

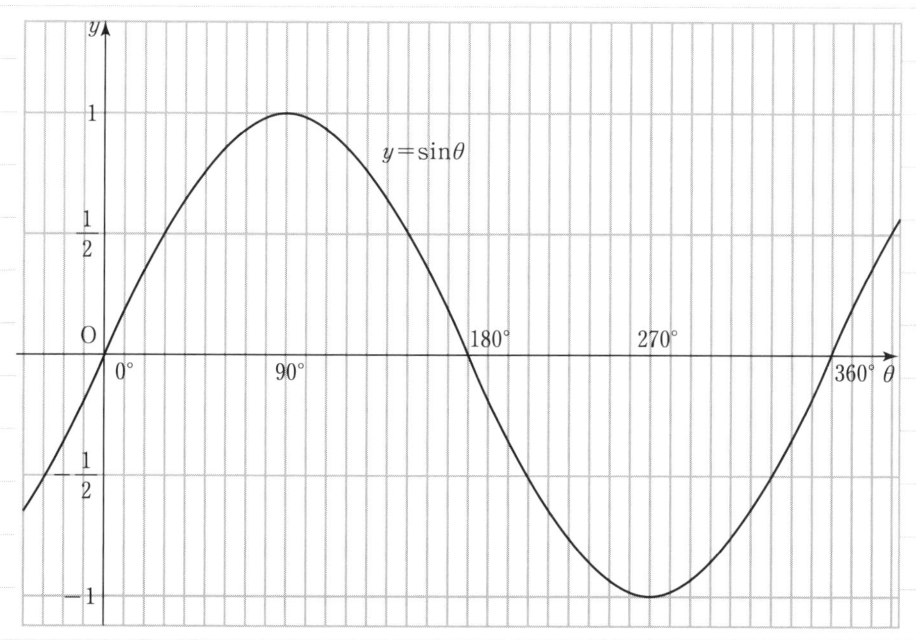

検

㉜ $y=\cos\theta$ のグラフ [教科書 p. 92〜93]

p.93 問 11　$y=3\cos\theta$ のグラフを下の図にかきなさい。

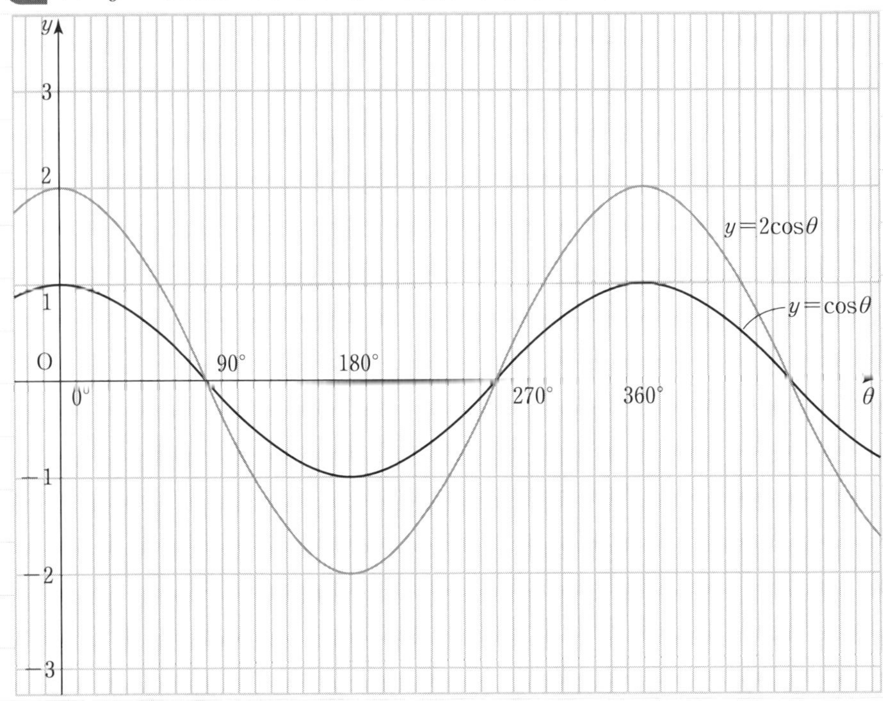

練習問題

① $y=\dfrac{1}{2}\cos\theta$ のグラフを上の図にかきなさい（教科書 p.95 Exercise 4 (2)と同じです）。

p.93 問 12　$0°\leqq\theta\leqq360°$ の範囲で，$y=\cos\dfrac{\theta}{2}$ のグラフを下の図にかきなさい。

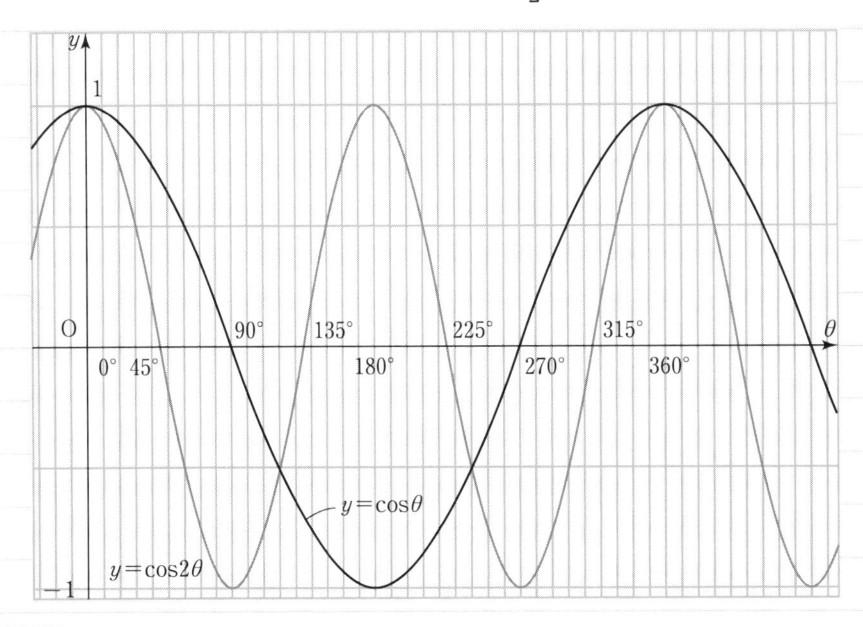

練習問題

② $0°\leqq\theta\leqq360°$ の範囲で，$y=\cos3\theta$ のグラフを上の図にかきなさい。

㉝ $y = \tan\theta$ のグラフ ［教科書 p. 94］

p.94 **問 13**　$0° \leqq \theta \leqq 360°$ の範囲で，$y = \tan\dfrac{\theta}{2}$ のグラフを下の図にかきなさい。

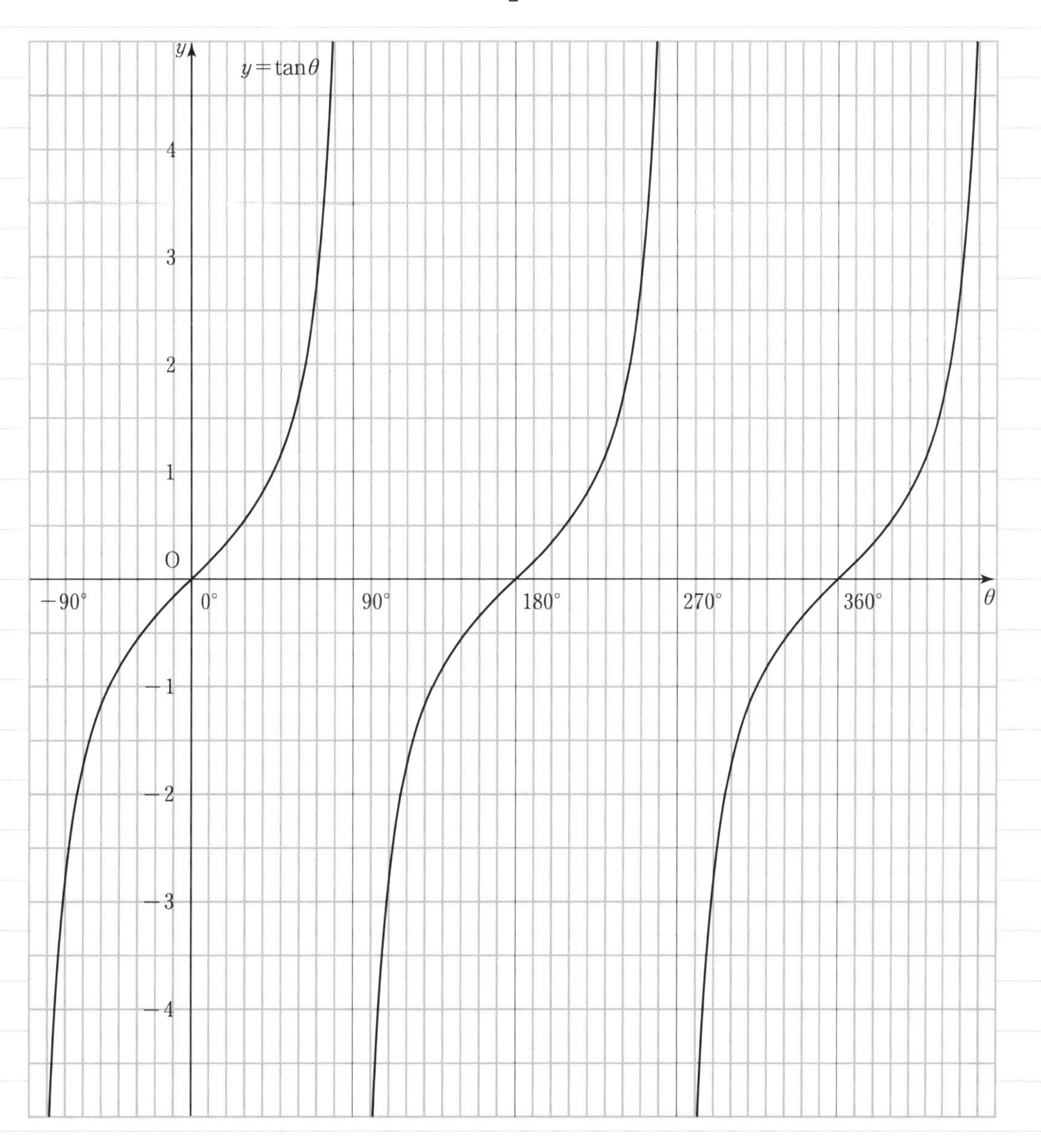

練習問題

① $0° \leqq \theta \leqq 360°$ の範囲で，$y = 2\tan\theta$ のグラフを上の図にかきなさい。

検

Exercise [教科書 p. 95]

1 次の 2 つの不等式をともにみたす θ は，第何象限の角か答えなさい。

(1) $\sin\theta < 0$，$\cos\theta > 0$　　(2) $\cos\theta < 0$，$\tan\theta > 0$

2 次の三角関数の値を求めなさい。

(1) $\sin 135^\circ$

(2) $\cos(-120^\circ)$

(3) $\tan 390^\circ$

(4) $\tan 675^\circ$

(5) $\sin(-300^\circ)$

(6) $\cos 630^\circ$

3 θ が第 3 象限の角で，$\sin\theta = -\frac{5}{13}$ のとき，$\cos\theta$ と $\tan\theta$ の値を求めなさい。

4　$0° \leqq \theta \leqq 360°$ の範囲で，次の関数のグラフをかきなさい。

(1)　$y = \dfrac{1}{2}\sin\theta$（本書 p.79 練習問題①と同じです）

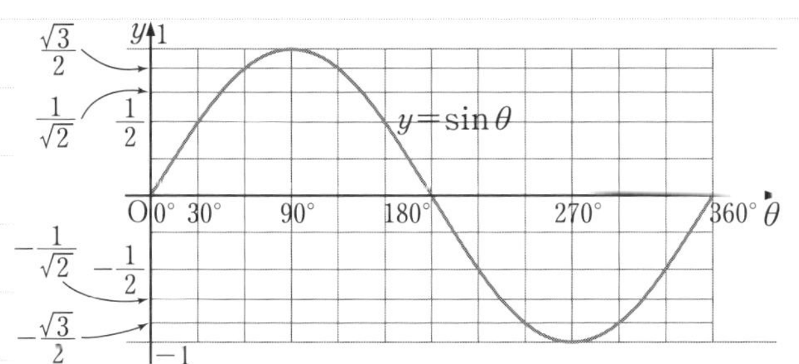

(2)　$y = \dfrac{1}{2}\cos\theta$（本書 p.80 練習問題①と同じです）

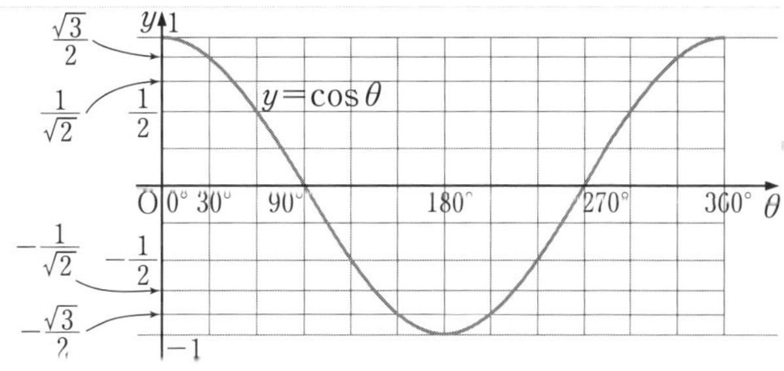

考えてみよう！　$y = \sin(\theta - 45°)$ のグラフを，表を利用してかいてみよう。

また，$y = \sin\theta$ のグラフとの位置関係を調べてみよう。

θ	$-90°$	$-45°$	$0°$	$45°$	$90°$	$135°$	$180°$	$225°$	$270°$	$315°$	$360°$	$405°$
$\sin\theta$	-1	$-\dfrac{1}{\sqrt{2}}$	0	$\dfrac{1}{\sqrt{2}}$	1	$\dfrac{1}{\sqrt{2}}$	0	$-\dfrac{1}{\sqrt{2}}$	-1	$-\dfrac{1}{\sqrt{2}}$	0	$\dfrac{1}{\sqrt{2}}$
$\sin(\theta - 45°)$												

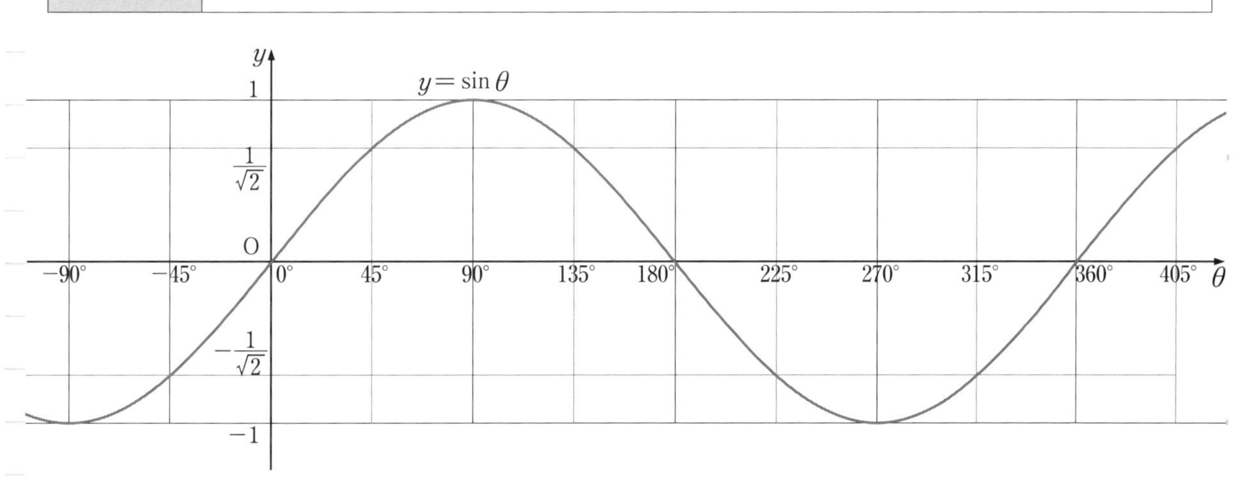

㉞加法定理・2倍角の公式 [教科書 p. 96〜98]

p.97 問 1　次の値を求めなさい。

(1)　$\sin 105^\circ$　　(2)　$\cos 75^\circ$

p.97 問 2　$\cos 15^\circ$ の値を求めなさい。

p.98 問 3　α が第 2 象限の角で，$\sin\alpha = \dfrac{4}{5}$ のとき，$\sin 2\alpha$ と $\cos 2\alpha$ の値を求めなさい。

練習問題

① $165^\circ = 135^\circ + 30^\circ$ を利用して，次の値を求めなさい。

(1) $\sin 165^\circ$　　(2) $\cos 165^\circ$

② $75^\circ = 120^\circ - 45^\circ$ を利用して，次の値を求めなさい。

(1) $\sin 75^\circ$　　(2) $\cos 75^\circ$

③ α が第2象限の角で，$\sin\alpha = \dfrac{\sqrt{2}}{3}$ のとき，$\sin 2\alpha$ と $\cos 2\alpha$ の値を求めなさい。

検

㉟三角関数の合成・弧度法 [教科書 p. 99〜101]

p.99 **問 4** 次の式を $r\sin(\theta+\alpha)$ の形に変形しなさい。

(1) $\sin\theta+\cos\theta$

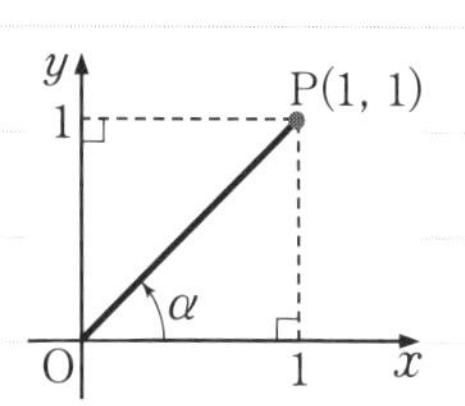

(2) $\sqrt{3}\sin\theta-\cos\theta$

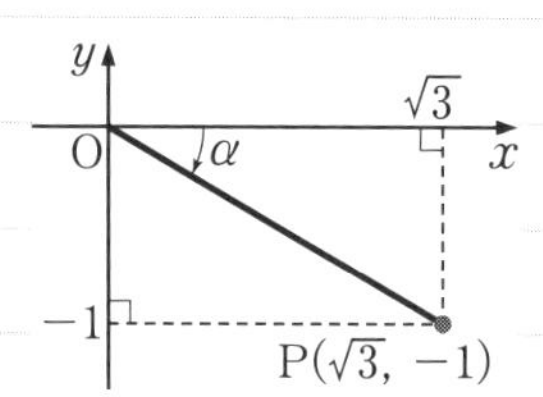

p.100 **問 5** 次の図の□にあてはまる角度を入れなさい。

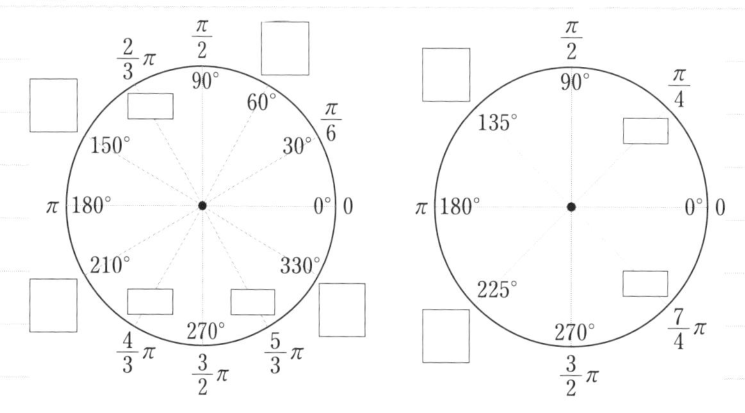

p.101 **問 6** 次の扇形の弧の長さ l と面積 S を求めなさい。

(1) 半径が 3，中心角が $\dfrac{\pi}{4}$

(2) 半径が 5，中心角が $\dfrac{\pi}{2}$

Exercise ［教科書 p. 101］

1 α が第 2 象限の角で，$\sin\alpha = \dfrac{3}{5}$ のとき，$\sin 2\alpha$ と $\cos 2\alpha$ の値を求めなさい。

2 $-\sin\theta + \sqrt{3}\cos\theta$ を $r\sin(\theta + \alpha)$ の形に変形しなさい。

3 半径 4，中心角 $\dfrac{\pi}{6}$ の扇形の，弧の長さ l と面積 S を求めなさい。

考えてみよう！ 加法定理と 2 倍角の公式を利用して，$\sin 3\alpha$ を $\sin\alpha$ で，$\cos 3\alpha$ を $\cos\alpha$ で表してみよう。

検

㊱指数の拡張 [教科書 p. 102～105]

p.102 問 1　次の計算をしなさい。

(1) $a^4 \times a^5$　(2) $(a^4)^2$

(3) $(ab)^5$　(4) $(2a)^3$

(5) $(a^2b^3)^2$　(6) $a \times (a^2)^4$

p.103 問 2　次の□にあてはまる数を入れなさい。

(1) $4^0 = \square$　(2) $5^{-2} = \dfrac{1}{5^{\square}} = \dfrac{1}{\square}$　(3) $10^{-3} = \dfrac{1}{10^{\square}} = \dfrac{1}{\square}$

p.103 問 3　次の計算をしなさい。

(1) $10^{-3} \times 10^4$　(2) $(3^{-1})^2$

(3) $10^3 \div 10^{-2}$　(4) $2^4 \times 2^{-1} \div 2^3$

p.104 問 4　次の値を求めなさい。

(1) $\sqrt[3]{27}$　(2) $\sqrt[4]{81}$

(3) $\sqrt[3]{125}$　(4) $\sqrt[5]{32}$

p.105 問 5　次の計算をしなさい。

(1) $\sqrt[3]{2} \times \sqrt[3]{4}$　(2) $\sqrt[3]{5} \times \sqrt[3]{7}$

(3) $\dfrac{\sqrt[3]{128}}{\sqrt[3]{2}}$　(4) $\dfrac{\sqrt[4]{63}}{\sqrt[4]{3}}$

p.105 問 6　次の計算をしなさい。

(1) $(\sqrt[3]{7})^2$　(2) $(\sqrt[4]{5})^3$

(3) $(\sqrt[4]{4})^2$　(4) $(\sqrt[6]{8})^2$

練習問題

① 次の計算をしなさい。

(1) $a^4 \times a^6$　(2) $a^3 \times a^5$

(3) $(a^5)^2$　(4) $(a^2)^4$

(5) $(a^2b)^3$　(6) $(-3a^2)^2 \times a^2$

② 次の□にあてはまる数を入れなさい。

(1) $5^{-3} = \dfrac{1}{5^{\square}} = \dfrac{1}{\square}$　(2) $10^{-4} = \dfrac{1}{10^{\square}} = \dfrac{1}{\square}$

③ 次の計算をしなさい。

(1) $10^{-2} \times 10^4$　(2) $(5^{-1})^2$

(3) $10^3 \div 10^4$　(4) $2^5 \times 2^{-2} \div 2^4$

④ 次の値を求めなさい。

(1) $\sqrt[3]{1}$　(2) $\sqrt[6]{64}$

(3) $\sqrt[4]{10000}$　(4) $\sqrt[3]{343}$

⑤ 次の計算をしなさい。

(1) $\sqrt[4]{2} \times \sqrt[4]{8}$　(2) $\sqrt[5]{3} \times \sqrt[5]{11}$

(3) $\dfrac{\sqrt[5]{128}}{\sqrt[5]{4}}$　(4) $\dfrac{\sqrt[3]{65}}{\sqrt[3]{5}}$

⑥ 次の計算をしなさい。

(1) $(\sqrt[3]{2})^2$　(2) $(\sqrt[4]{3})^3$

(3) $(\sqrt[3]{5})^3$　(4) $(\sqrt[4]{36})^2$

検

㊲ 指数法則 [教科書 p. 106〜107]

p.106 **問 7** 次の□にあてはまる数を入れなさい。

(1) $7^{\frac{1}{2}}=\sqrt{\square}$

(2) $6^{\frac{1}{4}}=\sqrt[\square]{6}$

(3) $5^{\frac{2}{3}}=\sqrt[\square]{5^{\square}}=\sqrt[\square]{\square}$

(4) $10^{-\frac{2}{3}}=\dfrac{1}{10^{\square}}=\dfrac{1}{\sqrt[\square]{\square}}$

p.107 **問 8** 次の計算をしなさい。

(1) $3^{\frac{2}{5}}\times 3^{\frac{3}{5}}$

(2) $(2^6)^{\frac{1}{3}}$

(3) $8^{-\frac{2}{3}}$

(4) $7^{\frac{2}{3}}\div 7^{\frac{8}{3}}$

(5) $25^{\frac{1}{6}}\times 25^{\frac{1}{3}}$

(6) $3^{\frac{1}{4}}\div 3^{-\frac{7}{4}}$

p.107 **問 9** 次の計算をしなさい。

(1) $\sqrt[3]{2^5}\times\sqrt[6]{4}$

(2) $\sqrt[3]{5^4}\times\sqrt[3]{25}$

(3) $\sqrt[6]{27}\div\sqrt[4]{9}$

(4) $\sqrt[3]{81}\div\sqrt[6]{9}$

練習問題

① 次の$\square$にあてはまる数を入れなさい。

(1) $5^{\frac{1}{2}}=\sqrt{\square}$

(2) $6^{\frac{1}{3}}=\sqrt[\square]{6}$

(3) $5^{\frac{3}{4}}=\sqrt[\square]{5^{\square}}=\sqrt[\square]{\square}$

(4) $7^{-\frac{3}{4}}=\dfrac{1}{7^{\square}}=\dfrac{1}{\sqrt[\square]{\square}}$

② 次の計算をしなさい。

(1) $3^{\frac{3}{2}}\times 3^{\frac{1}{2}}$

(2) $(2^{12})^{\frac{1}{4}}$

(3) $125^{-\frac{2}{3}}$

(4) $16^{\frac{3}{4}}\div 16^{\frac{1}{2}}$

(5) $27^{\frac{1}{6}}\times 27^{\frac{3}{2}}$

(6) $5^{\frac{1}{3}}\div 5^{-\frac{8}{3}}$

③ 次の計算をしなさい。

(1) $\sqrt[4]{3^3}\times\sqrt[8]{9}$

(2) $\sqrt[5]{36}\times\sqrt[5]{6^8}$

(3) $\sqrt[3]{32}\div\sqrt[3]{4}$

(4) $\sqrt[6]{8}\div\sqrt[8]{16}$

検

㊳指数関数のグラフ [教科書 p. 108〜111]

p.109 問 10 $y=3^x$ と $y=\left(\frac{1}{3}\right)^x$ のグラフを，下の表を完成させて右の図にかきなさい。

x	……	-2	-1	0	1	2	3	……
$y=3^x$	……	$\frac{1}{9}$	ア	イ	ウ	エ	オ	……

x	……	-3	-2	-1	0	1	2	……
$y=\left(\frac{1}{3}\right)^x$		27	カ	キ	ク	ケ	$\frac{1}{9}$	……

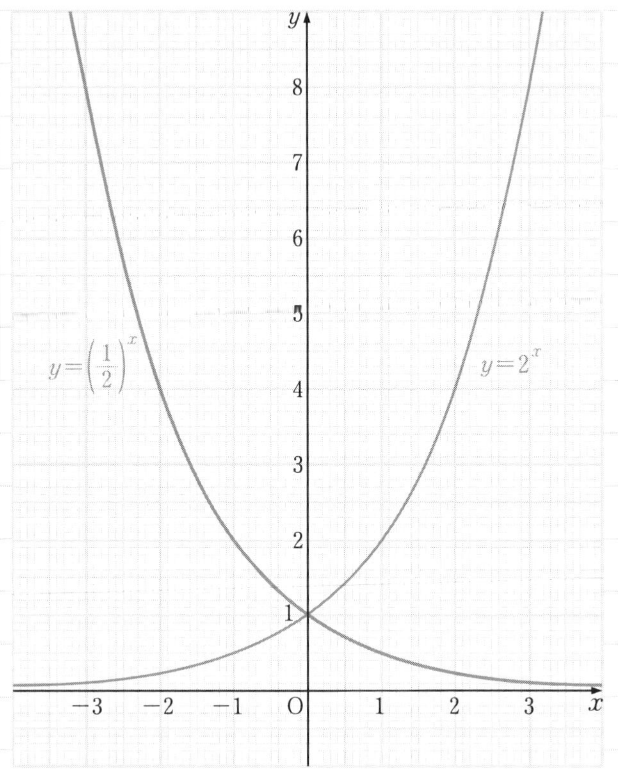

p.110 問 11 次の 3 つの数の大小を調べなさい。

(1) 3^{-1}, 3^0, $3^{\frac{2}{3}}$

(2) $\left(\frac{1}{3}\right)^3$, $\left(\frac{1}{3}\right)^{-2}$, $\left(\frac{1}{3}\right)^2$

p.111 問 12 次の方程式を解きなさい。

(1) $2^x=8$

(2) $3^x=81$

(3) $4^x=32$

(4) $9^x=27$

Exercise [教科書 p. 111]

1 次の値を求めなさい。

(1) $\sqrt[3]{64}$　(2) $\sqrt[3]{216}$　(3) $\sqrt[4]{\dfrac{16}{81}}$

2 次の計算をしなさい。

(1) $2^{\frac{2}{3}} \times 2^{\frac{4}{3}}$　(2) $(3^4)^{\frac{1}{2}}$

(3) $16^{-\frac{3}{4}}$　(4) $7^{\frac{1}{3}} \div 7^{\frac{7}{3}}$

3 次の計算をしなさい。

(1) $\sqrt{6} \times \sqrt[4]{36}$　(2) $\sqrt[3]{9} \times \sqrt[6]{9}$　(3) $\sqrt{8} \div \sqrt[6]{8}$

4 次の 3 つの数の大小を調べなさい。

(1) 5^4, 5^{-1}, $5^{-\frac{5}{2}}$　(2) $\left(\dfrac{1}{4}\right)^{-1}$, $\left(\dfrac{1}{4}\right)^{\frac{3}{2}}$, $\left(\dfrac{1}{4}\right)^{2}$

考えてみよう！ 方程式 $4^x = 2^{6-x}$ の解き方を考えてみよう。また，実際に解いてみよう。

検

㊴ 対数 [教科書 p. 112～113]

p.112 問 1　右のグラフを利用して，$6 = 2^x$ をみたす x のおよその値を求めなさい。

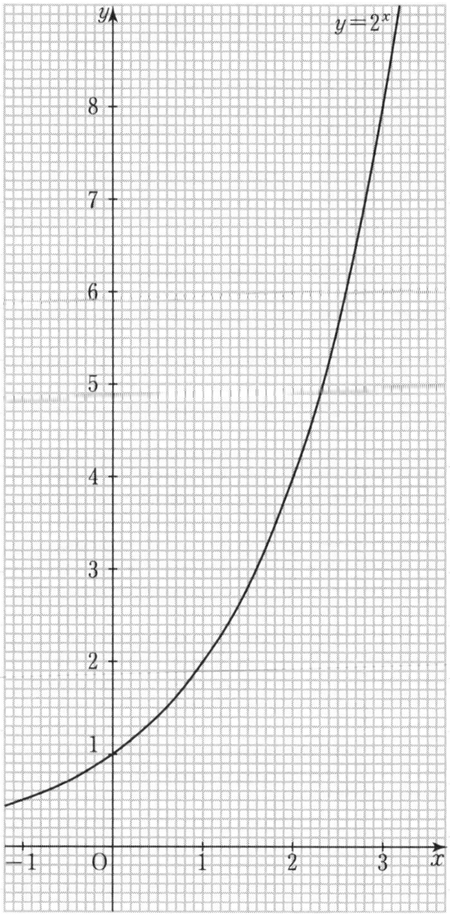

p.113 問 2　次の式を $\log_a M = p$ の形で表しなさい。

(1)　$81 = 3^4$　　(2)　$\frac{1}{25} = 5^{-2}$

(3)　$\sqrt{10} = 10^{\frac{1}{2}}$　　(4)　$7 = 7^1$

p.113 問 3　次の式を $M = a^p$ の形で表しなさい。

(1)　$\log_2 32 = 5$　　(2)　$\log_{\frac{1}{2}} 16 = -4$

(3)　$\log_6 \sqrt{6} = \frac{1}{2}$　　(4)　$\log_4 4 = 1$

p.113 問 4　次の値を求めなさい。

(1)　$\log_4 16$　　(2)　$\log_5 125$

(3)　$\log_3 \frac{1}{9}$　　(4)　$\log_6 1$

練習問題

① 左ページ問1のグラフを利用して，$7 = 2^x$ をみたす x のおよその値を求めなさい。

② 次の式を $\log_a M = p$ の形で表しなさい。

(1) $27 = 3^3$

(2) $\dfrac{1}{125} = 5^{-3}$

(3) $\sqrt{7} = 7^{\frac{1}{2}}$

(4) $13 = 13^1$

③ 次の式を $M = a^p$ の形で表しなさい。

(1) $\log_2 64 = 6$

(2) $\log_{\frac{1}{3}} 27 = -3$

(3) $\log_3 \sqrt{3} = \dfrac{1}{2}$

(4) $\log_8 8 = 1$

④ 次の値を求めなさい。

(1) $\log_7 49$

(2) $\log_{10} 1000$

(3) $\log_4 \dfrac{1}{16}$

(4) $\log_5 1$

検

㊵ 対数の性質 [教科書 p. 114〜115]

p.115 問 5　次の計算をしなさい。

(1) $\log_{12} 2 + \log_{12} 6$　　(2) $\log_6 4 + \log_6 9$

(3) $\log_3 54 - \log_3 2$　　(4) $\log_3 8 - \log_3 24$

p.115 問 6　次の計算をしなさい。

(1) $\log_6 \sqrt{3} + \log_6 \sqrt{12}$　　(2) $\log_3 \sqrt{15} - \log_3 \sqrt{5}$

(3) $\log_3 15 + \log_3 6 - \log_3 10$　　(4) $\log_2 12 + \log_2 6 - 2\log_2 3$

練習問題

① 次の計算をしなさい。

(1) $\log_9 3 + \log_9 27$

(2) $\log_{10} 8 + \log_{10} 125$

(3) $\log_8 2 + \log_8 32$

(4) $\log_2 24 - \log_2 3$

(5) $\log_6 \sqrt{2} + \log_6 \sqrt{3}$

(6) $\log_3 \sqrt{18} - \log_3 \sqrt{2}$

(7) $\log_3 6 + \log_3 18 - \log_3 4$

(8) $3\log_4 2 + \log_4 12 - \log_4 6$

検

㊶ 対数関数のグラフ [教科書 p. 116〜118]

p.117 **問 7**　関数 $y=\log_{\frac{1}{2}}x$ について，x のいろいろな値に対する y の値を調べて表をつくり，グラフを下の図にかきなさい。

x	……	$\frac{1}{16}$	$\frac{1}{8}$	$\frac{1}{4}$	$\frac{1}{2}$	1	2	4	8	16	……
y	……	ア	イ	ウ	エ	オ	カ	キ	ク	ケ	……

p.117 **問 8**　関数 $y=\log_3 x$ について，x のいろいろな値に対する y の値を調べて表をつくり，グラフを下の図にかきなさい。

x	……	$\frac{1}{27}$	$\frac{1}{9}$	$\frac{1}{3}$	1	3	9	……
y	……	ア	イ	ウ	エ	オ	カ	……

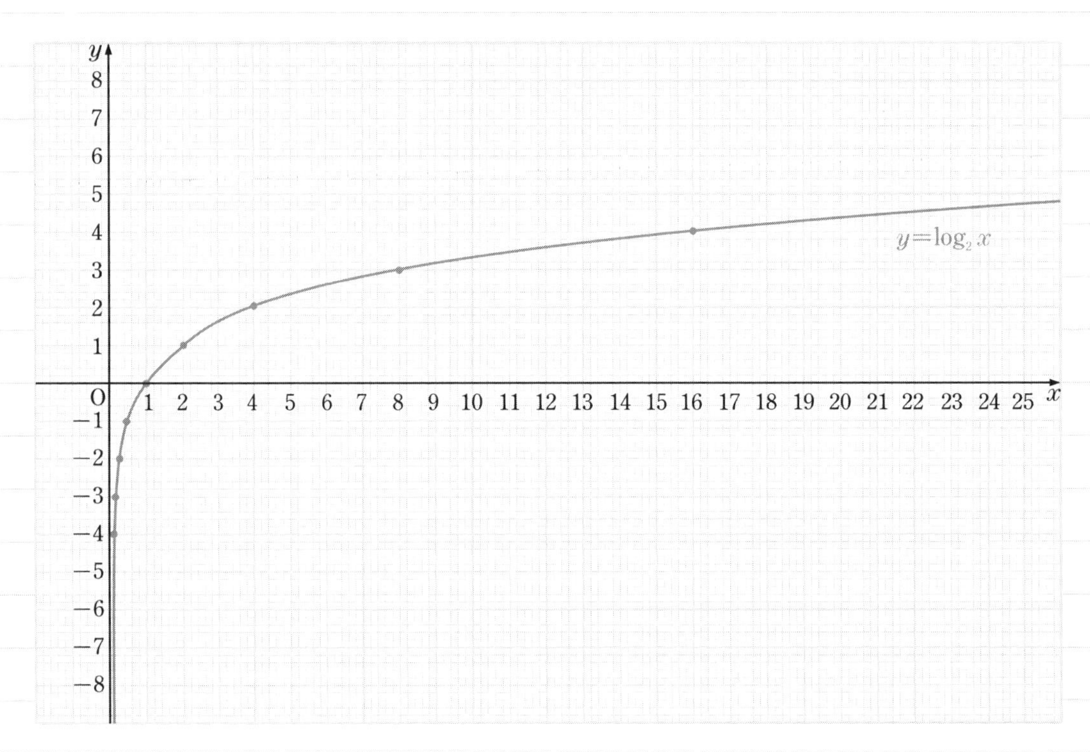

p.118 **問 9**　次の対数の値の大小を調べなさい。

(1)　$\log_2 6$，$\log_2 9$　　　(2)　$\log_3 4$，$\log_3 7$

(3)　$\log_{\frac{1}{2}} 4$，$\log_{\frac{1}{2}} 6$　　　(4)　$\log_{\frac{1}{3}} 9$，$\log_{\frac{1}{3}} 27$

㊷ 常用対数 [教科書 p. 119〜120]

p.119 問 10　対数表を用いて，次の値を求めなさい。

(1)　$\log_{10} 1.75$　　(2)　$\log_{10} 5.36$　　(3)　$\log_{10} 2.00$

p.119 問 11　対数表を用いて，次の値を求めなさい。

(1)　$\log_{10} 315$　　(2)　$\log_{10} 42.6$　　(3)　$\log_{10} 0.579$

p.120 問 12　次の整数のけた数を求めなさい。ただし，$\log_{10} 2 = 0.3010$，$\log_{10} 3 = 0.4771$ とする。

(1)　2^{40}　　(2)　3^{10}

練習問題

① 対数表を用いて，次の値を求めなさい。

(1)　$\log_{10} 3.14$　　(2)　$\log_{10} 6.32$　　(3)　$\log_{10} 5.00$

② 対数表を用いて，次の値を求めなさい。

(1)　$\log_{10} 179$　　(2)　$\log_{10} 52.1$　　(3)　$\log_{10} 0.604$

③ 次の整数のけた数を求めなさい。ただし，$\log_{10} 2 = 0.3010$，$\log_{10} 3 = 0.4771$ とする。

(1)　2^{50}　　(2)　3^{30}

検

㊸底の変換公式 [教科書 p. 121]

p.121 問 13　底の変換公式を用いて，次の式を簡単にしなさい。

(1)　$\log_8 16$　　(2)　$\log_9 3$

(3)　$\log_3 18 - \log_9 4$　　(4)　$\log_{25} 4 - \log_5 10$

練習問題

① 底の変換公式を用いて，次の式を簡単にしなさい。

(1)　$\log_4 32$　　(2)　$\log_{36} 6$

(3)　$\log_2 6 - \log_8 216$　　(4)　$\log_2 24 - \log_4 36$

Exercise ［教科書 p. 122］

1 次の値を求めなさい。

(1) $\log_2 16$

(2) $\log_4 64$

(3) $\log_3 \dfrac{1}{27}$

(4) $\log_5 1$

2 次の式を計算しなさい。

(1) $\log_{10} 5 + \log_{10} 20$

(2) $\log_4 6 + \log_4 \dfrac{8}{3}$

(3) $\log_2 14 - \log_2 \dfrac{7}{2}$

(4) $\log_5 \sqrt{15} - \log_5 \sqrt{3}$

検

(5) $\log_6 8 + 2\log_6 3 - \log_6 2$

up (6) $3\log_4 3 - \log_4 9 + \log_4 \frac{1}{3}$

3 次の対数の値の大小を調べなさい。

(1) $\log_2 9$, $\log_2 5$

(2) $\log_3 \frac{7}{2}$, $\log_3 4$, $\log_3 2$

(3) $\log_{\frac{1}{4}} 5$, $\log_{\frac{1}{4}} 3$

(4) $\log_{\frac{1}{3}} 2$, $\log_{\frac{1}{3}} \frac{7}{4}$, $\log_{\frac{1}{3}} \frac{5}{2}$

4　対数表を用いて，次の値を求めなさい。

(1)　$\log_{10} 2.54$

(2)　$\log_{10} 8.76$

(3)　$\log_{10} 20$

(4)　$\log_{10} 365$

(5)　$\log_{10} 0.6$

(6)　$\log_{10} 0.051$

5　整数 3^{20} のけた数を求めなさい。ただし，$\log_{10} 3 = 0.4771$ とする。

考えてみよう！　方程式 $\log_2 x + \log_2 (x-2) = 3$ の解き方を考えてみよう。
また，実際に解いてみよう。

検

㊹ 平均変化率・微分係数 [教科書 p. 126〜129]

p.126 問 1　関数 $f(x) = 3x^2$ において，次の関数の値を求めなさい。

(1)　$f(0)$　　(2)　$f(-2)$　　(3)　$f(3)$

p.127 問 2　関数 $f(x) = x^2$ において，x の値が次のように変化するときの $f(x)$ の平均変化率を求めなさい。

(1)　2 から 4　　(2)　-2 から 1

p.128 問 3　次の極限値を求めなさい。

(1)　$\lim_{h \to 0}(-7+h)$　　(2)　$\lim_{h \to 0} 3(4+h)$

(3)　$\lim_{h \to 0} 2(-5+6h)$　　(4)　$\lim_{h \to 0}(4+5h+6h^2)$

p.129 問 4　関数 $f(x) = x^2$ の $x = 3$ における微分係数 $f'(3)$ を求めなさい。

練習問題

① 関数 $f(x)=2x^2$ において，x の値が次のように変化するときの $f(x)$ の平均変化率を求めなさい。

(1) 2 から 4　　(2) -2 から 1

② 次の極限値を求めなさい。

(1) $\lim_{h\to 0}(3h-5)$　　(2) $\lim_{h\to 0}(-2h+3)$

(3) $\lim_{h\to 0}4(h+3)$　　(4) $\lim_{h\to 0}2(3h^2-h-1)$

③ 関数 $f(x)=x^2$ の $x=-1$ における微分係数 $f'(-1)$ を求めなさい。

④ 関数 $f(x)=3x^2$ について，次の微分係数を求めなさい。

(1) $f'(3)$　　(2) $f'(-1)$

検

㊺ 導関数 [教科書 p. 130〜133]

p.131 **問 5**　関数 $f(x)=x^2$ の導関数が $f'(x)=2x$ となることを確かめなさい。

p.133 **問 6**　次の関数を微分しなさい。

(1)　$y=6x^2$　　(2)　$y=7x^3$

(3)　$y=-4x^3$　　(4)　$y=x^2-5x$

(5)　$y=3x^3+2x^2-6$　　(6)　$y=-x^3+x+5$

p.133 **問 7**　次の関数を微分しなさい。

(1)　$y=(x+2)^2$　　(2)　$y=x(5x-2)$

(3)　$y=x^2(4x-3)$　　(4)　$y=(x-2)(2x+3)$

p.133 **プラス問題3**　次の関数を微分しなさい。

(1)　$y=6x-7$　　(2)　$y=3x^2-5x+2$

(3)　$y=x^3-3x^2+x-5$　　(4)　$y=-2x^3+3x+4$

(5)　$y=x(2x-1)$　　(6)　$y=(3x+2)^2$

練習問題

① 関数 $f(x) = 6x^2$ の導関数が $f'(x) = 12x$ となることを確かめなさい。

② 次の関数を微分しなさい。

(1) $y = 2x^2$

(2) $y = 8x^3$

(3) $y = -5x^3$

(4) $y = x^2 + 4x$

(5) $y = 2x^3 - 4x + 5$

(6) $y = -x^3 + 3x^2 + 3$

③ 次の関数を微分しなさい。

(1) $y = (x-4)^2$

(2) $y = x(2x-3)$

(3) $y = x^2(3x-1)$

(4) $y = (x+1)(2x-1)$

④ 次の関数を微分しなさい。

(1) $y = -4x + 3$

(2) $y = 3x^2 + 2x + 1$

(3) $y = x^3 + 4x^2 - x - 1$

(4) $y = -3x^3 + 6x + 2$

(5) $y = x(3x+4)$

(6) $y = (2x+3)^2$

検

㊻ 接線 [教科書 p. 134〜135]

p.134 問 8　放物線 $y=-3x^2+x$ 上の次の点における接線の傾きを求めなさい。

(1)　$x=2$ の点　　(2)　$x=-1$ の点

p.135 問 9　次の放物線上の各点における接線の方程式を求めなさい。

(1)　$y=2x^2$　$(1,\ 2)$　　(2)　$y=x^2-4$　$(1,\ -3)$

(3)　$y=2x^2+1$　$(-1,\ 3)$　　(4)　$y=x^2-2x$　$(2,\ 0)$

練習問題

① 放物線 $y = 4x^2$ 上の次の点における接線の傾きを求めなさい。

(1) $x = 1$ の点　　(2) $x = -2$ の点

② 放物線 $y = -3x^2 + 2x$ 上の次の点における接線の傾きを求めなさい。

(1) $x = 1$ の点　　(2) $x = -2$ の点

③ 次の放物線上の各点における接線の方程式を求めなさい。

(1) $y = 3x^2$　(1, 3)　　(2) $y = x^2 + 3x$　(1, 4)

(3) $y = 2x^2 - 3$　(1, −1)　　(4) $y = x^2 - 3x$　(3, 0)

検

㊼関数の増加・減少 [教科書 p. 136〜137]

p. 137 問 10 関数 $y=-x^2+6x$ の増減を調べなさい。

p. 137 問 11 次の関数の増減を調べなさい。

(1) $y=x^2+4x$

x	$\cdots$		$\cdots$
y'		0	
y			

(2) $y=x^3-12x+5$

x	$\cdots$		$\cdots$		$\cdots$
y'		0		0	
y					

練習問題

① 関数 $y = x^2 - 6x$ の増減を調べなさい。

② 次の関数の増減を調べなさい。

(1) $y = x^2 + 6x$

x	$\cdots$		$\cdots$
y'		0	
y			

(2) $y = -2x^2 + 4x + 1$

x	$\cdots$		$\cdots$
y'		0	
y			

(3) $y = x^3 - 12x$

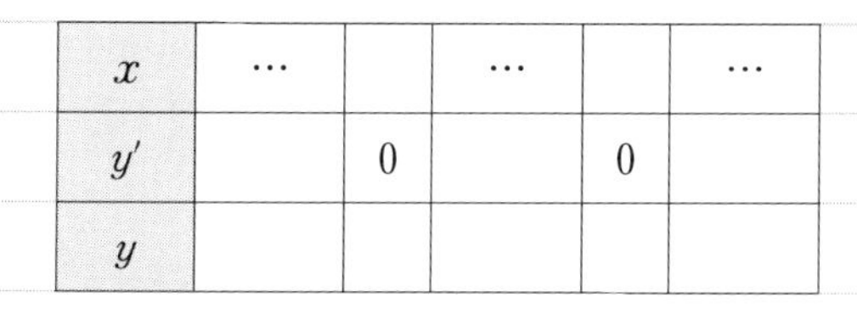

x	$\cdots$		$\cdots$		$\cdots$
y'		0		0	
y					

(4) $y = -x^3 + 3x^2 + 1$

x	$\cdots$		$\cdots$		$\cdots$
y'		0		0	
y					

検

㊽関数の極大・極小 [教科書 p. 138〜139]

p.139 問 12　次の関数の増減を調べ，極値を求めなさい。

(1)　$y = 2x^2 - 4x - 3$　　(2)　$y = -2x^2 + 8x$

x	$\cdots$		$\cdots$
y'		0	
y			

x	$\cdots$		$\cdots$
y'		0	
y			

p.139 問 13　次の関数の増減を調べ，極値を求めなさい。

(1)　$y = 2x^3 - 6x + 1$　　(2)　$y = -x^3 + 3x^2 + 1$

x	$\cdots$		$\cdots$		$\cdots$
y'		0		0	
y					

x	$\cdots$		$\cdots$		$\cdots$
y'		0		0	
y					

練習問題

① 次の関数の増減を調べ，極値を求めなさい。

(1) $y=3x^2+6x$

x	$\cdots$		$\cdots$
y'		0	
y			

(2) $y=-x^2+2x$

x	$\cdots$		$\cdots$
y'		0	
y			

② 次の関数の増減を調べ，極値を求めなさい。

(1) $y=x^3-3x-2$

x	$\cdots$		$\cdots$		$\cdots$
y'		0		0	
y					

(2) $y=-x^3+6x^2-9x$

x	$\cdots$		$\cdots$		$\cdots$
y'		0		0	
y					

(3) $y=x^3-12x+2$

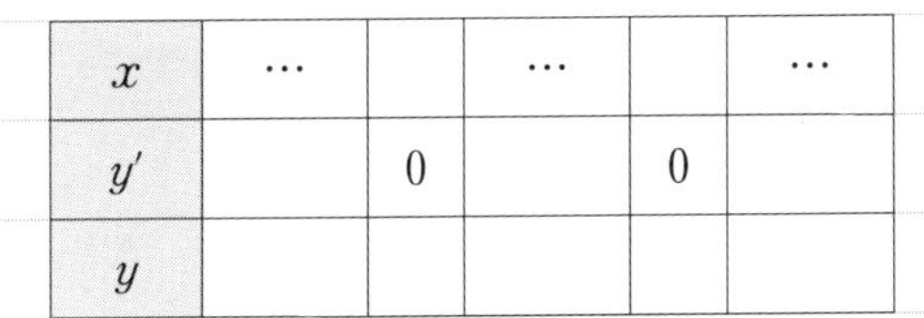

x	$\cdots$		$\cdots$		$\cdots$
y'		0		0	
y					

(4) $y=-2x^3-3x^2+12x$

x	$\cdots$		$\cdots$		$\cdots$
y'		0		0	
y					

検

㊾関数の極値とグラフ・関数の最大・最小 [教科書 p. 140～141]

p.140 問 14　次の関数の極値を求め，グラフをかきなさい。

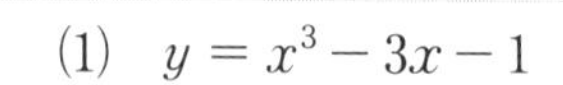

(1)　$y = x^3 - 3x - 1$

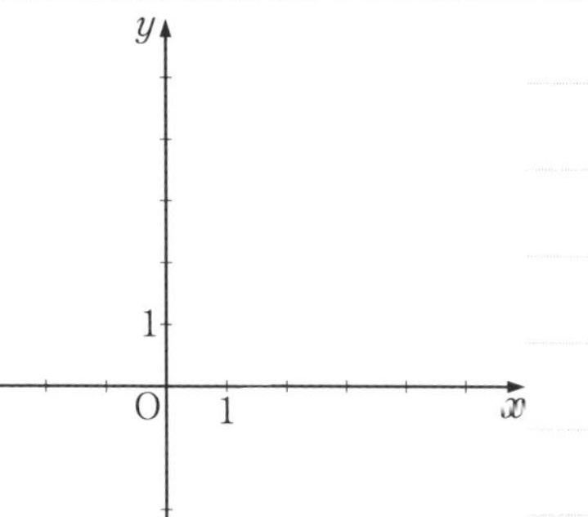

x	$\cdots$		$\cdots$		$\cdots$
y'					
y					

(2)　$y = -2x^3 + 6x + 1$

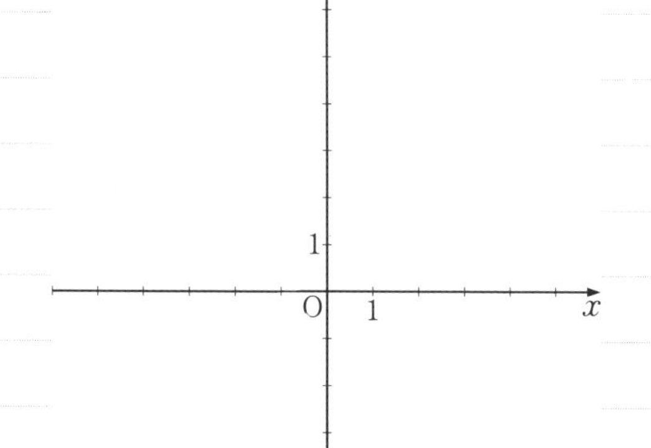

x	$\cdots$		$\cdots$		$\cdots$
y'					
y					

p.141 問 15　次の関数の最大値，最小値を求めなさい。

(1)　$y = x^3 + 3x^2 - 2 \quad (-2 \leqq x \leqq 2)$　(2)　$y = -x^3 + 12x \quad (-1 \leqq x \leqq 3)$

練習問題

① 次の関数の極値を求め，グラフをかきなさい。

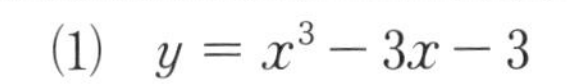

(1)　$y = x^3 - 3x - 3$

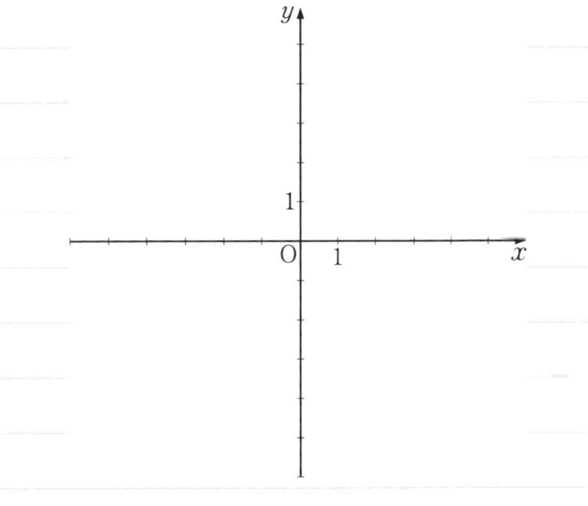

x	$\cdots$		$\cdots$		$\cdots$
y'					
y					

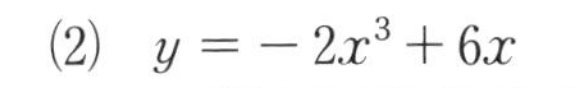

(2)　$y = -2x^3 + 6x$

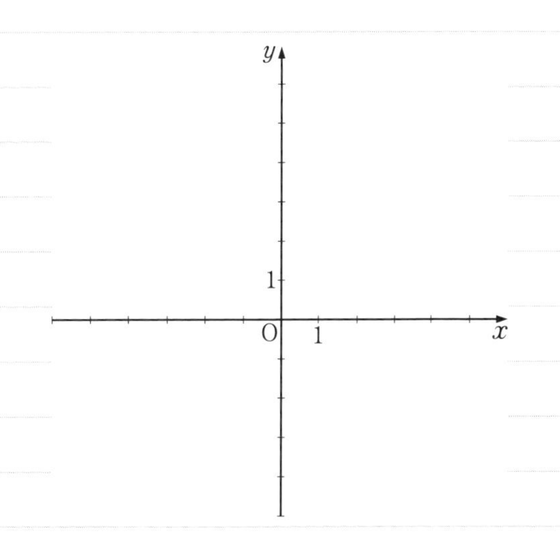

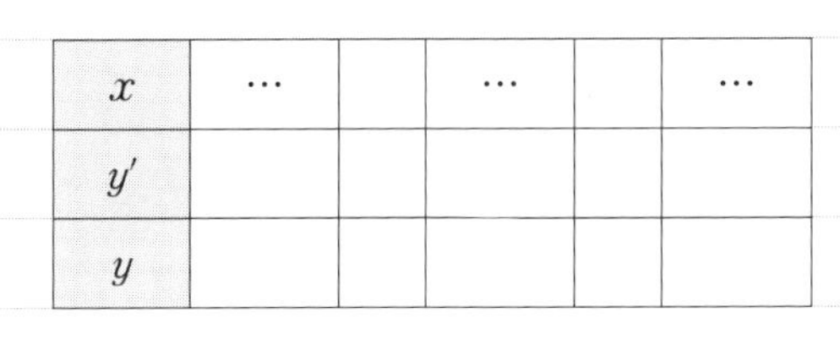

x	$\cdots$		$\cdots$		$\cdots$
y'					
y					

② 次の関数の最大値，最小値を求めなさい。

(1)　$y = x^3 - 6x^2 + 9x$ $(0 \leqq x \leqq 5)$

(2)　$y = -x^3 + 12x - 8$ $(-3 \leqq x \leqq 3)$

検

㊿関数の最大・最小の利用 [教科書 p. 142]

p. 142 問 16　1 辺の長さが 12 cm の正方形の厚紙の 4 すみから，右の図の斜線の部分を切り取り，残りを折り曲げてふたのない箱をつくりたい。箱の容積を最大にするには，高さを何 cm にすればよいか求めなさい。

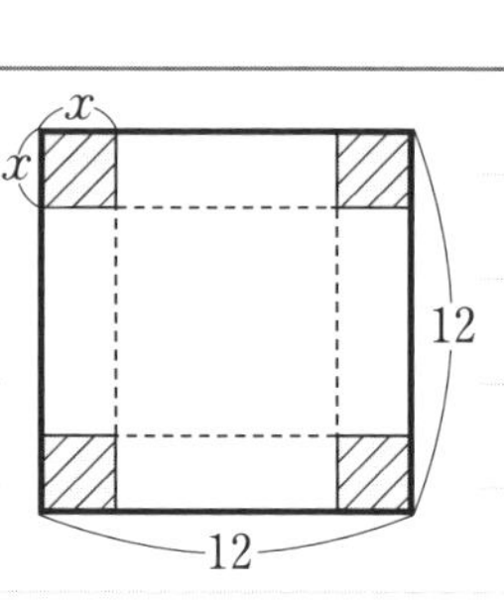

練習問題

① 1 辺の長さが 18 cm の正方形の厚紙の 4 すみから，右の図の斜線の部分を切り取り，残りを折り曲げてふたのない箱をつくりたい。箱の容積を最大にするには，高さを何 cm にすればよいか求めなさい。

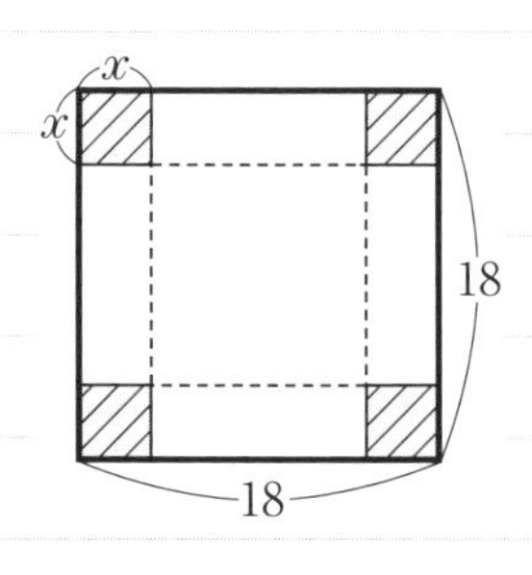

Exercise ［教科書 p. 143］

1 関数 $f(x)=5x^2$ について，次の値を求めなさい。

(1) x の値が 2 から 4 まで変化するときの平均変化率

(2) x の値が 2 から $2+h$ まで変化するときの平均変化率

(3) (2)の結果を利用して，微分係数 $f'(2)$

2 次の関数を微分しなさい。

(1) $y=3x-4$

(2) $y=x^2+7x$

(3) $y=-3x^2+5x+7$

(4) $y=-\frac{2}{3}x^3+x^2-\frac{3}{2}$

(5) $y=x^2(2x-1)$

(6) $y=(x^2+3)(3x-4)$

3 放物線 $y=-x^2+5x$ 上の次の点における接線の方程式を求めなさい。

(1) 点 A (1, 4)

(2) 点 B (3, 6)

検

4 次の関数の極値を求め，グラフをかきなさい。

(1) $y = 2x^2 + 4x$

x	$\cdots$		$\cdots$
y'			
y			

(2) $y = x^3 - 3x + 3$

x	$\cdots$		$\cdots$		$\cdots$
y'					
y					

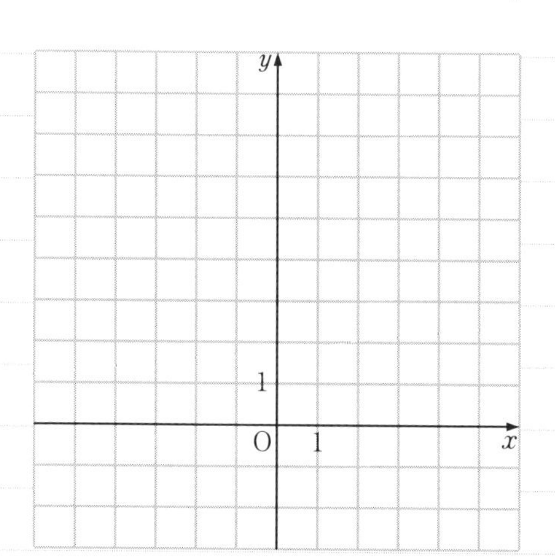

(3) $y = 2x^3 - 3x^2$

x	$\cdots$		$\cdots$		$\cdots$
y'					
y					

(4) $y = -2x^3 + 3x^2 + 12x$

x	$\cdots$		$\cdots$		$\cdots$
y'					
y					

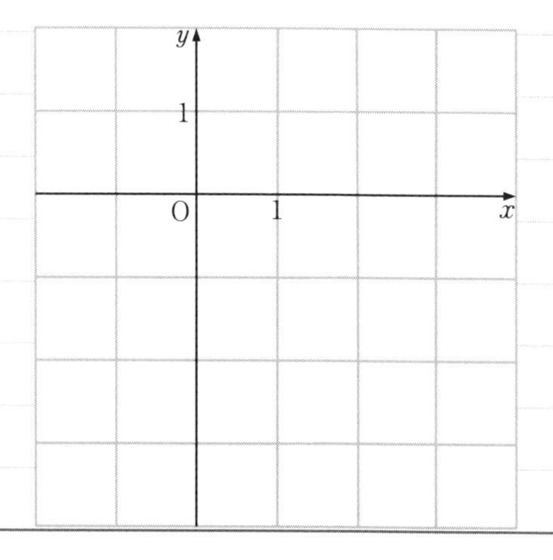

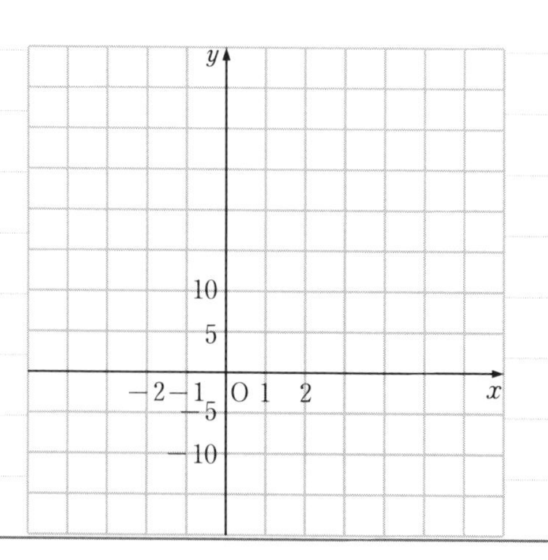

5 関数 $y = 2x^3 - 6x$ について，次の問いに答えなさい。

(1) この関数の極値を求め，グラフをかきなさい。

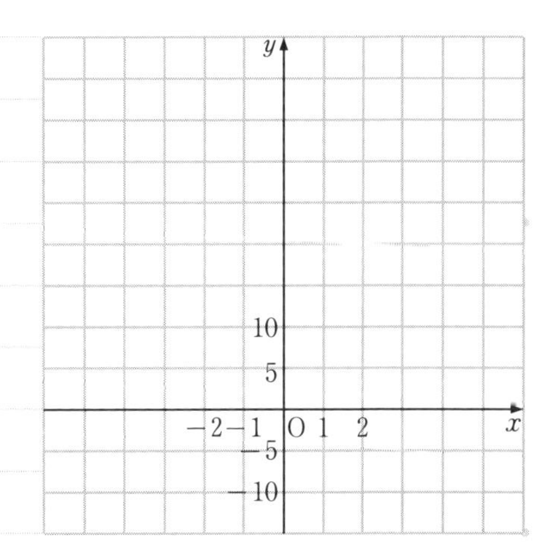

(2) この関数の定義域が $-2 \leqq x \leqq 3$ のとき，この関数の最大値，最小値を求めなさい。

6 縦 10 cm，横 16 cm の長方形の厚紙の 4 すみから，右の図の斜線の部分を切り取り，残りを折り曲げてふたのない箱をつくりたい。

箱の容積を最大にするには，高さを何 cm にすればよいか求めなさい。

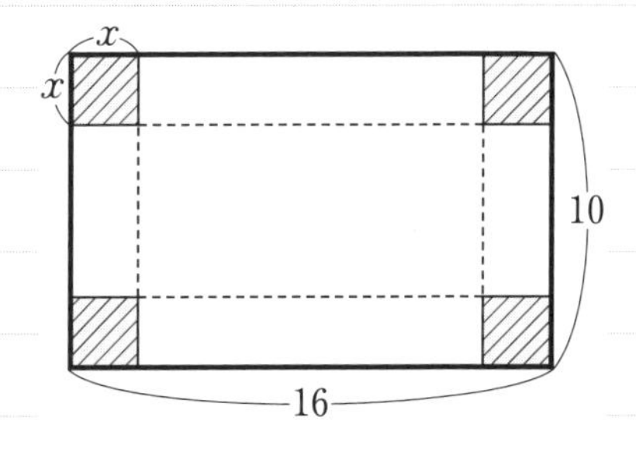

51 不定積分 [教科書 p. 144〜146]

p.145 **問 1**　次の□にあてはまる関数を入れなさい。

(1) $(3x^2)' = \square$ だから $\int \square dx = 3x^2 + C$

(2) $(-4x^2)' = \square$ だから $\int (\square) dx = -4x^2 + C$

(3) $(2x^3)' = \square$ だから $\int \square dx = 2x^3 + C$

(4) $(-x^3)' = \square$ だから $\int (\square) dx = -x^3 + C$

p.145 **問 2**　次の不定積分を求めなさい。

(1) $\int x^3 dx$　　(2) $\int x^4 dx$

(3) $\int x^6 dx$　　(4) $\int x^8 dx$

p.146 **問 3**　次の不定積分を求めなさい。

(1) $\int 7x\,dx$　　(2) $\int (-4x^2) dx$

(3) $\int 5dx$　　(4) $\int (x^2 + x) dx$

p.146 **問 4**　次の不定積分を求めなさい。

(1) $\int (4x - 5) dx$　　(2) $\int (3x + 2) dx$　　(3) $\int (9x^2 + 6x - 2) dx$

(4) $\int (2x^2 - 3) dx$　　(5) $\int (4x^2 + 3x - 1) dx$　　(6) $\int (-x^2 - 5x + 4) dx$

練習問題

① 次の不定積分を求めなさい。

(1) $\int 9x\,dx$

(2) $\int(-6x)dx$

(3) $\int 3\,dx$

(4) $\int(-4)dx$

(5) $\int 6x^2dx$

(6) $\int(-2x^2)dx$

② 次の不定積分を求めなさい。

(1) $\int(2x-3)dx$

(2) $\int(5x+4)dx$

(3) $\int(x^2-3x+3)dx$

(4) $\int(-x^2+2x)dx$

検

㊾ 不定積分の計算 [教科書 p. 147]

p.147 問 5　次の不定積分を求めなさい。

(1) $\int x(3x-1)dx$　　(2) $\int (x+2)^2 dx$

(3) $\int (x+2)(x-4)dx$　　(4) $\int (3x-4)^2 dx$

p.147 問 6　関数 $f(x)=4x-5$ の不定積分 $F(x)$ のうちで，$F(1)=0$ となるような関数 $F(x)$ を求めなさい。

練習問題

① 次の不定積分を求めなさい。

(1) $\int x(3x-2)dx$

(2) $\int (x-2)^2 dx$

(3) $\int (x-1)(x+3)dx$

(4) $\int (2x+1)(2x-1)dx$

(5) $\int (3x+2)^2 dx$

(6) $\int (3x-1)^2 dx$

② 関数 $f(x)=6x+1$ の不定積分 $F(x)$ のうちで，$F(1)=0$ となるような関数 $F(x)$ を求めなさい。

検

㊸ 定積分 [教科書 p. 148～149]

p.148 問 7　次の定積分の値を求めなさい。

(1) $\int_{1}^{5} x\,dx$　　(2) $\int_{-2}^{2} x\,dx$

(3) $\int_{0}^{3} x^2dx$　　(4) $\int_{-1}^{1} x^2dx$

(5) $\int_{-3}^{-1} x^2dx$　　(6) $\int_{-2}^{1} 3dx$

p.149 問 8　次の定積分の値を求めなさい。

(1) $\int_{1}^{2} 4x\,dx$　　(2) $\int_{0}^{1} 6x^2dx$

(3) $\int_{2}^{4} (2x-5)dx$　　(4) $\int_{0}^{1} (3x^2-4x+2)dx$

(5) $\int_{1}^{3} (x^2+x)dx$　　(6) $\int_{-1}^{3} (2x^2-x-3)dx$

(7) $\int_{-2}^{2} (2x^2-3)dx$　　(8) $\int_{-1}^{1} (-3x^2+x)dx$

(9) $\int_0^1 x(x-1)dx$

(10) $\int_1^2 (x+1)(x-3)dx$

練習問題

① 次の定積分の値を求めなさい。

(1) $\int_1^2 x\,dx$

(2) $\int_{-2}^2 x^2dx$

(3) $\int_{-1}^2 2dx$

(4) $\int_1^2 6x\,dx$

(5) $\int_{-2}^3 9x^2dx$

(6) $\int_1^2 (2x+3)dx$

(7) $\int_1^3 (3x^2-2x+4)dx$

(8) $\int_0^2 (x^2+1)dx$

(9) $\int_{-1}^1 (4x^2-12x+9)dx$

(10) $\int_{-5}^1 (x+5)(x-1)dx$

検

㊹ 面積 [教科書 p. 150〜152]

p.150 問 9　関数 $f(x)=2x$ のグラフと x 軸，および2直線 $x=a$，$x=b$ で囲まれた台形の面積 S は，$a<b$ のとき，$S=b^2-a^2$ で求めることができる。$a=3$，$b=6$ のときの面積 S を求めなさい。

p.151 問 10　次の曲線や直線で囲まれた図形の面積 S を求めなさい。

(1)　直線 $y=2x+1$ と x 軸，および2直線 $x=1$，$x=3$

(2)　放物線 $y=x^2$ と x 軸，および2直線 $x=1$，$x=2$

(3)　放物線 $y=x^2+1$ と x 軸，および2直線 $x=-1$，$x=2$

p.152 問 11　放物線 $y=x^2-2x$ と x 軸で囲まれた図形の面積 S を求めなさい。

練習問題

① 次の曲線や直線で囲まれた図形の面積 S を求めなさい。

(1) 直線 $y = x - 1$ と x 軸，および2直線 $x = 2$，$x = 5$

(2) 放物線 $y = x^2$ と x 軸，および直線 $x = 2$

(3) 放物線 $y = x^2 + 2$ と x 軸，および2直線 $x = -1$，$x = 3$

② 放物線 $y = x^2 - 4x$ と x 軸で囲まれた図形の面積 S を求めなさい。

検

⑤⑤ いろいろな図形の面積 [教科書 p. 153〜154]

p.153 問 12 放物線 $y = x^2 + 5$ と放物線 $y = -x^2 + 4$，および 2 直線 $x = 0$，$x = 2$ で囲まれた図形の面積 S を求めなさい。

p.154 問 13 次の曲線や直線で囲まれた図形の面積 S を求めなさい。

(1) 放物線 $y = x^2$ と直線 $y = -2x + 3$

(2) 放物線 $y = x^2$ と放物線 $y = -x^2 + 8$

練習問題

① 次の曲線や直線で囲まれた図形の面積 S を求めなさい。

(1) 放物線 $y = x^2 + 5$ と放物線 $y = -x^2 + 4$，および 2 直線 $x = 0$，$x = 1$

(2) 放物線 $y = -x^2$ と直線 $y = -x - 2$

(3) 放物線 $y = -x^2 - 2x$ と放物線 $y = x^2$

検

Exercise [教科書 p. 155]

1 次の不定積分を求めなさい。

(1) $\int 10x\,dx$

(2) $\int 9x^2 dx$

(3) $\int (-5x)dx$

(4) $\int \frac{3}{5}x^2 dx$

(5) $\int (6x^2-4x+3)dx$

(6) $\int (1+2x)(1-3x)dx$

2 次の定積分の値を求めなさい。

(1) $\int_1^4 2x\,dx$

(2) $\int_0^2 (3x-1)dx$

(3) $\int_{-1}^2 (x+5)dx$

(4) $\int_{-1}^1 (2x+1)dx$

(5) $\int_2^3 (x^2-3x+1)dx$

(6) $\int_{-1}^1 (x-2)(x+4)dx$

3　次の曲線や直線で囲まれた図形の面積 S を求めなさい。

(1)　放物線 $y=x^2+3$ と x 軸，および 2 直線 $x=-1$，$x=2$

(2)　放物線 $y=-x^2-x+2$ と x 軸

(3)　放物線 $y=\frac{1}{2}x^2-2$ と x 軸，y 軸，および直線 $x=1$

検

4 次の曲線や直線で囲まれた図形の面積 S を求めなさい。

(1) 放物線 $y=-x^2+4$ と直線 $y=x+5$，および2直線 $x=-1$，$x=2$

(2) 放物線 $y=x^2+2x$ と直線 $y=-x$

考えてみよう！ 放物線 $y=x^2-1$ と x 軸，および直線 $x=3$ で囲まれた右の図形の面積の和 S を求める方法を考えてみよう。

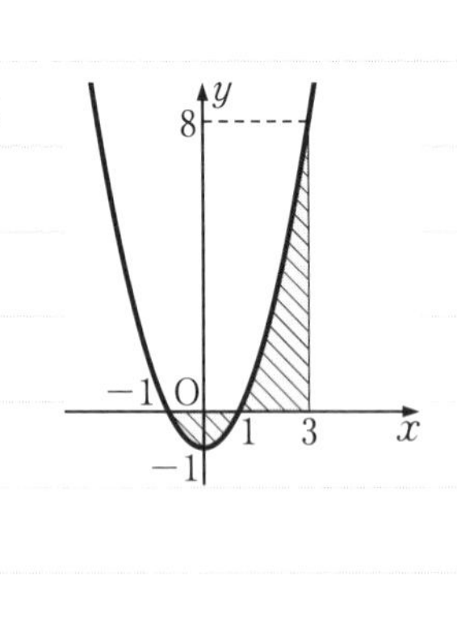

三角関数の表

A	$\sin A$	$\cos A$	$\tan A$	A	$\sin A$	$\cos A$	$\tan A$
0°	0.0000	1.0000	0.0000	45°	0.7071	0.7071	1.0000
1°	0.0175	0.9998	0.0175	46°	0.7193	0.6947	1.0355
2°	0.0349	0.9994	0.0349	47°	0.7314	0.6820	1.0724
3°	0.0523	0.9986	0.0524	48°	0.7431	0.6691	1.1106
4°	0.0698	0.9976	0.0699	49°	0.7547	0.6561	1.1504
5°	0.0872	0.9962	0.0875	50°	0.7660	0.6428	1.1918
6°	0.1045	0.9945	0.1051	51°	0.7771	0.6293	1.2349
7°	0.1219	0.9925	0.1228	52°	0.7880	0.6157	1.2799
8°	0.1392	0.9903	0.1405	53°	0.7986	0.6018	1.3270
9°	0.1564	0.9877	0.1584	54°	0.8090	0.5878	1.3764
10°	0.1736	0.9848	0.1763	55°	0.8192	0.5736	1.4281
11°	0.1908	0.9816	0.1944	56°	0.8290	0.5592	1.4826
12°	0.2079	0.9781	0.2126	57°	0.8387	0.5446	1.5399
13°	0.2250	0.9744	0.2309	58°	0.8480	0.5299	1.6003
14°	0.2419	0.9703	0.2493	59°	0.8572	0.5150	1.6643
15°	0.2588	0.9659	0.2679	60°	0.8660	0.5000	1.7321
16°	0.2756	0.9613	0.2867	61°	0.8746	0.4848	1.8040
17°	0.2924	0.9563	0.3057	62°	0.8829	0.4695	1.8807
18°	0.3090	0.9511	0.3249	63°	0.8910	0.4540	1.9626
19°	0.3256	0.9455	0.3443	64°	0.8988	0.4384	2.0503
20°	0.3420	0.9397	0.3640	65°	0.9063	0.4226	2.1445
21°	0.3584	0.9336	0.3839	66°	0.9135	0.4067	2.2460
22°	0.3746	0.9272	0.4040	67°	0.9205	0.3907	2.3559
23°	0.3907	0.9205	0.4245	68°	0.9272	0.3746	2.4751
24°	0.4067	0.9135	0.4452	69°	0.9336	0.3584	2.6051
25°	0.4226	0.9063	0.4663	70°	0.9397	0.3420	2.7475
26°	0.4384	0.8988	0.4877	71°	0.9455	0.3256	2.9042
27°	0.4540	0.8910	0.5095	72°	0.9511	0.3090	3.0777
28°	0.4695	0.8829	0.5317	73°	0.9563	0.2924	3.2709
29°	0.4848	0.8746	0.5543	74°	0.9613	0.2756	3.4874
30°	0.5000	0.8660	0.5774	75°	0.9659	0.2588	3.7321
31°	0.5150	0.8572	0.6009	76°	0.9703	0.2419	4.0108
32°	0.5299	0.8480	0.6249	77°	0.9744	0.2250	4.3315
33°	0.5446	0.8387	0.6494	78°	0.9781	0.2079	4.7046
34°	0.5592	0.8290	0.6745	79°	0.9816	0.1908	5.1446
35°	0.5736	0.8192	0.7002	80°	0.9848	0.1736	5.6713
36°	0.5878	0.8090	0.7265	81°	0.9877	0.1564	6.3138
37°	0.6018	0.7986	0.7536	82°	0.9903	0.1392	7.1154
38°	0.6157	0.7880	0.7813	83°	0.9925	0.1219	8.1443
39°	0.6293	0.7771	0.8098	84°	0.9945	0.1045	9.5144
40°	0.6428	0.7660	0.8391	85°	0.9962	0.0872	11.4301
41°	0.6561	0.7547	0.8693	86°	0.9976	0.0698	14.3007
42°	0.6691	0.7431	0.9004	87°	0.9986	0.0523	19.0811
43°	0.6820	0.7314	0.9325	88°	0.9994	0.0349	28.6363
44°	0.6947	0.7193	0.9657	89°	0.9998	0.0175	57.2900
45°	0.7071	0.7071	1.0000	90°	1.0000	0.0000	——

対数表（1）

数	0	1	2	3	4	5	6	7	8	9
1.0	.0000	.0043	.0086	.0128	.0170	.0212	.0253	.0294	.0334	.0374
1.1	.0414	.0453	.0492	.0531	.0569	.0607	.0645	.0682	.0719	.0755
1.2	.0792	.0828	.0864	.0899	.0934	.0969	.1004	.1038	.1072	.1106
1.3	.1139	.1173	.1206	.1239	.1271	.1303	.1335	.1367	.1399	.1430
1.4	.1461	.1492	.1523	.1553	.1584	.1614	.1644	.1673	.1703	.1732
1.5	.1761	.1790	.1818	.1847	.1875	.1903	.1931	.1959	.1987	.2014
1.6	.2041	.2068	.2095	.2122	.2148	.2175	.2201	.2227	.2253	.2279
1.7	.2304	.2330	.2355	.2380	.2405	.2430	.2455	.2480	.2504	.2529
1.8	.2553	.2577	.2601	.2625	.2648	.2672	.2695	.2718	.2742	.2765
1.9	.2788	.2810	.2833	.2856	.2878	.2900	.2923	.2945	.2967	.2989
2.0	.3010	.3032	.3054	.3075	.3096	.3118	.3139	.3160	.3181	.3201
2.1	.3222	.3243	.3263	.3284	.3304	.3324	.3345	.3365	.3385	.3404
2.2	.3424	.3444	.3464	.3483	.3502	.3522	.3541	.3560	.3579	.3598
2.3	.3617	.3636	.3655	.3674	.3692	.3711	.3729	.3747	.3766	.3784
2.4	.3802	.3820	.3838	.3856	.3874	.3892	.3909	.3927	.3945	.3962
2.5	.3979	.3997	.4014	.4031	.4048	.4065	.4082	.4099	.4116	.4133
2.6	.4150	.4166	.4183	.4200	.4216	.4232	.4249	.4265	.4281	.4298
2.7	.4314	.4330	.4346	.4362	.4378	.4393	.4409	.4425	.4440	.4456
2.8	.4472	.4487	.4502	.4518	.4533	.4548	.4564	.4579	.4594	.4609
2.9	.4624	.4639	.4654	.4669	.4683	.4698	.4713	.4728	.4742	.4757
3.0	.4771	.4786	.4800	.4814	.4829	.4843	.4857	.4871	.4886	.4900
3.1	.4914	.4928	.4942	.4955	.4969	.4983	.4997	.5011	.5024	.5038
3.2	.5051	.5065	.5079	.5092	.5105	.5119	.5132	.5145	.5159	.5172
3.3	.5185	.5198	.5211	.5224	.5237	.5250	.5263	.5276	.5289	.5302
3.4	.5315	.5328	.5340	.5353	.5366	.5378	.5391	.5403	.5416	.5428
3.5	.5441	.5453	.5465	.5478	.5490	.5502	.5514	.5527	.5539	.5551
3.6	.5563	.5575	.5587	.5599	.5611	.5623	.5635	.5647	.5658	.5670
3.7	.5682	.5694	.5705	.5717	.5729	.5740	.5752	.5763	.5775	.5786
3.8	.5798	.5809	.5821	.5832	.5843	.5855	.5866	.5877	.5888	.5899
3.9	.5911	.5922	.5933	.5944	.5955	.5966	.5977	.5988	.5999	.6010
4.0	.6021	.6031	.6042	.6053	.6064	.6075	.6085	.6096	.6107	.6117
4.1	.6128	.6138	.6149	.6160	.6170	.6180	.6191	.6201	.6212	.6222
4.2	.6232	.6243	.6253	.6263	.6274	.6284	.6294	.6304	.6314	.6325
4.3	.6335	.6345	.6355	.6365	.6375	.6385	.6395	.6405	.6415	.6425
4.4	.6435	.6444	.6454	.6464	.6474	.6484	.6493	.6503	.6513	.6522
4.5	.6532	.6542	.6551	.6561	.6571	.6580	.6590	.6599	.6609	.6618
4.6	.6628	.6637	.6646	.6656	.6665	.6675	.6684	.6693	.6702	.6712
4.7	.6721	.6730	.6739	.6749	.6758	.6767	.6776	.6785	.6794	.6803
4.8	.6812	.6821	.6830	.6839	.6848	.6857	.6866	.6875	.6884	.6893
4.9	.6902	.6911	.6920	.6928	.6937	.6946	.6955	.6964	.6972	.6981
5.0	.6990	.6998	.7007	.7016	.7024	.7033	.7042	.7050	.7059	.7067
5.1	.7076	.7084	.7093	.7101	.7110	.7118	.7126	.7135	.7143	.7152
5.2	.7160	.7168	.7177	.7185	.7193	.7202	.7210	.7218	.7226	.7235
5.3	.7243	.7251	.7259	.7267	.7275	.7284	.7292	.7300	.7308	.7316
5.4	.7324	.7332	.7340	.7348	.7356	.7364	.7372	.7380	.7388	.7396

対数表（2）

数	0	1	2	3	4	5	6	7	8	9
5.5	.7404	.7412	.7419	.7427	.7435	.7443	.7451	.7459	.7466	.7474
5.6	.7482	.7490	.7497	.7505	.7513	.7520	.7528	.7536	.7543	.7551
5.7	.7559	.7566	.7574	.7582	.7589	.7597	.7604	.7612	.7619	.7627
5.8	.7634	.7642	.7649	.7657	.7664	.7672	.7679	.7686	.7694	.7701
5.9	.7709	.7716	.7723	.7731	.7738	.7745	.7752	.7760	.7767	.7774
6.0	.7782	.7789	.7796	.7803	.7810	.7818	.7825	.7832	.7839	.7846
6.1	.7853	.7860	.7868	.7875	.7882	.7889	.7896	.7903	.7910	.7917
6.2	.7924	.7931	.7938	.7945	.7952	.7959	.7966	.7973	.7980	.7987
6.3	.7993	.8000	.8007	.8014	.8021	.8028	.8035	.8041	.8048	.8055
6.4	.8062	.8069	.8075	.8082	.8089	.8096	.8102	.8109	.8116	.8122
6.5	.8129	.8136	.8142	.8149	.8156	.8162	.8169	.8176	.8182	.8189
6.6	.8195	.8202	.8209	.8215	.8222	.8228	.8235	.8241	.8248	.8254
6.7	.8261	.8267	.8274	.8280	.8287	.8293	.8299	.8306	.8312	.8319
6.8	.8325	.8331	.8338	.8344	.8351	.8357	.8363	.8370	.8376	.8382
6.9	.8388	.8395	.8401	.8407	.8414	.8420	.8426	.8432	.8439	.8445
7.0	.8451	.8457	.8463	.8470	.8476	.8482	.8488	.8494	.8500	.8506
7.1	.8513	.8519	.8525	.8531	.8537	.8543	.8549	.8555	.8561	.8567
7.2	.8573	.8579	.8585	.8591	.8597	.8603	.8609	.8615	.8621	.8627
7.3	.8633	.8639	.8645	.8651	.8657	.8663	.8669	.8675	.8681	.8686
7.4	.8692	.8698	.8704	.8710	.8716	.8722	.8727	.8733	.8739	.8745
7.5	.8751	.8756	.8762	.8768	.8774	.8779	.8785	.8791	.8797	.8802
7.6	.8808	.8814	.8820	.8825	.8831	.8837	.8842	.8848	.8854	.8859
7.7	.8865	.8871	.8876	.8882	.8887	.8893	.8899	.8904	.8910	.8915
7.8	.8921	.8927	.8932	.8938	.8943	.8949	.8954	.8960	.8965	.8971
7.9	.8976	.8982	.8987	.8993	.8998	.9004	.9009	.9015	.9020	.9025
8.0	.9031	.9036	.9042	.9047	.9053	.9058	.9063	.9069	.9074	.9079
8.1	.9085	.9090	.9096	.9101	.9106	.9112	.9117	.9122	.9128	.9133
8.2	.9138	.9143	.9149	.9154	.9159	.9165	.9170	.9175	.9180	.9186
8.3	.9191	.9196	.9201	.9206	.9212	.9217	.9222	.9227	.9232	.9238
8.4	.9243	.9248	.9253	.9258	.9263	.9269	.9274	.9279	.9284	.9289
8.5	.9294	.9299	.9304	.9309	.9315	.9320	.9325	.9330	.9335	.9340
8.6	.9345	.9350	.9355	.9360	.9365	.9370	.9375	.9380	.9385	.9390
8.7	.9395	.9400	.9405	.9410	.9415	.9420	.9425	.9430	.9435	.9440
8.8	.9445	.9450	.9455	.9460	.9465	.9469	.9474	.9479	.9484	.9489
8.9	.9494	.9499	.9504	.9509	.9513	.9518	.9523	.9528	.9533	.9538
9.0	.9542	.9547	.9552	.9557	.9562	.9566	.9571	.9576	.9581	.9586
9.1	.9590	.9595	.9600	.9605	.9609	.9614	.9619	.9624	.9628	.9633
9.2	.9638	.9643	.9647	.9652	.9657	.9661	.9666	.9671	.9675	.9680
9.3	.9685	.9689	.9694	.9699	.9703	.9708	.9713	.9717	.9722	.9727
9.4	.9731	.9736	.9741	.9745	.9750	.9754	.9759	.9763	.9768	.9773
9.5	.9777	.9782	.9786	.9791	.9795	.9800	.9805	.9809	.9814	.9818
9.6	.9823	.9827	.9832	.9836	.9841	.9845	.9850	.9854	.9859	.9863
9.7	.9868	.9872	.9877	.9881	.9886	.9890	.9894	.9899	.9903	.9908
9.8	.9912	.9917	.9921	.9926	.9930	.9934	.9939	.9943	.9948	.9952
9.9	.9956	.9961	.9965	.9969	.9974	.9978	.9983	.9987	.9991	.9996

高校数学Ⅱ専用スタディノート

表紙デザイン
エッジ・デザインオフィス

●編　者 —— 実教出版編修部

●発行者 —— 小田　良次

●印刷所 —— 株式会社　太　洋　社

●発行所 —— 実教出版株式会社

〒102-8377
東京都千代田区五番町5
電 話 〈営業〉(03) 3238-7777
〈編修〉(03) 3238-7785
〈総務〉(03) 3238-7700
https://www.jikkyo.co.jp/

002402023　ISBN 978-4-407-35157-6